高等职业教育“十四五”规划教材

宠物营养与食品

支　锐　陈明霞　主编

中国农业大学出版社
·北京·

内 容 简 介

本教材结合生产实际需求和岗位能力需要，融入当前宠物行业最新科研成果、最新生产技术、最新管理技术、热点问题等内容，体现了科学性、先进性和实用性。摒弃部分冗杂的理论知识，坚持“能用、够用”原则，侧重宠物食品选用和开发技术，形成“必要基础知识＋生产案例＋解决方案”的教材编写模式。主要内容包括犬猫营养学基础、犬猫食品的开发与利用、犬猫临床营养管理、其他宠物的营养与食品开发技术等 4 个模块。重点阐述能量以及各营养物质与犬猫健康的关系，犬猫食品原料的特点及选用要点，常见犬猫食品及新型食品的开发技术，犬猫肥胖症、糖尿病、尿石症等常见营养代谢性疾病的饮食管理等。

本书既可作为高等职业院校畜牧兽医专业、宠物相关专业教材，也可作为从事宠物食品生产与宠物养殖人员的参考书和工具书，还可作为宠物营养师的参考教材。

图书在版编目(CIP)数据

宠物营养与食品 / 支锐，陈明霞主编. --北京：中国农业大学出版社，2024.8.(2025.8 重印)
ISBN 978-7-5655-3238-2

Ⅰ. S865.34；S816.34

中国国家版本馆 CIP 数据核字第 2024JH0933 号

书　名　宠物营养与食品
作　者　支　锐　陈明霞　主编

策划编辑　康昊婷　　**责任编辑**　康昊婷
封面设计　郑　川　李尘工作室
出版发行　中国农业大学出版社
社　址　北京市海淀区圆明园西路 2 号　　**邮政编码**　100193
电　话　发行部 010-62733489，1190　　读者服务部 010-62732336
编辑部 010-62732617，2618　　出　版　部 010-62733440
网　址　http://www.caupress.cn　　**E-mail** cbsszs@cau.edu.cn
经　销　新华书店
印　刷　河北朗祥印刷有限公司
版　次　2024 年 8 月第 1 版　2025 年 8 月第 2 次印刷
规　格　185 mm×260 mm　16 开本　14 印张　348 千字
定　价　39.00 元

编审人员

主　编　支　锐（贵州农业职业学院）

陈明霞（广东科贸职业学院）

副主编　陈　颋（广西职业技术学院）

陈颖铌（贵州农业职业学院）

彭　琼（贵州农业职业学院）

编　者　（按姓氏笔画排序）

王乔花（大理农林职业技术学院）

支　锐（贵州农业职业学院）

李小宇（重庆三峡职业学院）

陈　卓（广西农牧工程学校）

陈　颋（广西职业技术学院）

陈明霞（广东科贸职业学院）

陈颖铌（贵州农业职业学院）

赵天智（大理农林职业技术学院）

桂国弘（贵州农业职业学院）

晏文彬（瑞鹏宠物医院）

黄东英（广州乐趣柴可福宠商贸有限公司）

彭　琼（贵州农业职业学院）

路美兰（贵州农业职业学院）

主　审　金成龙（广东省农业科学院动物科学研究所）

前　言

本教材以习近平新时代中国特色社会主义思想和党的二十大精神为指导，坚持落实立德树人根本任务不动摇，充分发挥教材的铸魂育人作用，为培养德智体美劳全面发展的社会主义建设者和接班人奠定坚实基础。本教材遵循高等职业教育教学规律，依据《关于推动现代职业教育高质量发展的意见》《职业院校教材管理办法》等文件精神要求编写。根据职业教育的特点，本教材注重职业技能培养，以真实生产项目、典型工作任务、案例等为载体组织教学单元，力求反映新技术、新工艺、新理念，助力培养具有专业理论知识和实践能力的宠物专业人才。

本教材主要内容包括犬猫营养学基础、犬猫食品的开发与利用、犬猫临床营养管理、其他宠物的营养与食品开发技术等 4 个模块。重点阐述能量以及各营养物质与犬猫健康的关系，犬猫食品原料的特点及选用要点，常见犬猫食品及新型食品的开发技术，犬猫肥胖症、糖尿病、尿石症等常见疾病的营养管理等。与目前同类教材相比，本教材结合生产实际需求和岗位能力需要，融入当前行业热点问题，摒弃部分冗杂的理论知识，坚持“能用、够用”原则，侧重犬猫食品选用和开发技术，形成“必要基础知识＋生产案例＋解决方案”的编写模式。

本教材由支锐、陈明霞主编，金成龙主审。绪论、模块一中的项目一由支锐、赵天智编写；模块一中的项目二由彭琼和桂国弘编写；模块一中的项目三由陈卓、王乔花编写；模块二中的项目一由陈颋和路美兰编写；模块二中的项目二、项目三由陈明霞和黄东英编写；模块三由陈颖铌和晏文彬编写；模块四由李小宇编写。

在编写过程中，兄弟院校及相关企业的人员对本教材提出了宝贵的意见和建议，在此表示衷心感谢。由于编者的理论水平和实践经验所限，教材中可能存在一些不足之处，敬请批评指正。

编 者

2024 年 1 月

目 录

绪　论

宠物是指人们用于观赏、作伴、舒缓精神压力而豢养的生物。在传统观念中，主要以犬猫为主，随着时代发展，宠物的范围已扩大到鱼纲、爬行纲、两栖纲、昆虫、植物等，甚至虚拟宠物。但大多数国家的法律还是把宠物限定在动物范畴内。目前随着养宠人群逐年增加，宠物行业尤其是宠物食品行业不断迭代升级，步入高质量发展的轨道。按我国农业农村部的规定，宠物食品通用名称为宠物饲料，是指经工业化加工、制作的供宠物食用的产品，包括宠物配合饲料、宠物添加剂预混合饲料。

一、宠物食品行业发展概述

自 1860 年第一份商品犬粮在美国诞生，宠物食品行业已有 100 多年的发展历史。目前，全球宠物食品行业已经呈现出了越来越集中的趋势，玛氏和雀巢两家公司体系比较完善并几乎垄断了全球宠物食品市场近 50%的份额。随着社会的进步和人们生活水平的提高，宠物主人对于宠物的关注不再止步于传统意义上的基本喂养，而是更加注重宠物的全面健康发展。在此背景下，宠物食品行业也发生了积极的变革。消费者们开始更加关注宠物食品的品质、成分、营养价值以及安全性，对于宠物食品的消费需求出现了升级的趋势。与此同时，高品质、天然有机、具备功能性的宠物食品市场正日益呈现出广阔的发展前景。

二、我国宠物食品行业发展现状

近年来，我国宠物保有量持续增加，随着宠物情感属性日益突出，养宠人更加乐于为宠物掏腰包。我国是宠物食品主要进口国家之一，从联合国商品贸易统计数据库中按照国别贸易数据得出，当前宠物食品出口国主要为发达国家。我国宠物行业起步晚，最先占领市场份额的都是国外品牌，本土企业为获得发展，长期从事代工，致使企业难以形成自身竞争壁垒。国产品牌受海外头部品牌压制，缺乏内生增长动力。2020 年，京东宠物主粮前十位的品牌份额达到 57.8%，其中国际品牌占 42.9%，国产品牌只占据 3 个席位。虽然国产宠物粮品牌逐渐受到喜爱，但在与国外品牌的竞争中仍未能占据优势。

三、本课程学习内容

本课程的主要侧重点为宠物犬和宠物猫的营养与食品知识，主要包括犬猫营养学基础、犬猫食品的开发与利用、犬猫临床营养管理，另外简要介绍了其他宠物的营养与食品开发技术等。书后附有《食品安全国家标准 膨化食品生产卫生规范》《动物源性饲料产品安全卫生管理办法》《全价宠物食品 猫粮》《全价宠物食品 犬粮》，以方便学习时参考。

通过本课程的学习，熟悉宠物配合饲料生产的工艺流程，掌握质量控制技术，学会主要设备选型配套与加工机组操作；掌握宠物营养缺乏症的识别与预防方法，食品原料的类别、特性和生产加工，宠物食品添加剂与宠物保健品的配制与使用，宠物食品配方的配制与调整，同时掌握新型宠物食品的制作方法（如宠物食品烘焙技术）等；掌握宠物常见营养代谢性疾病的预防与治疗方法；了解原料的准备、设备操作与维护以及饲料生产技术、过程控制、数据管理等；了解宠物食品质量管理、质量检测、卫生质量的标准与评价方法，病原微生物、化学毒物的防范与控制，废弃物排放处理，食源性疾病及其预防，宠物食品生产经营过程中的不安全因素及其控制，宠物食品卫生法规和卫生管理办法，宠物食品国际标准，HACCP 体系在宠物食品生产中的应用等；掌握宠物饲养新技术、宠物疾病营养控制与诊治技术服务等。成为从事宠物食品加工、生产组织管理、质量控制的高技术技能型人才。

模块一

犬猫营养学基础

module one
module one
module one
module one

项目一

犬猫的消化生理特征

项目导入

犬猫是饲养数量最多的宠物，而近几年猫的饲养数量已经超过了犬的饲养数量。本项目主要介绍犬猫的消化生理特征，主要从犬猫的驯化历史、消化系统结构差异、对食品的消化吸收差异等方面进行阐述。犬猫的营养和食品开发也在宠物饲养中占据重要的地位。通过本项目的学习，掌握犬猫消化生理特征的差异，为后续学习犬猫营养学知识和犬猫食品开发奠定基础。

学习目标

知识目标

1. 了解犬猫的驯化历史，为进一步认识犬猫的消化生理差异奠定基础。
2. 掌握犬猫消化系统的结构差异。
3. 掌握犬猫对食品消化和吸收的差异。

技能目标

1. 掌握犬猫消化系统的结构特点，初步了解犬猫的采食习性。
2. 掌握犬猫对食品消化和吸收的特点，初步选择合适的猫粮和犬粮。
3. 掌握犬猫消化系统结构、消化生理上的差异，初步区分猫粮和犬粮的差异。

思政目标

1. 培养关爱宠物、热爱生活的态度。
2. 培养积极探索、勇于创新的意识。
3. 培养吃苦耐劳、热爱劳动的品质。
4. 培养实事求是，认真负责的精神。

任务一　犬猫的驯化历史

一、犬的驯化历史

犬猫的驯化历史（视频）

犬是人类亲密、忠实的生活伴侣动物，也是人类驯化的第一种家养动物，人类驯化犬已经有几万年的历史。家犬在外形、生理特征和生活习性等方面均与狼十分接近。关于家犬的起源也已经基本达成共识，无论是大型犬、中型犬、小型犬，还是世界各地不同品种的犬，都起源于灰狼。但是对于家犬的具体起源地和起源时间一直存在一定的争议。

人类从“掠食者”到“生产者”转变的时期，也是狼在被不断地驯化成家犬的时期。在长期的驯化过程中也导致了狼出现一些形态和行为上的改变，如体形变小、鼻梁变短、额段变深、戏耍的性情、采食行为变化等。我们知道狼是食肉动物，而犬是杂食动物，这也是狼在驯化的过程中进化出来的消化功能。有说法认为，人类在农业发展过后，对淀粉类食物食用的增加，也将剩饭剩菜分给狼食用，经过长时间的驯化过程，狼也进化出了能够消化淀粉类食物的基因。

二、猫的驯化历史

家猫是由野生猫驯化而来的，相比家犬的驯化历史，家猫的驯化历史相对来说比较短，大约是在 1 万年前开始的。据记载，欧洲家猫的祖先是非洲山猫，亚洲家猫的祖先是印度沙漠猫。此外，猫食鼠是适应生存的本能，而养猫捕鼠则是人们利用生物相克实现有利于人类生存的益事。家猫身体的特殊结构也更加有利于捕鼠。经过长时间的驯化过程，野猫在驯化过程中也发生了生理结构上的变化，包括体形变小，爪子缩短，大脑和颅腔容积缩小，双耳伸展，尾巴的姿态以及皮毛的颜色和质地也发生了变化。猫与犬不同，它们在人类社会中保存了很大程度的独立性。猫在消化功能上，并未像犬一样由于驯化原因而完全转变为杂食性动物，还基本保持着其食肉的本性，所以家猫仍是以食肉为主。

任务二　犬猫的消化生理特征

犬猫的消化生理特征（视频）

课前任务

小红发现她家猫和犬的生活习性有很多不一样的地方，例如，有些食物，犬会吃，但是猫没有兴趣；猫相比犬每次吃的量少，但是比犬吃的次数多。去宠物店购买猫粮和犬粮的时候，也会听到宠物医生的提醒，不要用犬粮饲喂猫，但是她不明白其中的道理。让我们进行本任务学习，一起为小红解决疑惑。

犬、猫的类别不同，驯化的时间也不同，它们的消化道结构和功能也会存在一定的差异。但是它们对食物的消化方式有共同的规律，消化方式都有 3 种，即物理性消化、化学性消化和微生物消化。物理性消化又称机械性消化，是指食物经过口腔的咀嚼，牙齿的磨碎，舌的搅拌、吞咽，胃肠肌肉的活动，将大块的食物变成碎小的，使消化液充分与食物混合，并推动食团或食糜下移，从口腔推移到肛门的消化过程。化学性消化是指在消化腺分泌各种消化酶的作用下，将食物中的大分子物质分解为肠壁可吸收的简单化合物的消化过程。微生物消化是指依靠消化道中微生物的发酵作用消化食物中粗纤维的消化过程。对于犬猫来说，化学性消化是主要的消化方式。

一、口腔

口腔是消化系统的开始部位，犬的口腔大部分长而狭窄。犬的牙齿锋利，犬齿特别发达，善于撕咬猎物和啃食骨头，但是不善咀嚼，所以犬在吃东西时，均表现为“狼吞虎咽”状。犬的唾液腺发达，能分泌大量唾液湿润口腔中的食物，但是唾液中缺乏消化淀粉的淀粉酶。犬的唾液还有一个重要的功能就是蒸发散热，所以在炎热的季节，犬会张开嘴巴，伸出舌头进行散热。犬的舌头因味蕾数量很少，味觉迟钝，所以犬并不能通过细嚼慢咽来品尝食物的味道，主要是依靠嗅觉来感知食物的气味。

猫的口腔前后都较窄，牙齿尖锐锋利，多以撕咬为主，将食物切割成小碎块。由于无法移动下颌骨，不能碾磨食物，啃食骨类食物有非常大的困难。猫的舌头表面有许多方向朝向口腔底部的乳头，非常坚固、粗糙，似锉刀样，可舔食附着在骨头上的肌肉，也可以梳理被毛及清理身上的污垢。此外，跟犬一样，猫的唾液腺也特别发达，能分泌大量的唾液。相比于犬来说，猫的味蕾分布则是广泛的，不仅分布在舌上，而且还分布于软腭和口腔壁，猫能够辨别咸味、酸味、苦味，但是不能感觉甜味。

二、食管

犬的食管上有丰富的横纹肌，呕吐中枢发达，当摄入毒物后能够引起剧烈的呕吐反射，把吞入胃内的毒物排出，这是一种比较独特的防御本领。猫的食道能够做反向蠕动，能将囫囵吞下的大块骨头或有害物质呕吐出来。

三、胃

犬的胃较大，呈不规则的梨形，能对食物进行暂时性贮存。胃的结构特点使犬更适合不连续的分餐摄入，而不是少量多餐，所以犬是按餐进食。胃液的盐酸含量很高，能够很好地激活胃蛋白酶原，有利于消化蛋白质。同时，盐酸本身也可以使食物中的蛋白质膨胀变性，便于消化。另外，犬在进食后 5～7 h 就可将胃中的食物全部排空，要比其他草食动物或杂食动物快许多。

猫的胃较小，呈梨形囊状，适合少量多餐。猫的胃腺很发达，整个胃壁上都有胃腺分布，分泌的胃液能够促进蛋白质的消化。

四、肠道

犬的肠道不具备发酵能力，对粗纤维的消化能力差。又由于消化道较短，食物停留时间也短，所以犬容易产生饥饿感，且对食物的吸收也较差，粪便中仍有尚未被消化吸收的营养物质。

猫的肠道也较短，体长为 0.5 m 的猫，肠道的平均长度大概为 2.1 m。如果与草食动物相比则很短，如小肠只有家兔的 1/2 长，盲肠也不发达，只有家兔的 1/20 长，也不适合消化粗纤维。但是猫的肠壁宽厚，对蛋白质和脂肪的吸收能力很强。这种肠道宽厚的特点，具有明显的肉食动物特征。

五、肝脏和胰腺

犬的肝脏比较大，相当于体重的 3%左右，分泌的胆汁有利于脂肪的消化吸收。胰腺则会分泌相应的消化酶，帮助小肠消化食物。犬的胰液还有抗菌的能力。犬与猫胆汁酸的组成成分中，只有牛磺脱氧胆酸的浓度有所不同。猫的胆汁酸必须与牛磺酸共轭连接，如果牛磺酸缺乏，胆汁中会出现高浓度未结合的胆酸，影响脂类的消化吸收。

课后任务

1. 探讨为什么犬是按餐进食，而猫需要少量多餐。
2. 结合生活案例，探讨猫是否能吃犬粮。
3. 观察记录犬和猫进食的差异。

课后延学

猫出现呕吐，一定是生病了吗？

猫出现呕吐不一定是生病了哦！也可能是吐毛球，猫的舌头表面有许多方向朝向口腔底部的乳头，猫经常会用舌头梳理被毛，梳理下的毛未能吐出来，则吞咽到胃里，吞下去的毛发和未消化的食物碎片黏在一起，易形成圆柱形的毛团，未消化的毛累积到一定程度之后，就会刺激胃部引起呕吐。当然也有可能是因为劣质食物导致过敏，吃得太快或太饱，吞食异物等出现呕吐。我们应仔细辨别猫的呕吐物，这样才能更好地判断它的健康情况。

课后练习

判断题

1. 为改善适口性，甜味剂可以应用在猫粮上。（　　）
2. 猫咪起源于非洲沙漠，鱼并不是猫天生的选择。（　　）
3. 犬猫的肠道较短，发酵能力较差，对粗纤维的消化能力都不强。（　　）
4. 犬猫的主要消化方式为化学性消化。（　　）
5. 猫的牙齿像剪刀一样能够撕碎食物，犬的牙齿能够研磨食物。（　　）

6. 猫的胃肠道适应能力比犬要强。(　　)

7. 猫和犬一样,都能够接受淀粉含量高的食物。(　　)

参考文献

[1]王晓冰. 狗的起源和进化之谜[J]. 百科知识,2015(3):18-21.

[2]杨前勇. 家犬起源和进化的新观点[C]//第 17 次全国犬业科技学术研讨会. 香港中医学会、教育研究基金会,2017.

[3]彭建国,张松,李杰,等. 犬的起源和进化[J]. 中国工作犬业,2007(7):3.

[4]李和国,吴孝杰. 宠物饲养[M]. 北京:中国农业大学出版社,2021.

[5]佟屏亚. 家猫的驯化史[J]. 文明,2015(8):2.

[6]美国动物营养国家研究委员会犬猫营养特别委员会. 犬猫营养需要[M]. 丁丽敏,夏兆飞,主译. 北京:中国农业大学出版社,2010.

[7]方希修,方圆,淡瑞芳. 宠物营养与食品[M]. 2 版. 北京:中国农业大学出版社,2023.

[8]园园. 猫咪每个月呕吐一两次正常吗?[J]. 今日畜牧兽医:今日宠物,2023(7):13.

项目二

能量以及各营养物质与犬猫健康的关系

项目导入

本项目从犬猫所需的能量以及蛋白质、糖类、脂类、矿物质、维生素、水这六大营养物质进行介绍，主要包括犬猫食品中能量以及各营养物质的基本特点和营养作用，在犬猫体内的转化规律和利用特点。通过本项目的学习，掌握犬猫营养的基础内容，为犬猫食品营养价值的评定奠定基础；掌握能量以及各营养物质与犬猫健康的关系，为预防犬猫营养代谢性疾病奠定基础。

学习目标

知识目标

1. 了解犬猫所需的能量以及六大营养物质的基本特点和营养作用。
2. 理解能量和六大营养物质在犬猫体内的转化过程和规律。
3. 掌握能量和六大营养物质与犬猫健康的关系。

技能目标

1. 能够根据各营养物质的含量初步判断犬猫食品的营养价值，进一步掌握犬猫的日常饲养技术。
2. 能够简单识别犬猫营养缺乏症，并选择合理的防治方法。
3. 能够基本掌握挑选合适的犬猫食品的方法。

思政目标

1. 培养关爱宠物健康、科学饲养的意识。
2. 增强强身健体的意识。
3. 培养实事求是、科学客观的态度。
4. 培养独立思考的能力和团队合作的意识。

任务一　犬猫食品中的能量与营养物质概述

根据国际上采用的概略养分分析法，将犬猫食品中的营养物质分为六大类，即水分、粗灰分、粗蛋白质、粗脂肪、粗纤维和无氮浸出物，如图 1-1 所示。

犬猫食品中的能量与营养物质（视频）

- 犬猫食品
  - 水分
  - 干物质
    - 无机物（粗灰分或矿物质）
    - 有机物
      - 含氮化合物（粗蛋白质）
      - 无氮化合物
        - 乙醚浸出物（粗脂肪）
        - 糖类
          - 粗纤维
          - 无氮浸出物

图 1-1　概略养分与犬猫食品成分之间的关系

1. 水分

水分存在于动、植物中，分为游离水和结合水。游离水是指与细胞结合不紧密、容易挥发的水；结合水是指与细胞内胶体物质紧密结合在一起、难以挥发的水。除去游离水的犬猫食品处于风干状态，除去游离水和结合水的犬猫食品处于绝干状态，即为犬猫食品中的干物质(DM)。

2. 粗灰分(Ash)

粗灰分是指犬猫食品在 550～600 ℃高温炉中将所有有机物全部氧化后剩余的残渣，主要为矿物质氧化物或盐类，可能还含有少量的泥沙。

3. 粗蛋白质(CP)

犬猫食品中一切含氮物质总称为粗蛋白质，包括真蛋白质和非蛋白氮(NPN)，非蛋白氮主要有游离氨基酸、酰胺类、含氮的糖苷、生物碱、铵盐、嘧啶、嘌呤等。

4. 粗脂肪(EE)

犬猫食品中脂溶性物质总称为粗脂肪。常规分析中是用乙醚浸提样品所得的乙醚浸出物，包括真脂肪和类脂，真脂肪系甘油三酯；类脂有脂溶性维生素、叶绿素、有机酸、树脂、固醇等。

5. 粗纤维(CF)

粗纤维是植物细胞壁的主要组成成分，包括纤维素、半纤维素、木质素及果胶。

6. 无氮浸出物(NFE)

无氮浸出物是犬猫食品有机物质中的无氮物质除去脂肪及粗纤维以外的部分，主要由易被犬猫消化利用的淀粉、菊糖、双糖、单糖等可溶性碳水化合物组成，此外，还有水溶性维生素等其他成分。无氮浸出物含量越高，适口性越好，消化率越高。无氮浸出物和粗纤维是糖类即碳水化合物的 2 个组成部分，糖类也是犬猫的重要能量来源。

以上为犬猫食品中采用概略养分分析法得到的六大类营养物质。犬猫食品中除能提供这六大类营养物质外，其实还可以提供能量。能量本身并不是一种营养物质，糖类、脂类、蛋白质三大类营养物质在体内代谢的过程伴随着能量的转化。在营养学中通常所说的六大类营养物质则是指水、蛋白质、脂类、糖类、维生素、矿物质。能量和六大营养物质是犬猫生命活动所需要的,同时与犬猫健康的关系密切。

课后练习

1. 概略养分分析法将犬猫食品中的营养物质分为哪六大类?(　　)
   A. 水、蛋白质、脂肪、碳水化合物、维生素、矿物质
   B. 水分、粗蛋白质、粗脂肪、粗纤维、粗灰分、无氮浸出物
   C. 粗蛋白质、粗脂肪、粗纤维、粗灰分、无氮浸出物、干物质
2. 营养学中通常所说的六大营养元素是指(　　)。
   A. 水、蛋白质、脂类、糖类、维生素、矿物质
   B. 水分、粗蛋白质、粗脂肪、粗纤维、粗灰分、无氮浸出物
   C. 粗蛋白质、粗脂肪、粗纤维、粗灰分、无氮浸出物、干物质

任务二　能量

能量与犬猫健康的关系(视频)

课前任务

小明家养了一只3岁的拉布拉多犬,但是拉布拉多犬近期持续性长胖。小明很担心拉布拉多犬长得过度肥胖反而对健康不利,所以准备去宠物店重新选择一款可以帮助它减肥的犬粮。宠物店的工作人员了解了小明的困惑后,给他推荐了一款犬粮,告诉他该款犬粮为低卡低热量犬粮,用来饲喂过度肥胖的犬,可以进行辅助减肥。小明对其说的低卡低热量存在疑惑,不是很懂其中的关系。让我们通过本任务的学习,解决小明的问题。

犬猫的正常生命活动都需要以能量为支撑,如犬猫需要能量来满足维持、生长、繁殖、泌乳和机体运动的代谢需求。因此,能量在犬猫的生命活动中占据非常重要的地位,但是过量的能量摄入也会影响犬猫的健康。

一、能量来源与能量单位

犬猫机体所需要的能量主要来源于食品中的糖类、脂类和蛋白质三大有机物分解代谢产生的能量。糖类作为能量来源最佳的选择,不仅来源丰富,而且利用价值高;脂类的有效能值虽然比糖类高,但是在犬猫食品中的含量不宜过高,不适合作为能量的主要来源;蛋白质作为能量物质的利用效率较低,过量的蛋白质将会危害犬猫的健康和生长,同时蛋白质的价格昂贵,因而蛋白质也不宜作能量物质使用。

在营养学中除用焦耳(J)作为能量单位外,有时也用卡路里(cal)作为能量单位,也常采用千焦耳(kJ)和兆焦耳(MJ),其换算关系如下。

$$1\ \text{cal}=4.184\ \text{J}$$
$$1\ \text{kcal}=4.184\ \text{kJ}$$
$$1\ \text{Mcal}=4.184\ \text{MJ}$$

二、能量在犬猫体内转化的规律

能量是由食品中的糖类、脂类和蛋白质三大有机物在犬猫体内代谢而产生的，在代谢的过程中，能量也在犬猫体内发生相应的转化，如图1-2所示。

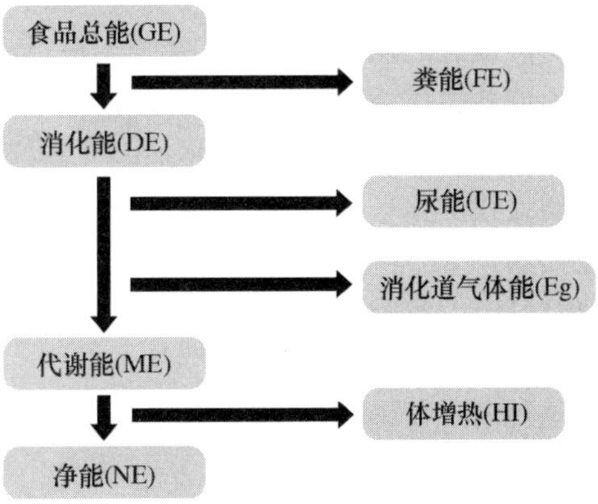

图1-2　食品中能量在犬猫体内的转化规律

1.总能(GE)

总能是指食品中三大有机物进行完全氧化燃烧后所释放的全部能量。三大有机物完全氧化后释放的能量分别如下：糖类为17.5 kJ/g，蛋白质为23.64 kJ/g，脂类为39.54 kJ/g。

2.消化能(DE)

消化能是指犬猫食品可消化养分所含的能量，除去犬猫摄入食品中未能被消化的粪能(FE)，又称为“表观消化能”。

粪能除了包括未被消化吸收的食品养分所含的能量，还包括消化道微生物及其代谢产物、消化道分泌物和消化道黏膜脱落细胞所含的能量，即代谢粪能(FmE)。将粪能中的代谢粪能扣除后的消化能称为“真消化能”。

3.代谢能(ME)

代谢能是指犬猫食品中的消化能减去尿能(UE)及消化道气体能(Eg)后剩余的能量。尿能是尿中有机物质所含的总能，主要来自蛋白质的代谢产物。犬、猫等哺乳动物的尿能主要来源于尿素，鸟类的主要来源于尿酸。消化道气体能来自犬猫消化道微生物发酵产生的气体，主要是甲烷。这些气体经肛门、口腔和鼻孔排出。

4.净能(NE)

净能是犬猫食品中用于维持生命和生产产品的能量，即犬猫食品的代谢能减去食品在体内的热增耗(HI)后剩余的那部分能量。

热增耗又称为体增热，是指绝食动物在采食饲料后短时间内，体内产热高于绝食代谢产热的那部分热能。热增耗来自消化过程产热、营养物质代谢产热、与营养物质代谢相关的器官肌肉活动产热以及肾脏排泄产热和食品在胃肠道发酵产热。热增耗以热的形式散失，在冷应激环境中，可用于维持体温。但热应激环境下，热增耗是一种额外负担，必须将其散失掉，防止体温升高。

净能可分为维持净能(NEm)和生产净能(NEp)。维持净能是指犬猫食品能量用于维持生命活动、适度随意运动和维持体温恒定的部分，这部分能量最终以热的形式散失掉。生产净能是指犬猫食品能量用于沉积到产品中的部分，如产脂净能、产奶净能、增重净能、产毛净能等。

三、能量与犬猫健康的关系

犬猫对能量的需求受环境温度、品种、性别、年龄、食物组成、饲养水平、运动量等因素的影响。能量缺乏引起的最明显的症状是体重减轻，在部分或完全饥饿状态下大多数器官会发生萎缩，容易感染疾病；过量的能量摄入将导致肥胖，还将加剧犬猫的骨骼和心脏疾病。此外，过量的能量摄入可能导致成长期犬猫的生长速度过快，降低犬猫的健康水平和寿命。现如今，大部分犬猫都已经成为家庭伴侣动物，出现了活动范围小、运动量少、食品营养丰富以及适口性好等变化，这些变化导致犬猫肥胖症的流行。在市场上配制好的犬猫食品的能值差异很大，应根据其自身的情况选择合适的犬猫食品。

课后任务

1. 讨论为什么食品能量过高时犬猫容易出现肥胖。
2. 可以从哪些方面降低犬猫食品的能量值？

课后练习

一、填空题

1. 犬猫能量的来源主要是__________、__________、__________。
2. ________为能量来源最佳的选择，不仅来源丰富，而且利用价值高。
3. 净能可分为______________和______________。

二、选择题

1. 以下哪种犬需要的食物相对能量密度最高？（　　）

   A. 幼犬　　B. 成年犬　　C. 老年犬　　D. 工作犬

2. 犬对于能量的需求不取决于？（　　）

   A. 饮水量　　B. 品种　　C. 年龄　　D. 运动量

三、问答题

什么是热增耗？热增耗的来源有哪些？

任务三　蛋白质

蛋白质与犬猫健康的关系(视频)

课前任务

2007 年“美国宠物毒粮事件”引起了广泛的关注。起因是美国食品药品监督管理局(FDA)报告了 14 例犬猫死亡事件，均死于肾衰竭，共同点是食用了某宠物食品公司生产的宠物粮。美国展开商品召回，对“凶手”发起追踪，发现始作俑者居然是"三聚氰胺"。三聚氰胺是一种化工原料，不可用于食品加工或作为食品添加剂，但因其含氮量高，被非法商贩作为添加剂，以提高宠物粮中蛋白质检测数值。原料检测发现，原料小麦面筋粉和大米蛋白粉里均含有不同浓度的三聚氰胺，这就是犬猫吃了含三聚氰胺的食品中毒致肾衰死亡的原因。与此同时，市场上各式各样的犬猫饲粮中也出现了很多对犬猫健康存在很大危害的劣质粮，令很多消费者无法正确选择健康优质的犬猫饲粮。让我们通过本任务的学习，从蛋白质营养学角度对犬粮和猫粮的营养价值和优劣程度进行辨别。

蛋白质是犬猫生命的物质基础，是生命活动的直接执行者，几乎参与生命的所有过程。蛋白质是犬猫日粮的主要营养物质之一，合理的蛋白质供应可以让犬猫获得最佳的生长状态。犬猫日粮蛋白质的来源主要是动物性蛋白质和植物性蛋白质。

一、蛋白质的营养生理功能

1. 蛋白质是构成犬猫机体最基本的物质

蛋白质是机体细胞的重要组成部分。犬猫的肌肉、皮肤、内脏、血液、毛发、指甲等组织器官的主要组成成分为蛋白质。犬猫体内除水以外，蛋白质是含量最高的物质。犬猫的妊娠、生长、泌乳、毛发生长等过程均是以特定的蛋白质作为物质基础。

2. 蛋白质是机体内功能性物质的主要成分

在犬猫的新陈代谢过程中起催化作用的酶、起调节作用的激素、具有免疫和防御功能的免疫球蛋白、运输氧气的血红蛋白、参与运动的肌球蛋白和肌动蛋白等都是以蛋白质为主体构成的。另外，蛋白质还具有维持体液渗透压的作用。

3. 蛋白质是更新组织的必需物质

犬猫在新陈代谢过程中，蛋白质处于不断合成与降解的动态变化之中。幼龄犬猫的生长发育、成年犬猫的繁殖、组织细胞损伤的修补、组织细胞的更新均需要蛋白质的供给。根据实验测定，动物体蛋白质总量中每天有 0.25%～0.30%在进行更新，若按此计算则每经 12～14 个月体组织蛋白质即全部更新一次。

4. 蛋白质是遗传物质的基础

犬猫的遗传物质 DNA 与组蛋白结合成为一种复合体——核蛋白，该复合体携带有遗传信息。遗传信息的传递、基因表达的调控都需要蛋白质的参与。

5. 蛋白质可供能和转化为糖、脂

犬猫无法贮存多余的氨基酸，过剩的氨基酸可以直接氧化分解进行供能，或转化为糖原或脂肪贮存起来。当犬猫体内供能的糖类和脂肪不足时，蛋白质也可以在体内氧化分解，释放能量，维持机体的代谢活动。

二、蛋白质的组成

蛋白质是由许多氨基酸通过肽键相连形成的高分子含氮化合物，氨基酸是蛋白质的基本结构单位。自然界中存在的氨基酸有 200 种以上，但构成蛋白质的氨基酸只有 22 种。蛋白质主要的元素组成是碳、氢、氧、氮、硫、磷，还有少量的铁、铜、锌、锰等元素。蛋白质平均含氮量约为16%，故通常可以通过测定食品中的含氮量来估算食品中的蛋白质含量。我们可以用凯氏定氮法检测蛋白质的含量，计算公式如下：

$$食品中粗蛋白质含量=食品中总含氮量\times 6.25$$

三、犬猫食品中蛋白质的消化吸收

蛋白质作为大分子物质不能直接被犬猫机体吸收，最终都要分解为小分子物质才能被吸收利用。犬猫对蛋白质的消化吸收在胃肠道中进行，其中主要的消化吸收部位为小肠。消化方式是以酶催化的化学性消化为主，并伴随部分物理性消化和微生物消化。大分子物质的蛋白质在胃肠道中都要被分解为氨基酸和部分小肽后才能被吸收利用，其中大部分的氨基酸用于合成机体蛋白，少部分氨基酸转化为脂肪或糖类，或进一步氧化分解进行供能。犬猫对蛋白质的消化代谢过程，如图1-3所示。

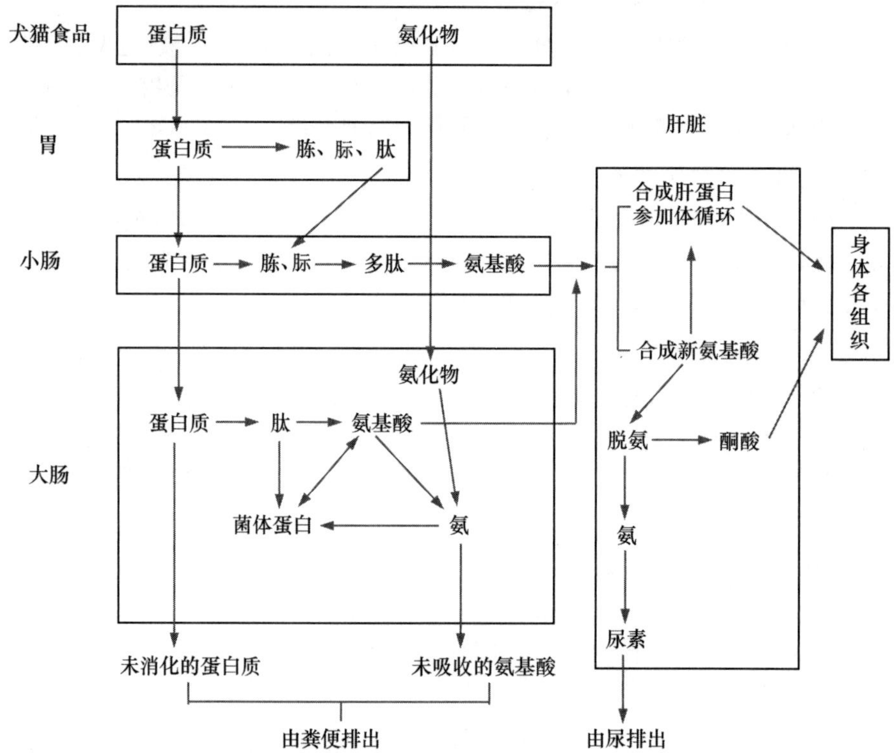

图1-3 犬猫对蛋白质的消化代谢过程

四、氨基酸的营养生理功能

因为蛋白质要降解为小分子物质氨基酸才能被吸收利用，所以蛋白质的营养实质上就是氨基酸的营养。不同食物的蛋白质因其组成与性质不同，营养价值也不一样，其蛋白质营养价值的高低，主要取决于食物中蛋白质的含量及其组成和性质，特别是其中必需氨基酸的含量和比例。不同来源的蛋白质,其消化率不同,犬猫对动物性蛋白质消化率高于植物性蛋白质,如肉类蛋白质的消化率可达 90%～95%,而植物性蛋白质的消化率只有 60%～80%。食物中的蛋白质消化率高,包含所有必需氨基酸,合适比例且满足犬猫的需要,则被认为是高质量的蛋白质。相反,那些消化率低或限制一种或多种必需氨基酸的蛋白质则营养价值较低。

(一)氨基酸的种类

根据氨基酸对犬猫的营养作用,如果从营养需要角度考虑,通常可将氨基酸分为必需氨基酸和非必需氨基酸(表 1-1),还可以分为限制性氨基酸。

表 1-1　犬猫的必需氨基酸和非必需氨基酸

必需氨基酸	非必需氨基酸
苯丙氨酸	丙氨酸
甲硫氨酸	天冬酰胺
赖氨酸	天冬氨酸
苏氨酸	半胱氨酸
色氨酸	谷氨酸
亮氨酸	谷氨酰胺
异亮氨酸	甘氨酸
缬氨酸	羟基赖氨酸
精氨酸	羟基脯氨酸
组氨酸	脯氨酸
牛磺酸(仅限猫)	丝氨酸
	酪氨酸

1. 必需氨基酸

必需氨基酸是指犬猫不能由体内代谢合成或合成量不能满足需要,必须由饲粮提供的氨基酸。犬猫的必需氨基酸的种类与其他动物都有所不同。

2. 非必需氨基酸

非必需氨基酸是指犬猫体内能合成或可由其他氨基酸转化替代,无需饲粮提供即可满足犬猫营养需要的氨基酸。

3. 限制性氨基酸

限制性氨基酸是指一定犬猫食品中所含必需氨基酸的量与犬猫所需的蛋白质必需氨基酸的量相比,比值偏低的氨基酸。由于这些氨基酸的不足,会制约犬猫对其他氨基酸的利用,从而影响日粮中整个蛋白质的利用率,其中比值最低的称为第一限制性氨基酸,以后依次为第二、第三、第四……限制性氨基酸。以木桶原理比喻,限制性氨基酸类似于木桶中的短板,最短的一块板能决定整个木桶的装水量。在食物中最常见的限制性氨基酸是蛋氨酸、色氨酸和赖氨酸。

(二)犬猫营养中几种重要的必需氨基酸

1. 精氨酸

精氨酸在许多哺乳动物(人、猪、反刍动物等)体内都可以合成,能满足需要,不是必需氨基酸,但是在犬和猫中是属于必需氨基酸,尤其是猫对精氨酸的缺乏更为敏感。精氨酸参与犬猫机体的尿素循环过程,它能将机体内蛋白质代谢产生的多余的氨转化成尿素排出体外,否则血液中的氨浓度会大幅度升高。但是猫由于缺少在肠道黏膜由谷氨酸和脯氨酸合成鸟氨酸的能力,必须依赖日粮中提供的精氨酸来满足合成鸟氨酸的需要,而鸟氨酸是尿素循环过程中的重要物质。所以,猫对精氨酸缺乏非常敏感,缺乏精氨酸会导致血氨过高,表现为呕吐、肌肉痉挛、运动失调、对触碰敏感、强直性痉挛、昏迷甚至死亡。犬也不能耐受精氨酸缺乏,但是耐受性比猫强,没有猫那么敏感,也不会呕吐、致死。

2. 牛磺酸

牛磺酸也称牛胆酸、牛胆碱、牛胆素等,最早由牛黄中分离出来,故得名。牛磺酸是一种含硫的非蛋白氨基酸,不参与蛋白质结构组成,在体内以游离的状态存在。犬猫的心肌细胞和视网膜中含有大量的游离牛磺酸,牛磺酸在心肌和视网膜功能中起到了重要的作用,除此之外,对犬和猫的消化、神经、心血管、繁殖等都有重要的调节作用。大多数动物能够合成足够数量的牛磺酸,但是,猫只能合成很少数量的牛磺酸,不能满足身体的需要,需要不断从日粮中获取。猫食物中牛磺酸缺乏会导致视网膜变性、视力受损、繁殖障碍、心脏异常和免疫系统受损。牛磺酸只存在于动物性食物中,植物性食物中含量很低。含牛磺酸较高的原料有鳕鱼、羊肉和瘦猪肉等。目前,市场上的猫粮中都需要添加牛磺酸,或者牛磺酸作为单独的添加剂售卖。AAFCO(1993)推荐猫成长期和生长期牛磺酸含量的最小值为占干物质的 0.1%。老鼠体内含有丰富的牛磺酸,因此,猫捕食老鼠可以补充牛磺酸,保持其敏锐的视力。

3. 赖氨酸

赖氨酸是幼龄犬猫生长发育所必需的氨基酸。缺乏赖氨酸会导致犬猫食欲降低,体况憔悴消瘦,生长停滞,贫血,甚至引起肝脏病变,皮下脂肪减少,骨的钙化失常。目前,有利用赖氨酸辅助治疗猫病毒性鼻气管炎的报道,但其治疗效果仍存在一定争议。

4. 蛋氨酸

蛋氨酸在机体内参与肾上腺素、胆碱和肌酸的合成,在肝脏脂肪代谢中参与脂蛋白的合成,将脂肪输出肝外,防止脂肪肝,降低胆固醇。此外,蛋氨酸还具有促进犬猫被毛生长的作用,被毛由角蛋白构成,构成角蛋白的主要成分是含硫氨基酸(蛋氨酸、胱氨酸和半胱氨酸),食品中添加蛋氨酸能够提高动物被毛品质。犬猫缺乏蛋氨酸时,发育不良,体重减轻,肌肉萎缩,被毛变质,肝脏、肾脏功能损伤,容易产生脂肪肝。与其他哺乳动物相比,猫对含硫氨基酸的需要量更高。在以天然成分配合的猫粮中,蛋氨酸通常是最具限制性的。蛋氨酸是猫的第一限制性氨基酸,是犬的第一或第二限制性氨基酸。

5. 色氨酸

色氨酸参与血浆蛋白的更新,并与血红素、烟酸的合成有关,它能促进维生素 B_2 作用的发挥,并具有神经冲动的传递功能,是幼龄犬猫生长发育和成年犬猫繁殖、泌乳所必需的氨基酸。犬猫缺乏色氨酸,会造成食欲降低、体重减轻、生长停滞、贫血、下痢、视力破坏、皮炎等。大部分动物机体内可以转化色氨酸为烟酸，但是猫不能使色氨酸转化成大量的烟酸，然而可以通过日粮来补充，很少造成缺乏。

6. 苏氨酸

苏氨酸参与体蛋白的合成，是免疫球蛋白的成分。苏氨酸作为黏膜糖蛋白的组成成分，有助于形成防止细菌和病毒侵入的非特异性防御屏障。缺乏会使犬猫体重迅速下降，免疫功能降低。

7. 缬氨酸

缬氨酸具有保持神经系统正常功能的作用，为免疫球蛋白的成分，并影响犬猫的免疫反应。缺乏会导致犬猫生长停滞，运动失调。

五、蛋白质与犬猫健康的关系

1. 蛋白质缺乏

蛋白质在犬猫营养中具有特殊的营养价值。当食物中的蛋白质不足或蛋白质品质低下时，会影响犬猫的健康、生长、发育及繁殖，导致各种蛋白质缺乏症，其主要表现在以下几个方面。

(1)消化功能紊乱。蛋白质供应不足会使犬猫出现食欲下降、采食量减少、营养不良及慢性腹泻等现象。

(2)幼龄犬猫生长发育受阻。蛋白质供应不足，幼龄犬猫蛋白质合成代谢障碍而使体蛋白质沉淀减少甚至停滞，会导致幼龄犬猫生长速度明显减缓或停滞，严重的甚至死亡。

(3)易患贫血症及其他疾病。蛋白质缺乏，体内就不能形成足够的血红蛋白而患贫血。并因血液中免疫抗体数量的减少，犬猫抗病力减弱，容易感染各种疾病。犬缺乏蛋白质后胸腹下部常伴发浮肿，易感染继而死亡。

(4)影响繁殖功能。雄性性欲降低，精液品质下降，精子密度减少。雌性不发情，性周期失常，卵子数量少且质量差，受胎率低。受孕后胎儿发育不良，以致产生弱胎、死胎或畸形胎。

2. 蛋白质过量

食物中蛋白质供给超过犬猫的需要，不仅造成浪费，还会引起机体代谢紊乱。蛋白质过量会导致犬猫体液和组织中积累过多的氨而损害其肾脏和肝脏。对于有病的犬则会导致肝脏负担过重。在老年犬的干食物中，全价蛋白质宜限量为16%，降低蛋白质过量给其带来的代谢负担。

3. 蛋白质过敏

犬猫可能会对一些动物性来源和植物性来源的蛋白质及其代谢产物出现过敏，如牛肉、羊肉、鱼肉、海鲜、大豆、乳制品和小麦等都含常见过敏原。日常饲喂过程中如果确认犬猫对某种食物过敏，平时要避免饲喂含此类食材的食物，可以用营养成分类似的食物替代。

课后任务

1. 犬和猫对蛋白质的需要量是否有区别？
2. 为什么犬猫蛋白质供给不是越多越好？
3. 通过市场调研，比较不同品牌犬粮、猫粮中蛋白质的含量。

课后延学

新型蛋白质产品——生物活性肽的应用

生物活性肽是指对生物机体的生命活动有益或具有生理作用的一类肽类化合物。这类物质大都是一些寡肽(几个氨基酸构成)或低肽(十几个氨基酸构成),氨基酸数目比较少,不同的排列组合会产生各种不同生物学功能。生物活性肽既有丰富的营养作用,又有全面的功能性作用。在犬猫食品中添加活性肽具有改善饲料风味,提高食品适口性;提供营养作用;提高机体免疫力、抗氧化功能;作为天然防腐剂,提高饲料品质,促进机体对矿物质的吸收等。常见的生物活性肽有如下几种。

1. 乳链菌肽

乳链菌肽也称为乳酸链球菌素,是用蛋白质原料经过发酵生物合成的由34个氨基酸组成的小肽。若在食品中加入十万分之几到万分之几的这种物质,能较强抑制引起食物腐败的许多革兰阳性菌的生长和繁殖,是一种高效、无毒的天然食品防腐剂。

2. 大豆多肽

大豆多肽是指大豆蛋白经蛋白酶作用或微生物技术处理后,再经过分离和精制等特殊处理得到的低聚肽混合物,其富含的生物活性成分具有免疫调节功能、促进微生物发酵、促进矿物质吸收、降糖、降脂、抗菌、抗疲劳、抗炎等功效。

3. 免疫刺激肽

免疫刺激肽是从酪蛋白的胰蛋白酶-糜蛋白酶降解产物中分离得到的,是激活巨噬细胞吞噬功能的肽。从人的酪蛋白酶解物中分离得到2种活性肽,能激活腹膜巨噬细胞的吞噬作用,静脉注射这2种活性肽可保护幼犬免受肺炎菌感染。

4. 酪蛋白磷酸肽

酪蛋白磷酸肽是一种促进钙、铁吸收的肽,由动物乳中酪蛋白经胰蛋白酶作用后制得,它能有效地与钙形成可溶性复合物用作饲粮的钙强化剂,增强肠道对钙的吸收以及钙在体内的保持。此外,它还可作为许多矿物元素(如铁、锰、铜、硒)的载体,是一种良好的金属结合肽。

课后练习

1. 影响蛋白质质量的因素有哪些?(　　)

A. 可消化性,是否可溶于水

B. 可代谢性,是否含有必需氨基酸

C. 可消化性,是否含有必需氨基酸

D. 可消化性,可代谢性

2. 蛋白质的主要作用不包括(　　)。

A. 供能　　B. 增强肌肉力量

C. 提供益生元　　D. 提供必需氨基酸

3. 蛋白质在犬猫体内最终以何种形式被吸收？(　　)

A. 小肽　　B. 多肽

C. 氨基酸或者小肽　　D. 挥发性脂肪酸

4. 蛋白质的基本结构单位为(　　)。

A. 脂肪酸　　B. 氨基酸　　C. 葡萄糖　　D. 氮

5. 以下哪种是非蛋白氨基酸？(　　)

A. 赖氨酸　　B. 精氨酸　　C. 牛磺酸　　D. 酪氨酸

任务四　糖类

课前任务

小李刚买了一只布偶猫，他在宠物店选购猫粮时观察了一些猫粮的配方表，发现在配方表的原料组成中有很多平时猫咪基本上不吃的食物在里面，如玉米、大米、小麦、马铃薯粉等，有一些猫粮中它们的占比还非常高。小李就在思考，这些猫咪基本不吃的食物添加到商业猫粮中是否会对猫咪的健康造成危害呢？猫咪又为什么不直接吃这些食物呢？让我们通过本任务的学习，解决小李的问题。

糖类是自然界中广泛分布的一类重要的有机化合物，广泛地存在于植物性饲料中，是大多数动物的重要能量来源。糖类主要由碳、氢、氧 3 种元素组成，其氢氧比例是 2∶1，与水相同，这也是糖类又称为碳水化合物的原因。

一、糖类的营养生理功能

1. 供能贮能

糖类可以直接氧化供能，犬猫所需要的绝大部分能量都由糖类物质提供。当然，糖类也可以转变为糖原贮存在肝脏、肌肉中，或转变为脂肪贮存在脂肪组织中。其中，单糖葡萄糖是犬猫大脑、肌肉、红细胞、白细胞、乳腺、眼睛等的能量来源，也是可直接进行利用的能量物质。

2. 构成体组织

糖类普遍存在于犬猫的各种组织器官中。例如，戊糖是形成遗传物质核酸的原料，核酸作为细胞的构成成分，参与到多种生命活动中；黏多糖参与结缔组织基质的形成；硫酸软骨素在软骨中起结构支持作用；糖蛋白是细胞膜的组成成分；糖脂是神经细胞的组成成分。

3. 作为前体物质

当犬猫体内血糖值正常，机体糖原贮存量足够时，多余的糖类可转化为体脂肪；糖类是形成乳中乳糖和乳脂肪的原料；在犬猫体内糖类为合成非必需氨基酸提供碳架。

糖类与犬猫健康的关系(视频)

4. 解毒作用

肝脏内的糖原水平充足时，机体对毒物的抵抗力较强，在特定条件下能够分解某些化学物质。另外，糖类能够有效降低犬猫发生酮血症的概率。

二、糖类的分类

基于化学结构和聚合程度的常规营养分析，糖类的具体分类情况如图 1-4 所示。

- 糖类
  - 无氮浸出物
    - 单糖：葡萄糖、果糖、半乳糖
    - 双糖：蔗糖、麦芽糖、乳糖
    - 多糖：淀粉、糖原
  - 粗纤维
    - 纤维素
    - 半纤维素
    - 果胶
    - 木质素

图 1-4　糖类物质的分类

从功能方面进行划分，可以将糖类分为 4 组：可吸收的碳水化合物、可消化的碳水化合物、可发酵的碳水化合物、不可发酵的碳水化合物。以上 4 组糖类物质的基本情况如下。

1. 可吸收的碳水化合物

可吸收的碳水化合物包含单糖，单糖是碳水化合物最简单的形式，不需要酶进行水解，可以直接被吸收。在营养和代谢方面最重要的单糖是葡萄糖、果糖和半乳糖等。动物血液中的糖称为血糖，绝大多数情况下都是单糖中的葡萄糖，为体内各组织细胞活动直接提供能量，所以血糖必须保持一定的水平才能维持体内各器官和组织的需要。血糖过高则会出现高血糖症状，血糖过低则会出现低血糖症状，都会对犬猫机体健康造成影响。半乳糖存在于双糖乳糖中，占乳糖的 50%。

2. 可消化的碳水化合物

可消化的碳水化合物包含双糖、寡糖和多糖。双糖是由 2 个单糖组成的，双糖包括乳糖、蔗糖、麦芽糖和海藻糖。其中，乳糖是哺乳动物乳汁中特有的一种双糖，这些乳糖在正常的情况下应该是在进入肠道以后被水解成半乳糖和葡萄糖这两种单糖物质后被吸收回去。淀粉是由许多单糖聚合而成的多糖，作为糖类贮备存在于多种植物中，广泛分布于禾本科籽实类、水果、块茎和块根中。淀粉作为大多数商业宠物食品中的主要碳水化合物来源，而犬对淀粉的消化能力要比猫高。在犬猫体内，糖类贮存的方式是以糖原形式存在于肝脏、肌肉和其他组织器官中，也称为动物淀粉。糖原在动物体内含量小于 1%，其中肌糖原占肌肉鲜重的 0.5%～1%，占总糖原的 80%；肝糖原占肝脏鲜重的 2%～8%，占总糖原的 15%；其他组织器官的糖原约占总糖原的 5%。糖原在犬猫中的作用是能够帮助犬猫维持身体中正常的血糖水平。

3. 可发酵的碳水化合物

可发酵的碳水化合物包含乳糖、部分寡糖、膳食纤维和抗性淀粉，这些碳水化合物能抵抗小肠的消化水解作用，但可被犬猫后肠道中的固有微生物发酵。一些寡糖可被归为益生元，益生元是一类不能被消化的日粮成分，但是对犬猫会产生有益的作用。膳食纤维的主要碳水化合物成分包括纤维素、半纤维素、一些胶质成分。抗性淀粉又称抗酶解淀粉、难消化淀粉，在小肠中不能被酶解，但在胃肠道的结肠中可以产生发酵反应。

4. 不可发酵的碳水化合物

部分膳食纤维，如纤维素和麦麸不能在犬猫的胃肠道中发酵，但可促进粪便的形成，有利于消化。

三、犬猫食品中糖类的消化吸收

犬猫对食物中的糖类即碳水化合物的消化规律总体情况是：可消化的碳水化合物在小肠中通过酶的催化作用分解为葡萄糖，在小肠消化不了的碳水化合物继续移动到大肠，部分可以在大肠中通过微生物发酵形成挥发性脂肪酸。产生的葡萄糖大部分被氧化后为机体供能，部分葡萄糖会在犬猫的肝脏合成肝糖原或运送至肌肉合成肌糖原，过量的葡萄糖则会合成体脂肪作为能源贮备。犬猫体内碳水化合物的消化代谢如图 1-5 所示。

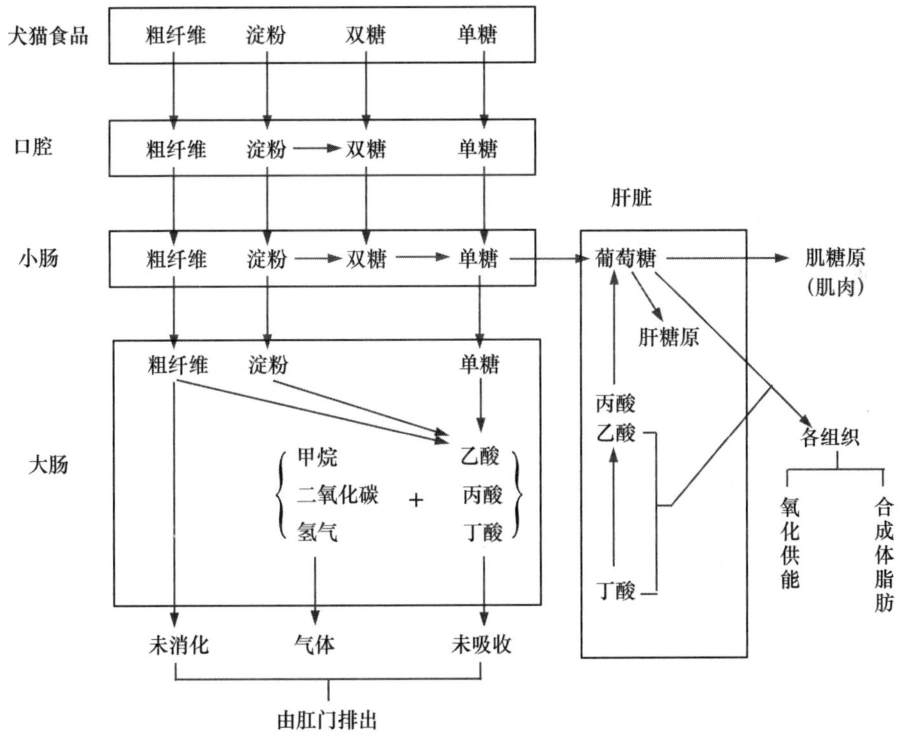

图 1-5　犬猫体内碳水化合物的消化代谢

四、糖类物质与犬猫健康的关系

猫由于自身消化系统的特点，消化糖类的酶活性都很低，对一些糖类的代谢有限，所以猫无法像犬一样快速利用糖类物质，过多的糖类物质可能会引起消化不良。当然，猫可以通过糖异生作用将氨基酸快速转化为葡萄糖来满足能量需要。由于进化的适应力,虽然猫也可以有效地消化添加到肉类饮食中的糖类物质,但是利用率较低。有研究表明过量的糖类物质可能会导致猫的肥胖症或糖尿病。目前大多数商品猫粮中至少包括来自谷物(如玉米、小麦、高粱、大麦或水稻)的30%的糖类物质(以干物质为基础)。猫日粮中淀粉的消化率高是因为烘烤、罐装或挤压过程中的糊化作用,这个过程使得淀粉分子膨大,降低了葡萄糖之间的氢键连接,提高了淀粉的消化率。当然,淀粉在犬猫食品加工过程中很重要,在挤压干饲粮成形过程中能够保持饲粮结构的完整性,如果没有淀粉的结合能力,干饲粮就不能保持其形态。

糖类物质是犬主要的能量来源,但是糖类物质的供给过多和过少都对犬的健康存在一定的影响。摄入过多的糖类物质将会在体内转化成脂肪贮存起来,容易产生肥胖症、糖尿病等,同时也会影响犬的血糖波动。因人类烘焙食品中具有高糖的特点,不宜饲喂犬,当然在宠物烘焙食品中也需要注意糖类物质的添加和使用。如果摄入糖类物质过少,则会出现生长发育迟缓、血糖过低、易疲劳等问题,尤其是一些超小型犬,如果出现挑食,可能会导致过度饥饿发生低血糖。因为超小型犬的肌肉含量较少,贮存糖原的能力较弱,所以能够分解的糖原不足,不能及时补充血糖。此外,人类吃的某些糖类食物也可能会严重影响犬的血糖水平,尤其是木糖醇,对犬来说是非常危险的,食入少量的木糖醇就会导致犬中毒。

当然,在糖类物质中也有一些特殊的糖类对犬猫的健康具有重要的意义。

(一)乳糖对犬猫健康的影响

乳糖是来自动物的一种糖类物质,需要在乳糖酶的催化作用下分解成半乳糖和葡萄糖才能被吸收利用。幼犬的乳糖酶活性相对要高于成年犬,更容易消化吸收乳糖。牛奶中的乳糖含量相对较高,在给某些犬猫饲喂牛奶时,经常会出现腹泻、胀肚现象。这是由于这些犬猫消化道内缺乏消化乳糖的乳糖酶,不被吸收的乳糖移动至结肠中进行发酵,产生很多气体和代谢产物影响消化,所以也称为乳糖不耐受症。应立即停止饲喂乳糖含量高的牛奶,可以选择饲喂含乳糖低的奶制品(羊奶)或经处理过的无乳糖奶制品。对于一些可以消化吸收牛奶中乳糖的犬和猫品种,在喝完牛奶后,应供给充足的清洁饮水。

(二)粗纤维对犬猫健康的影响

纤维素是地球上数量最多的植物多糖。粗纤维素物质在盲肠之前不发生变化,到达盲肠、结肠后,经微生物发酵作用被分解为挥发性脂肪酸和二氧化碳。粗纤维主要功能是可以刺激胃肠蠕动,促进消化液的分泌和粪便的排出,少量粗纤维添加也能保证猫粪便的硬度。猫粮中应该至少含有占干物质3%的纤维以保证粪便成形。此外,粗纤维体积大、吸水性强,可以填充胃肠道容积,能使动物食用后有饱腹感。在犬猫的减肥日粮中,合理使用纤维素既可以保证犬猫达到饱感,又可以避免高能量的摄入,从而达到控制犬猫体重的效果。对肥胖的猫来说,高纤维水平(占干物质的5%~25%)会减少日粮的能量浓度,增加饱腹感,减轻体重。老年犬猫随着年龄的增长,出现胃肠道的转运功能变慢、运动减少、代谢下降等情况,少量的纤维素可以限制热量摄入和促进肠道功能,保持肠道的健康。另外,纤维素在烘焙食品中具有较强的稳定性,能够经受极端的过度加热或高剪切加工等。但是,在犬猫的普通日粮中粗纤维的添加水平不宜过高,通常情况不超过5%为宜。过高的粗纤维会影响犬猫对蛋白质、矿物质、脂肪和淀粉等营养物质的吸收与利用,还容易引起便秘。

(三)寡糖对犬猫健康的影响

在糖类物质中已知的寡糖有 1 000 种以上,寡糖除存在食物的原料中,也可以通过人工合成。目前,在犬猫营养中常用的寡糖主要有寡果糖(又称果寡糖或蔗果三糖)、寡甘露糖、异麦芽寡糖、寡乳糖以及寡木糖。研究表明,寡糖可作为有益菌的基质,改变肠道菌群,建立健康的肠道微生物区系。寡糖还有消除消化道内病原菌、激活机体免疫系统等作用。日粮中添加寡糖可增强机体免疫力,提高成活率、增重速度及饲料转化率。寡糖作为一种稳定、安全、环保性良好的抗生素替代物,在实际饲养中有着广阔的发展前景。

(四)益生元对犬猫健康的影响

常用的益生元有低聚糖类,包括低聚果糖、低聚半乳糖、低聚木糖、低聚异麦芽糖、大豆低聚糖、菊粉等。益生元是一类不能被消化的日粮成分,但是对犬猫机体会产生有益的作用,可刺激一种或有限几种存在于结肠中的细菌的生长和活性,在改善犬猫肠道菌群中起重要作用,为功能性食品。

课后任务

1. 分组讨论并解决课前任务中小李的疑问。
2. 调研市场上不同奶制品的乳糖含量,分析如何选择合适的奶制品饲喂犬猫。
3. 通过市场调研,比较不同品牌犬粮、猫粮中碳水化合物的含量。

课后延学

犬猫食品中碳水化合物含量的估算

一些犬猫食品的标签中未列出碳水化合物的百分比,这是部分商家不愿意告诉你各成分含量,一般只列出了蛋白质、脂肪、水等含量的最小值或最大值。那我们怎么简单估算猫粮、犬粮中的碳水化合物含量呢?让我们一起通过下面的例子进行估算。某品牌猫粮产品的营养成分指标,如表 1-2 所示。

表 1-2　某品牌猫粮产品的营养成分指标　%

项目	指标	项目	指标
粗蛋白质	≥35	钙	≥1.0
粗脂肪	≥17	总磷	≥0.8
粗纤维	≤3	水溶性氯化物	≥0.3
粗灰分	≤9	牛磺酸	≥0.2
水分	≤11		

如果按照最大值或最小值进行粗略计算,则粗蛋白质(包括牛磺酸)含量为 35%,粗脂肪含量为 17%,粗灰分含量为 9%(包含钙、磷、氯化物),水分含量为 11%。以上比例相加总和等于 72%,也没有到 100%啊。那么少了的物质应该是什么呢?根据犬猫食品中营养物质分为六大类:水分、粗灰分、粗蛋白质、粗脂肪、粗纤维、无氮浸出物,其中粗纤维和无氮浸出物同

属于碳水化合物，所以少了的物质应该为碳水化合物。可以通过以下方法进行计算。

碳水化合物含量＝100％－（粗蛋白质＋粗脂肪＋粗灰分＋水分）

由公式计算可得，猫粮中的碳水化合物含量＝100％－72％＝28％。通过粗略估算，该猫粮的碳水化合物含量约为28％。

课后练习

一、填空题

1.糖类主要由________、________、________3种元素组成，其氢氧比例是________。

2.__________是来自动物的一种碳水化合物。

二、选择题

1.新生幼犬随着年龄的增长，其对食物中哪种成分的消化能力越来越弱？（　　）

A.蛋白质　　B.淀粉　　C.乳糖　　D.脂肪

2.寡糖的作用是（　　）。

A.结合消化系统中的有益菌　　B.结合消化系统中的有害菌

C.吸收粪便水分　　D.提高适口性

3.猫的饮食中通常哪种营养素不能过高？（　　）

A.脂肪　　B.碳水化合物　　C.水　　D.蛋白质

任务五　脂类

课前任务

小红养了一只英短蓝猫，雄性，名字叫团团。在一年前进行了绝育手术，在此期间也未更换过团团的猫粮。他发现团团近期长胖了一大圈，虽然胖胖的看着更可爱了，但是看着团团日渐肥胖的身体，也不免担忧起来，要是一直这样胖下去，就像人一样，过度肥胖肯定也会影响团团的健康。小红去宠物医院咨询了宠物医生，请他们根据团团的情况推荐一款减肥猫粮。宠物医生告诉她，绝育后的猫咪很容易发胖，尤其要注意饮食管理。于是给她推荐了一款绝育处方猫粮，这款猫粮是针对绝育后的猫咪所配制的，具有高纤低脂的特点，同时还给她介绍了脂肪其实也是猫咪所必需的营养物质，其中的必需脂肪酸ω-3和必需脂肪酸ω-6还具有美毛的作用。让我们通过本任务的学习，能够为小红挑选合适的猫粮。

脂类与犬猫健康的关系（视频）

脂类是犬猫食品中重要组成部分，脂类是脂肪和类脂的总称。犬猫日粮中的脂肪为犬猫提供了高浓度能量来源和必需脂肪酸，同时提高了日粮的适口性。我们也熟知脂肪与体重、肥胖以及其他健康问题密切相关。

一、脂类的营养生理功能

(一)作为体组织和细胞的重要组成成分

犬猫的皮下脂肪、腹腔内和内脏周围的脂肪为贮能脂肪。脂类中的类脂成分是犬猫的各种组织和细胞的组成成分，类脂主要为磷脂和胆固醇等。例如，类脂与蛋白质结合成的脂蛋白参与细胞的组成，与细胞的代谢密切相关。

(二)供能贮能的作用

脂肪是犬猫体内重要的能源物质，也是含能量最高的营养物质，每克脂肪完全氧化释放的能量是同等质量糖类和蛋白质的 2 倍多。脂肪作为体内能量的贮存库，能以较小体积贮存较多的能量，是犬猫贮存能量的最好形式。当犬猫摄入的能量超过需要量时，多余的能量主要以脂肪形式贮存起来；当犬猫摄入的能量不能满足生理活动时，则动用贮存的脂肪供能。犬猫体内贮存脂肪的量常随营养供应情况而发生变化。冬眠动物在冬眠前必须蓄积大量的脂肪作为越冬的能量贮备。

(三)提供必需脂肪酸

犬猫体内不能自行合成，需要从食物中获取的脂肪酸，称为必需脂肪酸。脂肪为犬猫提供 3 种必需脂肪酸，即亚油酸、亚麻酸、花生四烯酸，它们对犬猫具有重要的营养生理作用。

(四)作为脂溶性维生素的溶剂

脂溶性的维生素 A、维生素 D、维生素 E、维生素 K 在犬猫体内只有溶于脂肪中才能被机体吸收利用。脂肪可以作为脂溶性维生素的溶剂和载体。

(五)具有保护作用

皮下脂肪能够防止体热的散失，在寒冷季节有利于维持体温的恒定和抵御寒冷。脂类填充在脏器周围，具有固定和保护器官的作用，减少脏器之间的摩擦和振荡。此外还可以像软垫一样缓和外力冲击。脂肪还是代谢水的重要来源，和沙漠中的骆驼可以靠驼峰里贮存的脂肪进行代谢获得的代谢水来补充水分。

(六)脂肪是犬猫部分产出品的成分

犬猫的奶、肉、皮、毛及精子等均含有一定数量的脂肪。

二、脂类的分类与特点

脂类是脂肪和类脂的总称，主要由碳、氢、氧 3 种元素组成。脂肪是甘油与 3 个脂肪酸分子连接而成，又称为甘油三酯或三酸甘油酯。脂肪中的脂肪酸的结构具有 2 种形式，即饱和脂肪酸和不饱和脂肪酸。我们常见的猪油、牛油、羊油是富含饱和脂肪酸的食物，常呈固态；日常生活中食用的植物油则富含不饱和脂肪酸，常呈液态。类脂则包括磷脂、糖脂、类固醇及脂蛋白等。根据脂类在动物体内的分布，又可将其分为贮存脂和组织脂。贮存脂主要分布在犬猫皮下组织、大网膜、肠系膜、肾周围等组织中，会随着机体的营养状况而变动。组织脂主要是由类脂组成，分布于犬猫体所有的细胞中，含量稳定，不受营养因素影响。

三、犬猫食品中脂类的消化吸收

脂肪主要在小肠部位被消化吸收。脂肪为不溶于水的物质，在小肠中先与大量的胰液和胆汁混合后乳化，在脂肪酶的催化下水解为甘油和脂肪酸，被肠壁吸收后又可以重新合成体脂肪。

四、必需脂肪酸在犬猫食品中的应用

必需脂肪酸(EFA)是指只能靠食物获取，动物体无法自行合成，对动物体正常生理功能维持有必需性的多不饱和脂肪酸(PUFA)。而多不饱和脂肪酸是指含有两个或两个以上双键且碳链长度为18～22个碳原子的直链脂肪酸。必需脂肪酸可以分为ω-6系列多不饱和脂肪酸和ω-3系列多不饱和脂肪酸，其中，ω-6系列多不饱和脂肪酸包括亚油酸(LA)和花生四烯酸(AA)，ω-3系列多不饱和脂肪酸包括α-亚麻酸(ALA)、二十碳五烯酸(EPA)以及二十二碳六烯酸(DHA)，这些必需脂肪酸对于机体健康至关重要。犬猫所需的必需脂肪酸包括亚油酸、α-亚麻酸、花生四烯酸，它们都属于多不饱和脂肪酸，其中亚油酸和α-亚麻酸在植物体和动物体中都存在，而花生四烯酸只存在于动物体中。α-亚麻酸和花生四烯酸可以由亚油酸在体内转化而来。但猫例外，猫无法将亚油酸转化成花生四烯酸，必须从动物性食品中摄取花生四烯酸。因此，犬所需要的必需脂肪酸传统上有1种，即亚油酸；而猫需要2种，即亚油酸和花生四烯酸。

ω-3系列多不饱和脂肪酸主要存在于多种海产品中，其中鱼油和藻油是ω-3系列多不饱和脂肪酸的重要来源。ω-6系列多不饱和脂肪酸的食物来源非常丰富，是植物油中最主要的多不饱和脂肪酸，猪肉、牛肉、羊肉等都含有ω-6系列多不饱和脂肪酸。ω-3系列多不饱和脂肪酸和ω-6系列多不饱和脂肪酸对犬猫的健康至关重要，如改善犬猫毛发品质、舒缓皮肤过敏及湿疹症、减轻犬猫的炎症，故在商品犬粮、猫粮中进行添加应用。

五、脂类物质与犬猫健康的关系

脂肪对犬猫来说是非常重要的，缺乏脂肪，会出现皮肤发痒、皮屑增多、皮毛粗糙干燥、缺乏性欲、睾丸发育不良或雌性发情异常等现象。如果脂肪和碳水化合物提供的能量不足，会导致蛋白质的分解增多，既造成蛋白质的浪费，又加重肝脏和肾脏的负担，长期下去会导致疾病的发生。研究表明，犬对脂肪的耐受力低于猫，犬一般能够耐受含脂肪50%的日粮，如果超过这个含量，就会出现厌食的现象；而猫就不一样，即使超过80%的脂肪含量也不会感觉到不适。

长期的高脂肪饮食，犬猫容易出现肥胖症，易引发代谢紊乱、脂肪肝、胰腺炎、高脂血症及动脉粥样硬化等营养代谢性疾病。随着犬猫肥胖成为趋势，越来越多的宠物主人要求低脂肪的犬猫食品进行饲养。在日常饲喂过程中，要注意犬猫食品中的脂肪发生氧化反应，饲喂犬猫的日粮应该密封保存，减少与空气的接触，降低日粮被氧化的速度。如果长期给犬猫饲喂被氧化、变质的食物，容易出现大量掉毛、皮肤溃烂等问题。

课后任务

1. 查询资料,比较绝育处方粮和普通商品粮的脂肪含量。

2. 根据课前任务中的案例,向小红详细介绍 ω-3 系列多不饱和脂肪酸和 ω-6 系列多不饱和脂肪酸的区别和作用。

课后练习

1. ω-6 系列不饱和脂肪酸的主要作用为(　　)。

A. 营养毛发　　B. 营养骨骼
C. 促进视力发育　　D. 促进大脑发育

2. 犬猫必需的脂肪酸不包括(　　)。

A. 亚油酸　　B. 亚麻酸　　C. 花生四烯酸　　D. 组氨酸

3. 以下营养物质中,能值最高的是(　　)。

A. 蛋白质　　B. 脂类　　C. 糖类　　D. 维生素

4. 宠物的能量来源和贮存能量的最好形式是?(　　)

A. 蛋白质　　B. 脂类　　C. 糖类　　D. 维生素

5.(　　)是脂溶性维生素的溶剂和载体。

A. 蛋白质　　B. 水　　C. 脂类　　D. 糖类

任务六　矿物质元素

课前任务

小明养了一只布偶猫,近期他发现自己的猫精神状态不好,观察到猫频繁地上厕所,喜欢一直蹲在猫砂盆里,每次尿得很少或者尿不出,并看到猫排的尿里好像带血。他赶紧将猫带到宠物医院进行检查,检查结果是结石症,需要进行治疗,同时宠物医生也给他推荐了一款处方粮进行饲喂,并提醒多进行湿粮的饲喂,辅助治疗猫咪的结石症。让我们通过本任务的学习,从饮食营养方面的调节来预防犬猫的结石症。

矿物质元素与犬猫健康的关系(视频)

矿物质元素是营养物质中一大类无机营养素。矿物质元素在犬猫机体内的含量虽然很小,但是起到了十分重要的调节作用。许多矿物质元素缺乏时会引发典型的临床症状,犬猫的生长发育、健康都会受到影响,甚至可能死亡;但是过量的矿物质元素也会影响犬猫的健康,严重时可能会发生中毒、疾病或者死亡。

一、矿物质元素的营养生理功能

(1)矿物质元素是构成体组织的重要成分。

(2)矿物质元素在维持体液渗透压恒定和酸碱平衡上起着重要作用。

(3)矿物质元素是机体内多种酶的成分或激活剂。

(4)矿物质元素是犬猫的乳、肉的成分。

(5)矿物质元素是维持神经和肌肉正常功能所必需的物质。

二、矿物质元素的分类

矿物质元素可以分为常量矿物质元素和微量矿物质元素。常量矿物质元素是指体内含量≥0.01%的元素,微量矿物质元素则是指体内含量<0.01%的元素。常量矿物质元素主要有钙、磷、钾、钠、硫、镁、氯 7 种;微量矿物质元素有铁、锌、铜、钴、钼、硒、锰、碘、铬、钼、硼等。

三、常量矿物质元素在犬猫食品中的功能与应用

(一)钙和磷

1. 钙和磷的营养作用

在犬猫机体中,含量最高的矿物质元素是钙,其次是磷。犬猫机体中钙和磷是构成骨骼和牙齿的重要组成成分,其正常的钙磷比约为 2∶1。钙和磷对维持骨骼和牙齿的硬度有着十分重要的作用。钙和磷除具有以上共同的营养作用外,它们在犬猫机体内也具有各自的生理功能,具体功能如表 1-3 所示。

表 1-3 钙和磷不同的生理功能

钙的生理功能	磷的生理功能
维持神经冲动传导、兴奋,肌肉收缩 促进凝血酶的激活,参与正常血凝过程 钙是多种酶的激活剂或抑制剂 钙是大量的细胞膜内化学反应的第二信使	参与糖的氧化和酵解、脂肪酸的氧化以及蛋白质的分解 作为 ADP、ATP 的组成成分,在能量贮存与传递过程中起着重要作用 是遗传物质和某些酶的组成成分,参与蛋白质的生物合成、机体的遗传过程 是细胞膜和血液中缓冲物质的组成成分

2. 钙和磷缺乏症与过量的危害

(1)钙和磷缺乏症。钙、磷缺乏症主要表现为食欲不振、身体消瘦、不爱活动、四肢无力、繁殖性能下降、异嗜癖(喜食墙面、泥土、地板,互相舔食被毛或咬耳朵,甚至喜食自己的粪便)等。钙缺乏可能导致犬出现营养性继发甲状旁腺功能亢进。在不同生理状态下,还表现出不同的典型症状。

①幼龄动物的佝偻病:常见于 1~3 月龄的幼龄动物和生长速度比较快的青年动物。初期的症状是精神不振,食欲减退,消化不良,逐渐消瘦,生长缓慢,表现为腹泻或便秘等消化障碍。随着病情发展,四肢关节疼痛,关节僵硬,伸屈不灵活,出现跛行或轻瘫,骨骼变形,如弓背、凹腰、四肢变形等,呈现“O”形或“X”形腿,严重时后肢瘫痪。

②成年动物的骨软化症:表现为食欲减退,消化不良,精神不振,不愿活动,卧地不起,骨骼

软化，骨质疏松、多孔呈海绵状，骨壁变薄，颌骨异常，牙槽骨和牙龈退化，失去繁殖力，容易在骨盆骨、股骨和腰荐部椎骨处发生骨折。此外，还表现为血钙降低、四肢抽搐。

③哺乳母犬猫的低血钙症：哺乳母犬猫低血钙症也称为产后抽搐、产后癫痫、产褥痉挛病、产后风。本病主要发生于小型玩赏犬或产仔数较多的犬猫，其中以狮子犬多发，中型犬与大型犬很少发病。发病的原因可能是母犬猫在妊娠期间，大量钙被生长发育的胎儿吸收；分娩以后，随着幼龄犬猫的生长，钙质从乳汁中流失增加，或母犬猫营养不良。另外，日粮中钙与维生素 D 的缺乏，都会引起运动神经兴奋性增加。发病的临床症状表现为没有先兆，突然发病。病初表现为不安、兴奋、呻吟、流涎、肌肉震颤，继而全身肌肉痉挛、站立困难，头向后仰，眼向上翻，角弓反张，张口伸舌，口吐白沫，呼吸急促，很容易因窒息而死亡。

(2)钙和磷过量的危害。犬猫对钙、磷有一定的耐受力。过量的钙会降低磷及其他矿物质元素(包括锌，锰、铁)的吸收，可引起严重的骨骼异常。过量的磷会使血钙降低，出现营养性继发甲状旁腺功能亢进，易产生跛行或长骨骨折。

3.影响钙和磷吸收的因素

钙、磷的吸收需要在溶解的状态下进行，因此，凡是能促进钙、磷溶解的因素就能促进钙、磷的吸收。一般有机钙的吸收率要大于无机钙。影响钙、磷吸收的因素主要有以下几种。

(1)酸性环境。酸性环境更加有利于钙的吸收利用。食物中的钙可与胃液中盐酸化合生成氯化钙，被胃壁吸收。小肠中的磷酸钙、碳酸钙等的溶解度受肠道 pH 影响很大，在碱性、中性溶液中其溶解度很低，难以吸收。小肠前段为弱酸性环境，是食物中钙和无机磷吸收的主要场所。小肠后段偏碱性，不利于钙、磷的吸收。因此，蛋白质在小肠内水解为氨基酸，乳糖、葡萄糖在肠内发酵生成乳酸，均可增强小肠的酸性，促进钙、磷的吸收。

(2)日粮中可利用的钙磷的比例是否适当。犬猫日粮的钙、磷比例在(1.2～1.4)∶1范围内吸收率高。钙过多或磷过多，在小肠内碱性环境中，将与食物中的磷或钙更多地结合成磷酸钙沉淀。实践证明，如果食物中钙、磷数量充足但比例失调，同样会导致腿病。不同犬猫对比例不当的钙磷的耐受力不同，猫饲粮中 1∶2的钙磷比例会导致骨质疏松症，3∶1的钙磷比例将导致佝偻病。宠物主人多喜欢只给犬猫喂食肝脏、肉类食品，而这些食品中钙含量低、磷含量高，钙磷比为1∶20，而营养标准钙磷比应为(1.2～1.4)∶1，严重钙磷比例倒置，则会影响犬猫对钙的吸收。

(3)维生素 D 的影响。维生素 D 具有增强小肠酸性，调节钙磷比例，促进钙、磷吸收与沉积的作用。因此，保证犬猫维生素 D 的供应，可预防钙、磷的缺乏。但是，过高的维生素 D 会使骨骼中钙、磷过量动员，反而可能产生骨骼病变。

(4)过多的脂肪、草酸、植酸。日粮中脂肪过多，易与钙结合成钙皂由粪便排出；草酸过多，易与钙结合成草酸钙沉积，不能吸收；植酸过多，易与钙结合成不易溶解的植酸钙，也影响钙的吸收。

(二)钠、钾和氯

1.钠、钾和氯的营养作用

钠、钾和氯是维持机体内环境稳态和调节渗透压的主要物质。机体内各种酸性离子(如 Cl^-)与碱性离子(如 K^+、Na^+)之间保持适宜的比例，可维持体液的酸碱平衡，从而保证犬猫机体的组织细胞进行正常的生命活动。钾和钠能促进神经和肌肉的兴奋性，而钙和镁却能抑制神经和肌肉的兴奋性，钾、钠、钙、镁离子保持适宜的比例，即可维持神经和肌肉的正常功能。

钾还在维持心肌功能中起到重要的作用。

2. 钠、钾和氯缺乏症和过量的危害

(1)钠、钾和氯缺乏症。犬猫体内不具有贮存钠的能力，所以，钠最容易缺乏。氯、钾一般不会缺乏。植物性原料，尤其是细嫩植物中含钾丰富，但是犬猫体内钾过量或缺乏均会导致心律失常。犬缺乏钠和氯时，表现为食欲不振、疲劳无力、饮水减少、皮肤干燥、被毛脱落、生长减慢或失重、异嗜癖，同时蛋白质利用率下降。食盐是供给犬猫钠和氯的最好来源，食盐具有调节食物口味、改善适口性、刺激唾液和胃液分泌、活化消化酶等作用。

(2)钠、钾和氯过量的危害。新鲜肉中含盐很少，但家庭的残汤剩饭中食盐过多，若饮水量少，易引起犬猫食盐中毒，表现极度口渴、腹泻、步态不稳、抽搐等症状，严重时可导致死亡。老年犬会因食盐超量而使心脏遭受损害。犬粮中干物质含盐量最多为 1%。犬粮中钾过量会影响钠、镁的吸收，甚至引起“缺镁痉挛症”。

健康的犬猫一般不会发生电解质失衡现象，只有发生疾病如厌食、呕吐、腹泻、肠道阻塞时，电解质的平衡才会遭到破坏而紊乱。这时应口服或静脉注射含有电解质的溶液，如生理盐水、复方氯化钠溶液、复方氯化钾溶液等。

(三)镁

1. 镁的营养作用

约有 50%的镁是在骨中，不同于钙，骨中的镁是不可以交换的。镁在神经肌肉的功能正常运作、血糖转化等过程中扮演着重要角色。镁作为酶促功能中的一个辅助因子，参与能量代谢、蛋白质和核酸的合成过程。总之，镁在犬猫的正常生命活动和新陈代谢过程中是必不可少的常量元素。

2. 镁缺乏症和过量的危害

(1)镁缺乏症。犬猫的饲粮中出现镁缺乏时，表现为厌食、体重减轻、神经肌肉兴奋性亢进、腕关节过度伸展、后腿瘫痪，严重时发生痉挛，甚至昏迷死亡。患缺镁症的小犬站立姿势就像站在光滑的地板上，无法站立起来。缺镁还影响心脏、血管等软组织中钙的沉积，可使主动脉中钙的水平提高约 40 倍。镁的吸收受到饲粮中钙、磷、镁的浓度影响，因此，应注意三种元素的平衡。

(2)镁过量的危害。猫摄入过量的镁容易引起猫鸟粪石结石。原因是过量的镁会以磷酸铵镁的形式由尿液排出，但尿中过多的磷酸铵镁结晶沉积可阻塞尿道，造成膀胱积尿，公猫比母猫多发。配制能使尿 pH 降至 6.1～6.6 的猫粮是避免猫鸟粪石结石的最有效办法。

(四)硫

1. 硫的营养作用

硫是蛋白质化学组成中的重要元素。硫以含硫氨基酸形式参与被毛、羽毛、蹄爪等角蛋白的合成，在犬猫的毛中含硫量高达 4%左右。硫是硫胺素、生物素和胰岛素的成分，参与碳水化合物的代谢；硫作为黏多糖的成分参与胶原蛋白及结缔组织的代谢等。

2. 硫缺乏症和过量的危害

(1)硫缺乏症。硫的缺乏通常在犬猫缺乏蛋白质时才会发生。犬猫缺硫表现为消瘦，爪和毛生长缓慢。

(2)硫过量的危害。在自然条件下硫过量现象少见。用无机硫作为添加剂,用量为0.3%～0.5%及以上时,可能使犬猫产生厌食、失重、便秘、腹泻、沉郁等症状,严重者可导致死亡。

四、微量矿物质元素在犬猫食品中的功能与应用

微量矿物质元素在犬猫的正常生长发育和健康中有着重要作用,主要营养生理功能和缺乏症如下。

1.铁

铁是犬猫体内最常见的一种微量矿物质元素。铁在血液运输过程中起到非常重要的作用,也在犬猫能量代谢过程中发挥作用。成年犬猫不容易缺铁,幼龄犬猫缺铁表现为贫血、生长缓慢、可视黏膜苍白、嗜睡、虚弱、腹泻、便血和黑粪症。

2.铜

铜是促进氧化反应酶的组成成分,也在酪氨酸酶合成黑色素的过程中起作用,保证正常的毛色。铜还参与铁的新陈代谢和造血功能。缺铜与缺铁有相似的贫血症状,且犬猫被毛无光泽,毛色差,易骨折和骨畸形,血管弹性降低,免疫力下降等。

3.锌

锌具有多种生理功能,参与机体的各种代谢活动,在前列腺、肌肉、视网膜、肝脏和肾脏等组织内浓度较高。犬猫缺锌会导致其嗅觉和味觉下降,使犬和猫的生长发育受阻、生殖功能异常、免疫力降低、抵抗力下降,伤口愈合延迟以及皮肤病变等。犬缺锌会出现脱毛、皮肤炎、角质化不完全和皮肤溃疡等症状。

4.硒

硒是广泛分布在动物组织中的一种矿物质元素。硒最重要的作用是参与谷胱甘肽过氧化物酶的组成,能够提高免疫力,促进维生素 E 的吸收并起到还原作用,清除自由基,保护细胞膜结构完整和功能正常,促进犬猫生长发育、提高繁殖能力,抗应激。缺硒直接使犬猫的免疫功能受到影响,缺硒与维生素 E 缺乏具有相似的临床症状。

5.锰

锰是精氨酸酶和脯氨酸肽酶的成分,又是肠肽酶、羧化酶、ATP 酶等的激活剂,参与蛋白质、碳水化合物、脂肪和核酸代谢;锰参与骨骼基质中硫酸软骨素的生成并影响骨骼中磷酸酶的活性;锰可催化性激素的前体胆固醇的合成,与犬猫繁殖有关;锰还与造血功能密切相关,并维持大脑的正常功能。

犬猫缺锰时,采食量下降;生长发育受阻;骨骼畸形,关节肿大,骨质疏松。雌性动物缺锰主要表现不发情或性周期失常,不易受孕,妊娠初期流产或产弱胎、死胎、畸胎;雄性动物缺锰主要表现性欲丧失,睾丸退化,精子缺乏而不良。锰缺乏或过量都会抑制抗体的产生。犬猫对锰有一定的耐受力,锰中毒现象非常少见。锰过量,损害犬猫胃肠道,生长受阻,贫血,并致使钙、磷利用率降低,导致“佝偻病”“骨软化症”。还会引起猫的繁殖力下降,影响血红蛋白的形成,导致部分白斑病。

6.碘

碘参与甲状腺素组成,调节代谢和维持体内热平衡,对繁殖、生长、发育、红细胞生成和血

液循环等起调控作用。体内一些特殊蛋白质(如皮毛角质蛋白)的代谢和胡萝卜素转化成维生素 A 的过程都离不开甲状腺素。

碘缺乏时,猫表现为被毛稀疏,皮肤增厚变硬,头部水肿变大,行动迟缓,表情呆板;幼犬严重缺碘时患呆小症,成年犬患黏液性水肿,被毛短而稀疏,皮肤硬厚,脱皮,迟钝与困倦。妊娠犬猫缺碘可导致胎儿生长发育受阻,产死胎、弱胎或新生胎儿无毛、体弱、成活率低。不同动物对碘过量的耐受力不同。成年猫每天可以饲喂 5 mg 的碘,而不会出现过量反应。猫长期摄入过量碘,甲状腺功能亢进,表现为兴奋,好动不好静,厌食,但短时间活动之后,易疲劳,气喘,体温略微升高,伸懒腰。

五、 矿物质与犬猫健康的关系

矿物质元素在犬猫的健康中起到重要的作用,缺乏和过量都会引起相应的临床症状,保证矿物质元素的合理摄入对犬猫健康具有重要的意义。很多矿物质元素可以作为营养性饲粮添加剂添加在犬猫的饲粮中,或添加到专门的营养膏中,以补充矿物质元素。

课后任务

1. 调研市场上不同品牌犬粮、猫粮中的钙磷比,并判断是否达到需求。
2. 调研市场上改善犬猫尿石症的处方粮,并与非处方粮比较其所含矿物质元素的区别。

课后练习

1. 下列哪些营养素不能为犬猫机体供能?(　　)

A. 蛋白质　　B. 矿物质　　C. 脂肪　　D. 碳水化合物

2. 以下哪种矿物质能够起到加强毛色的作用?(　　)

A. 铁　　B. 锌　　C. 铜　　D. 镁

3. 犬猫缺锌的典型症状为(　　)。

A. 白肌病　　B. 佝偻病　　C. 贫血　　D. 皮肤不完全角质化

4. 犬猫缺铁的典型症状为(　　)。

A. 白肌病　　B. 佝偻病　　C. 贫血　　D. 皮肤不完全角质化

5. 成年犬缺钙会导致(　　)。

A. 白肌病　　B. 佝偻病　　C. 贫血　　D. 骨软化症

6. 幼犬缺钙的典型症状为(　　)。

A. 白肌病　　B. 佝偻病　　C. 贫血　　D. 骨质疏松症

7. 猫日粮中过量的氧化镁会导致猫出现(　　)。

A. 被毛褪色　　B. 钙盐沉积　　C. 鸟粪石　　D. 脱毛

任务七　维生素

课前任务

小兰养了一只边牧，名叫桃桃，今年1岁了。近期她认识了一位在宠物店上班的朋友，在与朋友聊天过程，小兰说她平时喜欢煮些猪肝、鸡肝、鸭肝来饲喂桃桃，桃桃也特别喜欢吃。宠物店的朋友听了以后，问小兰一般隔多长时间饲喂一次肝脏，小兰说基本上每天都有给桃桃饲喂肝脏，除了比较忙来不及准备的时候。听了小兰的回答，她的朋友劝阻她的这种饲喂方式，告诉她不能频繁给犬饲喂肝脏，容易引发维生素A中毒，到时得不偿失。让我们通过本任务的学习，对小兰的问题进行专业的解释。

维生素与犬猫健康的关系（视频）

维生素是犬猫必需的营养物质，是犬猫日粮中含量极少的一种有机复合物，却是维持犬猫机体代谢功能必不可少的物质。维生素在体内一般不能自行合成，必须由食物提供，或者提供其前体物质。每种维生素都有其具体的功能，日粮中维生素缺乏会影响一系列代谢功能，从而引发临床症状。

一、维生素的分类与特点

维生素可分为脂溶性维生素和水溶性维生素，维生素的分类及特点如表1-4所示。

表1-4　维生素的分类及特点

分类	维生素名称	特点
脂溶性维生素	维生素A、维生素D、维生素E、维生素K	能溶于有机溶剂如乙醚、氯仿等，而不溶于水，伴随食物脂肪一起被吸收。可贮存在犬猫机体内（主要是肝脏），排泄率不高，摄入过量可引起中毒
水溶性维生素	维生素C、B族维生素、胆碱	可溶于水而不溶于有机溶剂，几乎不在动物体内贮存，多余的水溶性维生素大多从尿中排出，所以容易缺乏不容易中毒

二、脂溶性维生素的功能及其在犬猫食品中的应用

（一）维生素A

维生素A又称抗干眼症维生素、视黄醇，只存在于动物体内，维生素A的前体物质是来自植物的类胡萝卜素。犬能利用类胡萝卜素，将其转换为维生素A，但是猫和貂缺乏此功能。维生素A主要贮存在犬猫的肝脏中，猫的肾脏中也贮存了相当一部分维生素A。维生素A在动物肝脏、鱼肝油中的含量丰富。此外，维生素A的性质极其不稳定，极易被氧化，商业犬猫饲粮中都添加酯化后的维生素A，不直接添加。

1. 营养功能

维生素 A 在维持犬猫在弱光下的视力特别重要，因其是视觉细胞内感光物质——视紫红质的组成成分。如果缺乏，在弱光下视力则会减退或完全消失，患上“夜盲症”。此外，维生素 A 可促进犬猫的生长发育，也参与维持骨骼的正常发育；参与性激素的形成，在胚胎发育过程中也起到重要作用；维生素 A 是维持上皮组织健康所必需的物质。同时，还有增强机体免疫能力和抗感染能力的作用。

2. 缺乏症

维生素 A 缺乏时，可引起厌食、体重减轻、干眼病、结膜炎、畏光、夜盲症、角膜浑浊和溃疡、皮肤损伤、支气管上皮组织变性、肺炎和增加对传染病的敏感性等。

3. 过量的危害

过量的维生素 A 贮存在肝脏和脂肪组织中，不容易随尿液排出，积累过多的维生素 A 容易引起犬猫中毒或生长畸形等。猫维生素 A 过量几乎都是因为饲喂大量以肝脏为主的饲粮或全部为肝脏的饲粮导致的，所以，在饲喂猫时，应只需在猫饲粮中加入少许肝脏，增加营养和提高适口性，不能大量饲喂肝脏。

(二)维生素 D

维生素 D 具有抗佝偻病的性质，又称抗佝偻病维生素。大多数动物皮肤中的 7-脱氢胆固醇经过紫外线照射能够合成维生素 D，但是犬猫此项功能有限，基本上需要从食物中获取维生素 D。

1. 营养功能

维生素 D 与钙、磷在维持矿物质水平和骨骼的正常发育方面共同发挥作用。维生素 D 能够促进钙、磷的吸收和沉淀。

2. 缺乏症

维生素 D 缺乏与钙、磷缺乏具有相似的临床症状。饲粮中缺乏维生素 D 时，可引起幼龄动物出现“佝偻病”，成年动物易患“骨软化症”等。

3. 过量的危害

如果犬猫摄入过量维生素 D，则会引起高血钙症。

(三)维生素 E

维生素 E 又称抗不育症维生素、生育酚，富含维生素 E 的食物有谷类食物、果蔬、瘦肉、乳类、蛋类、植物油等。

1. 营养功能

维生素 E 的营养功能是多方面的，具有抗氧化、维持正常的繁殖功能、保证肌肉的正常发育、增强免疫力等功能。

2. 缺乏症

犬缺乏维生素 E 时，肌肉发育不良，出现白肌病，肌无力；出现繁殖障碍，比如公犬的睾丸生殖上皮细胞退化导致无精，母犬产出弱仔或死仔。猫对维生素 E 的缺乏要比犬敏感很多，尤其是猫长期饲喂以金枪鱼为主要原料的食物，可诱发脂肪组织炎。因为鱼类含有更多的多不饱和脂肪酸，容易发生过氧化反应，需要提供更多的维生素 E，如果缺乏则可能出现过氧化物蓄积，出现脂肪组织炎。猫粮中注意添加维生素 E，以预防脂肪组织炎。

3. 过量的危害

维生素 E 被认为是毒性最小的脂溶性维生素，没有犬维生素 E 中毒的报道，并且如果是长期饲喂金枪鱼的猫，维生素 E 的供给量需要更多。

(四)维生素 K

维生素 K 又称抗出血症维生素，目前没有被广泛地用作犬猫食品的补充物。

1. 营养作用

维生素 K 主要作用是参与凝血功能，促进血液凝固。维生素 K 与钙结合蛋白的形成有关，并参与蛋白质和多肽的代谢。

2. 缺乏症

维生素 K 缺乏，凝血时间延长，可发生皮下、肌肉及胃肠道出血。犬猫可在机体内合成维生素 K，通常情况下不出现缺乏。患病犬猫容易出现维生素 K 缺乏，如患肠道疾病、肝胆疾病、长期服用抗生素或磺胺类药物时。

3. 过量的危害

维生素 K 相对于维生素 A 和维生素 D 来说，毒性非常小，过量的危害少见。

三、水溶性维生素的功能及其在犬猫食品中的应用

水溶性维生素包括维生素 C、B 族维生素、胆碱。此类维生素易溶于水，不容易在体内贮存。B 族维生素主要是以辅酶或辅基的形式参与犬猫体内的代谢过程中。

1. 维生素 B_1

维生素 B_1 也称硫胺素，主要存在于酵母、谷物食物、肾、肝、豆类种子中。在谷物中，胚芽和种皮中含量丰富。缺乏会出现食欲下降、呕吐、体重减轻与脱水，严重时出现多发性神经炎，心脏功能障碍等。猫比犬对硫胺素的缺乏更加敏感。但是在饲喂过程中，以鱼为基础的日粮，含有活性硫胺素酶，经过烹饪可以使硫胺素酶失活，减少硫胺素酶对硫胺素的影响。

2. 维生素 B_2

维生素 B_2 又称核黄素，主要存在于动物肝脏、酵母、瘦肉、蛋类以及奶类食品中。犬核黄素缺乏可能会出现厌食、体重减轻、下腹和后肢皮炎，视力受损，眼角分泌物增多。猫核黄素缺乏可能会出现白内障、脂肪肝以及睾丸萎缩。

3. 泛酸

泛酸又称遍多酸，正如它的名字一样，广泛存在于动、植物体中，犬猫一般不会发生泛酸缺乏。泛酸缺乏表现为生长发育受阻，消瘦，胃肠道功能紊乱，腹泻，运动失调，脂肪肝，繁殖功能下降等症状。

4. 烟酸

烟酸又称维生素 PP、抗癞皮病维生素，青草、动物性产品、酒糟、发酵液以及油饼类饲粮中

含量丰富。犬猫缺乏会出现癞皮病、角膜炎、神经和消化系统障碍。犬体内烟酸不足会患黑舌病，表现为采食量降低，可出现口腔和咽部炎症和溃疡，分泌过多的唾液，气味恶臭，排出恶臭味的粪便。烟酸一般不易缺乏，犬可以将体内多余的色氨酸转化为烟酸，但猫缺乏这种功能，必须在饲粮中添加足够的烟酸。一般需要在每千克犬猫饲粮中添加 10～50 mg 的烟酸，犬猫摄入过量烟酸也会引起中毒。

5. 维生素 B_6

维生素 B_6 包括吡哆醇、吡哆醛、吡哆胺 3 种形式。维生素 B_6 广泛存在于酵母、肝脏、鸡肉、乳清、谷物及其副产品和蔬菜中。犬缺乏则表现为抽搐、肌肉痉挛和小红细胞性贫血。猫缺乏会出现生长减慢、轻度小红细胞性贫血、痉挛性惊厥和肾脏损坏。

6. 生物素

生物素又称维生素 H，广泛存在于动、植物中。犬猫一般不容易缺乏，猫缺乏时表现为流涎、鼻音、流泪、脱毛症加剧、毛发褪色、皮炎、体重减轻，也可能出现腹泻。

7. 维生素 B_9

维生素 B_9 又称叶酸，主要存在于绿色植物、肉类、谷物、大豆及肝脏等食物中。犬猫缺乏时易引起红细胞贫血，白细胞减少，生长缓慢，皮炎，繁殖功能下降。妊娠犬猫缺乏可能导致胎儿畸形或流产。

8. 维生素 B_{12}

维生素 B_{12} 又称钴胺素，只存在于动物性产品和微生物中。缺乏时引起恶性贫血，其他组织的代谢也发生障碍。巨型雪纳瑞犬的钴胺素选择性小肠吸收不良，是一种常见的常染色体隐性遗传病。

9. 维生素 C

维生素 C 又称抗坏血酸，为白色或微黄色粉状结晶，有酸味。来源广泛，新鲜水果、蔬菜中含量丰富。缺乏时易患“坏血病”。维生素 C 具有很多功能，如参与细胞间质的生成、解毒和抗氧化作用、参与体内氧化还原反应、促进抗体的形成和提高白细胞的噬菌能力、促进伤口愈合、增强机体免疫功能和抗应激能力。

10. 胆碱

胆碱是卵磷脂、神经磷脂不可缺少的组成成分，可在肝脏中合成。广泛存在于绿色植物、豆饼、花生饼、谷实类、酵母以及蛋黄中。缺乏时表现为精神不振、食欲丧失、生长发育缓慢、贫血、衰竭无力、关节肿胀、运动失调、消化不良等。

四、维生素与犬猫健康的关系

维生素在犬猫的健康中起到重要的作用，缺乏或过量都会引起相应的临床症状，保证维生素的合理摄入对犬猫健康具有重要的意义。很多维生素可以作为营养性饲粮添加剂添加到犬猫的饲粮或专门的营养膏中，以补充维生素。另外，在犬猫的饲粮加工膨化过程中，会对维生素的活性产生较大的影响，现在有一些新工艺可以在犬猫饲粮表面喷涂维生素组合物，提高犬猫饲粮中维生素含量。当然，现在市场上也有专门的维生素补充剂，如猫用复合维生素片。

课后任务

1. 为什么犬猫饲喂过量的动物肝脏容易造成维生素 A 中毒?

2. 调研维生素在犬猫饲粮加工过程中的损失情况。

课后练习

选择题

1. 属于水溶性维生素的是(　　)。

A. 维生素 D　　B. 维生素 A　　C. 维生素 E　　D. 维生素 B_1

2. 哪种维生素需依靠脂肪吸收?(　　)

A. 维生素 B_1　　B. 维生素 C　　C. 维生素 E　　D. 泛酸

3. 脂溶性维生素包括(　　)。

A. 维生素 A、维生素 D、维生素 E、维生素 K

B. 维生素 A、维生素 C、维生素 E、维生素 K

C. 维生素 A、维生素 C、维生素 E、维生素 B_1

D. 维生素 K、维生素 C、维生素 E、维生素 B_1

4. 下列物质中,与犬猫骨骼生长无关的营养物质是(　　)。

A. 钙　　B. 磷　　C. 维生素 D　　D. 维生素 E

5. 维生素 A 在动物的(　　)中含量最多。

A. 肾脏　　B. 肝脏　　C. 大脑　　D. 皮肤

6. 维生素 A 是构成视觉细胞内感光物质的原料,对弱光敏感,缺乏时,对弱光的敏感度降低而引起(　　)。

A. 夜盲症　　B. 青光眼　　C. 弱视　　D. 结膜炎

7. 抗佝偻病维生素又称(　　)。

A. 维生素 A　　B. 维生素 C　　C. 维生素 D　　D. 维生素 E

8. 抗不育症维生素又称(　　)。

A. 维生素 A　　B. 维生素 C　　C. 维生素 D　　D. 维生素 E

任务八　水

课前任务

小林养了一只美短虎斑猫,2 岁,公猫,名字叫多多。在饲养过程中,他发现多多碗里的水没有怎么喝,所以小林基本没有怎么更换碗里的水,只有等到碗里剩一点水了,才会重新给他加水。小林的朋友告诉他,猫不怎么喝水,可以经常用湿粮进行饲喂,或者用羊奶粉给他调制一些羊奶进行饲喂,以补充水分。让我们通过本任务的学习,用专业的知识指导小林正确地给猫补充水分。

水与犬猫健康的关系(视频)

一、水的概述

水是生命之源，对于生物体来说也是必不可少的营养。在生活中水的获取非常方便，水的饲喂是饲养犬猫的过程中很容易被宠物主人所忽略的细节，而越是这样的小细节，越不应该被忽略。水其实是一种必需营养物质，在有关日粮需求量的研究中水是谈论得最少的营养物质，但是只有及时供给犬猫清洁卫生的水，才能保障犬猫正常的生理活动，保证犬猫的健康。

二、水的营养生理功能

1. 水是构成犬猫机体的主要组成成分

水是犬猫机体细胞构成的一种主要物质。早期发育的胎儿，体内含水量高达 90%以上，初生幼龄动物 80%左右，成年动物 50%～60%。一般规律是随年龄和体重的增加而减少。

2. 水是一种理想的溶剂

犬猫体内水的代谢与电解质的代谢紧密结合，因为动物体内的很多化合物容易在水中电解，以离子形式存在。水在胃肠道中可作为转运食糜的媒介，作为血液、组织液、细胞及分泌物、排泄物等的载体，体内各种营养物质的消化、吸收、转运及代谢产物的排出等都必须溶于水以后才能进行。

3. 水是一切生化反应的介质

水参与动物体内的很多代谢过程和生化反应过程，也是很多生化反应的产物。

4. 调节体温作用

水由于比热容大、导热性好、蒸发热高，所以能贮存热能、迅速传递热能和蒸发散失热能，有利于恒温动物体温的调节。动物在炎热的夏季可以通过排汗和呼气蒸发体内的水分，带走多余的热量来维持体温恒定。但是犬由于缺乏汗腺，在炎热的夏季，只能通过张口喘气以及脚下的肉垫来散热。

5. 润滑作用

在犬猫的关节囊内、体腔内和各器官间的组织液中的水，可以减少关节和器官间的摩擦力，起到润滑的作用。

此外，水对神经系统也是非常重要的，如脑脊髓液的保护性缓冲作用；水还可以用于给犬猫服药、驱虫、注射疫苗，作为水溶性营养物质的载体在生产中使用；水还应用在犬猫湿粮生产中。

三、犬猫体内水的来源与排出

（一）体内水的来源

犬猫获取水的主要来源有饮水、食物水及代谢水。

1. 饮水

饮水是犬猫获得水的重要来源，日常应给犬猫提供干净卫生、充足的水源。犬与猫调节水平衡的敏感性不同，相对于犬，猫的调节能力不强，更容易出现饮水不足。另外，犬猫自愿饮水量也受到环境温度、食物类型、运动水平、生理状态和健康状况等因素的影响，如水的摄入量会随着环境温度的升高和运动量的增加而增加。

2. 食物水

犬猫采食的食物中所含的水分是获得水的另一重要来源。来自食物的水量主要取决于食物的类型，如干膨化犬猫食品的含水量一般低于 12%，而一些罐头犬猫食品的含水量平均在 75%左右。在饲养猫的过程中，如果猫经常吃的是干粮，并且不愿意饮水，可以搭配饲喂含水量高的湿粮来补充水分。也可以在饲喂犬猫干粮前，在干粮里添加少量水，增加犬猫对干粮的消耗。研究表明，犬和猫在没有饮用水来源的情况下，当饲喂含水量超过 67%的食物时，都能保持水分平衡。

3. 代谢水

代谢水又称为氧化水，是犬猫体内细胞中营养物质氧化分解或合成过程中产生的水。氧化 100 g 的蛋白质、脂肪、碳水化合物产生的水量分别约为 41 g、107 g 和 60 g。代谢水一般占总摄水量的 5%～10%。动物种类不同，代谢水的重要性也不同，对于冬眠动物和沙漠里的小啮齿动物，代谢水非常重要。

(二)体内水的排出

犬猫不断地从外界获取水分，也必须经常排出体外，以维持机体水的平衡。

1. 肺脏和皮肤的蒸发

肺脏以水蒸气形式呼出的水量随环境温度的提高和动物活动量的增加而增加。由皮肤表面失水的方式主要有 2 种：一是血管和皮肤的体液中的水分简单地扩散到皮肤表面而蒸发，二是通过排汗失水。具有汗腺的动物失水较多。在犬和猫中，通过呼吸失水的方式对于在炎热的天气中调节正常体温是非常重要的。因为犬猫的汗腺不发达，炎热的夏天通过喘气大量增加呼吸道的失水，从而增加热量损失。

2. 粪与尿排泄

粪便中的排水量随动物种类不同及食物性质不同而不同。一般来说，从粪中丢失的水量与分泌到消化道中的大量液体相比是很少的。犬猫的粪便较干，由粪便排出的水较少。肠道对水分能够有效地重吸收，只有当肠道吸收功能受到严重干扰及腹泻排稀便时，才能从这种途径丢失大量的水分。犬猫由尿液排出的水量受总摄入水量的影响，摄入越多，排出越多。排尿量也受环境温度的影响，环境温度越高，动物的活动量越大，由尿排出的水量就越少。通常情况，随尿液排出的水量占总排水量的 1/2 左右。

3. 其他方式失水

哺乳动物在泌乳期时泌乳也会成为失水的重要途径。对于猫来说，在高温情况下，一部分水会通过唾液而减少，这是因为唾液被用来湿润被毛和通过水分蒸发来降温。鸟类产蛋时，蛋中 70%左右是水分。患病动物可能通过出血、呕吐、腹泻大量丢失水分。

四、水与犬猫健康的关系

犬猫因机体缺水导致死亡的速度要比因饥饿引起死亡的速度快得多。动物在失去身体所有的脂肪和一半以上的蛋白质后还能存活，但只失去20%的身体水分就会导致死亡。犬猫如果缺失水分在几天内就能出现临床症状，但是如果是缺失其他一些养分，可能需要数周，数月甚至更长的时间才会出现很明显的临床症状。当犬猫体内水分丧失1%～2%时，开始有口渴感，食欲减退，尿量减少；体内水分丧失8%时，出现严重口渴感，食欲丧失，消化功能减弱，并因黏膜干燥降低了对疾病的抵抗力和机体免疫力；体内水分丧失10%就会引起代谢紊乱；体内水分丧失20%时即可引起死亡。犬猫也还会因为一些疾病造成失水过多，出现虚脱和休克。长期不爱饮水的猫饲喂水分含量少的干粮，容易引发泌尿道疾病，如结石类疾病。

在正常情况下，应该保证动物任何时候都可以自由饮水。动物的需水量受到动物种类、生理状态、食物类型、环境条件、大量运动等因素的影响，很难估计出动物确切的需水量。

1. 动物种类

不同种类的动物，体内水分的流失情况不同。哺乳类动物由粪、尿或汗液流失的水分比鸟类多，需水量相对较多。猫跟犬相比，猫具有更强的浓缩尿液的能力，更能忍受脱水，因此猫的需水量比犬的要少。

2. 生理状态

不同的生理阶段，对水的需求量也是有区别的，如犬在生长期、妊娠期和哺乳期的需要量高于成年犬的维持需要量。生长期的需要量约是维持需要量的2倍。哺乳期的乳产量依赖于充足的水分摄入量，需要量约是维持需要量的3倍。

3. 食物类型

给犬猫饲喂含水量高的食物，并且不存在其他因素影响，犬猫会出现减少自愿饮用自由水的情况。食物中蛋白质、矿物质、粗纤维含量较高时，需水量多。此外，猫如果是采食高脂肪食物，可能会导致需水量减少。因为脂肪食物热量密度增加，总干物质摄入量可能较低。

4. 环境条件

高温季节，应当适当增加犬猫的饮水量。在炎热的夏季还要注意避免因气温高导致犬猫失水后暴饮大量清水而引发水中毒。

课后任务

1. 为什么很多猫不喜欢喝水？如何正确地给猫补充水分？
2. 调研市场上不同类型犬猫饲粮的含水量差异。

课后延学

犬猫喝水多，谨防糖尿病

如果发现家里的犬猫开始大量饮水，摄食量逐渐增多，伴随着频繁小便，但是体重下降，要谨防糖尿病。犬猫也会患糖尿病吗？当然会，糖尿病在犬猫疾病中占有较高的比例，患糖尿病的犬猫血糖会升高。由于饲养营养不均衡，一些犬猫出现过度肥胖，也更容易引发糖尿病。

课后练习

选择题

1. 干膨化犬猫食品的含水量一般低于(　　)。

A. 5%　　B. 12%　　C. 10%　　D. 14%

2. 罐装犬猫食品含有较高的水分,平均可达(　　)左右。

A. 60%　　B. 65%　　C. 75%　　D. 84%

3. 犬猫体内失水达到(　　)时,即可引起死亡。

A. 8%　　B. 10%　　C. 20%　　D. 30%

参考文献

[1]陈明. 动物营养与饲料[M]. 北京:中国农业出版社,2019.

[2]方希修,方圆,淡瑞芳. 宠物营养与食品[M]. 2版. 北京:中国农业大学出版社,2023.

[3]美国动物营养国家研究委员会犬猫营养特别委员会. 犬猫营养需要[M]. 丁丽敏,夏兆飞,主译. 北京:中国农业大学出版社,2010.

[4]金征宇,顾正彪,童群义,等. 碳水化合物化学:原理与应用[M]. 北京:化学工业出版社,2008.

[5]景小俏. 狗狗营养烘焙[M]. 北京:中国轻工业出版社,2022.

[6]李京杰. 动物生物化学[M]. 3版. 北京:中国农业出版社,2019.

[7]Linda P. Case, Leighann Daristotle, Michael G. Hayek, et al. 犬猫营养学[M]. 陈江楠,许佳,夏兆飞,主译. 济南:山东科学技术出版社,2020.

[8]陈志敏,王金全,高秀华. 宠物猫营养生理研究进展[J]. 饲料工业,2012(17):5.

[9]冯国亮,马馨,郑建婷. 宠物犬能量营养研究进展[J]. 山西农业科学,2014,42(5):3.

[10]冀少波. 一种宠物食品猫粮表面喷涂维生素组合物及其喷涂方法:CN201810086573.9[P]. CN108323638A[2024-05-01].

[11]李乐毅. 犬猫营养素的研究进展[J]. 现代畜牧兽医,2021.

[12]李向党. 脂肪酸在犬营养上的地位[J]. 中国工作犬业,2006(3):26-27.

[13]李雪娇,俞剑鑫,王鹏,等. ω-3多不饱和脂肪酸改善宠物毛发的应用及机理[J]. 饲料工业,2023,44(19):104-107.

[14]李嫣然,左之才,黄方园. 三聚氰胺致猫慢性肾衰模型的建立[J]. 四川农业大学学报,2019,37(5):7.

[15]刘公言,刘策,陈雪梅,等. 饲粮中营养物质对宠物被毛健康影响的研究进展[J]. 山东农业科学,2021,53(6):4.

[16]吕洪国. 宠物犬猫钙磷缺乏症与过量的危害[J]. 兽医导刊,2016(20):1.

[17]毛爱鹏,孙皓然,张海华,等. 益生菌、益生元、合生元与犬猫肠道健康的研究进展[J]. 动物营养学报,2022(4):34.

[18]米雁. 犬猫对食物的不耐受性[J]. 畜牧产业,2022(4):60-67.

[19]牛江婷,伊淑帅,刘宏凯,等. 猫病毒性鼻气管炎治疗性药物研究进展[J]. 中国兽药杂志,2017,51(11):6.

[20]申开梅,杨珊珊,申开兰.宠物犬的脂肪需求[J].中国畜禽种业,2014(11):1.

[21]孙虹云.犬猫糖尿病的诊断治疗分析[J].畜牧兽医科技信息,2022(1):158-159.

[22]王国华,李海云,冯杰.宠物犬、猫维生素营养需求研究进展[J].饲料研究,2018,487(6):35-38.

[23]王国华,刘莉君,徐清华,等.宠物犬、猫矿物质营养需求研究进展[J].饲料研究,2018(3):4.

[24]王金全.宠物犬、猫蛋白质营养研究进展[C]//第16次全国犬业科技学术研讨会论文集.2016:4.

[25]吴晋强.动物营养学[M].2版.合肥:安徽科学技术出版社,1999.

[26]郑建婷,淡瑞芳,郑中朝.宠物犬蛋白质营养研究进展[J].饲料工业,2008,29(17):3.

[27]Bartges J,Anderson W H. Dietary fiber. Vet Clin Nutr,1997,4:25-28.

[28]Reinhart,Gregory,A,et al. Source of Dietary Fiber and Its Effects on Colonic Microstructure,Function and Histopathology of Beagle Dogs.[J]. Journal of Nutrition,1994.

[29]Verbrugghe A,Hesta M. Cats and Carbohydrates: The Carnivore Fantasy? Vet Sci. 2017 Nov 15;4(4):55.

项目三
犬猫的营养需求

项目导入

犬猫一生经历不同的生理阶段，针对不同阶段的生理特点和营养需求进行科学饲养，可以更好地发挥犬猫的潜能，维护犬猫的健康，延长犬猫的寿命。本项目主要介绍犬猫各生理阶段的生理特点、营养需求及饲养方法。通过本项目的学习，了解犬猫各生理阶段营养需求，掌握犬猫不同阶段的生理特征，能根据其生理特征进行科学有效的饲养管理。

学习目标

知识目标

1. 掌握营养需求的概念及表示方法。
2. 了解犬猫不同生理阶段的营养需求。
3. 初步掌握犬猫商品粮的选购方法和自制日粮的调制方法。

技能目标

1. 能够查询不同生理阶段犬猫的营养需要量。
2. 能够掌握犬猫不同生理阶段的生理特征。
3. 能够初步掌握犬猫不同生理阶段的饲养管理。

思政目标

1. 树立人与动物和谐发展的生态理念。
2. 树立科学养宠理念。
3. 培养勤于思考、善于动手的学习习惯。

任务一　犬猫不同生理阶段的营养需要

课前任务

小红发现她家的宠物犬配种成功了，可是她并不清楚对这个“准妈妈”应该提供什么样的营养，产后又应该如何去照顾和喂养，刚出生的幼犬又应该如何去喂养。让我们通过本任务学习，一起为小红解决疑惑。

一、犬猫营养需要的概念与表示方法

营养需要和饲养标准（视频）

犬猫食品 AAFCO 营养标准参考（文档）

（一）营养需要

营养需要是指动物达到期望的生产性能时，每天对能量、蛋白质、氨基酸、矿物质和维生素等营养物质的需求量。不同品种、年龄、性别、体重及生理阶段的犬猫其营养需要有所差别，如犬的营养需要量可以参考 NRC 建议的犬的营养需要量（表 1-5）。

最低需要量又称为维持需要量，是指用来维持特定的生理状态的可利用营养物质的最低浓度或最小量。维持需要主要表现在基础代谢、自由活动及维持体温 3 个方面。

适宜采食量是指当没有给出最低的需要量时，动物所需要的营养物质在假定它能够维持某特定的生理阶段时，其在日粮中的浓度或数量。

每种营养物质的推荐供给量是配制日粮中能够维持特定的生理阶段的某一营养物质的浓度或数量。推荐供给量是以最低需要量为基础的，同时在应用时要考虑营养物质的生物利用率。如果最低需要量是不适用的，那么推荐供给量是建立在充足的采食量基础上的。

（二）饲养标准的表示方法

饲养标准的表示方法主要有 4 种：①按每头（只）动物每天需要量表示；②按单位日粮营养物质浓度表示；③按单位能量中的营养物质含量表示；④按体重或代谢体重表示。

表 1-5 NRC 建议的犬的营养需要量

营养成分（每 1 000 kcal 中的含量）			幼犬（14 周以下）			幼犬（14 周以上）			成年犬			妊娠犬和哺乳犬		
类别	中文名称	单位	下限	推荐	上限	下限	推荐	上限	下限	推荐	上限	下限	推荐	上限
一般成分	蛋白质	g	45	56.3	—	35	43.8	—	20	25		—	50	—
	脂肪	g	—	21.3	82.5	—	21.3	82.5	—	13.8	82.5	—	21.3	82.5
氨基酸	精氨酸	g	1.58	1.98	—	1.33	1.65	—	0.7	0.88	—	—	2.5	—
	组氨酸	g	0.78	0.98	—	0.5	0.63	—	0.37	0.48	—	—	1.1	—
	异亮氨酸	g	1.3	1.63	—	1	1.25	—	0.75	0.95	—	—	1.78	—
	蛋氨酸	g	0.7	0.88	—	0.53	0.65	—	0.65	0.83	—	—	0.78	—
	蛋氨酸和胱氨酸	g	1.4	1.75	—	1.05	1.33	—	1.3	1.63	—	—	1.55	—
	亮氨酸	g	2.58	3.22	—	1.63	2.05	—	1.35	1.7	—	—	5	—
	赖氨酸	g	1.75	2.2	>5	1.4	1.75	>5	0.7	0.88	—	—	2.25	—
	苯丙氨酸	g	1.3	1.63	—	1	1.25	—	0.9	1.13	—	—	2.08	—
	苯丙氨酸和酪氨酸	g	2.6	3.25	—	2	2.5	—	1.48	1.85	—	—	3.08	—
	苏氨酸	g	1.63	2.03	—	1.25	1.58	—	0.85	1.08	—	—	2.6	—
	色氨酸	g	0.45	0.58	—	0.35	0.45	—	0.28	0.35	—	—	0.3	—
	缬氨酸	g	1.35	1.7	—	1.13	1.4	—	0.98	1.23	—	—	3.25	—

续表 1-5

营养成分（每 1 000 kcal 中的含量）			幼犬（14 周以下）			幼犬（14 周以上）			成年犬			妊娠犬和哺乳犬		
类别	中文名称	单位	下限	推荐	上限	下限	推荐	上限	下限	推荐	上限	下限	推荐	上限
脂肪酸	亚油酸	g	—	3.3	16.3	—	3.3	16.3	—	2.8	16.3	—	3.3	16.3
	α-亚油酸	g	—	0.2	—	—	0.2	—	—	0.11	—	—	0.2	—
	花生四烯酸	g	—	0.08	—	—	0.08	—	—	—	—	—	—	—
	EPA 和 DHA	g	—	0.13	2.8	—	0.13	2.8	—	0.11	2.8	—	0.13	2.8
矿物质元素	钙	g	2	3	4.5	2	3	4.5	0.5	1	—	—	1.9	—
	磷	g	—	2.5	—	—	2.5	—	—	0.75	—	—	1.2	—
	镁	mg	45	100	—	45	100	—	45	150	—	—	150	—
	钠	mg	—	550	—	—	550	—	75	200	—	—	500	—
	钾	g	—	1.1	—	—	1.1	—	—	1	—	—	0.9	—
	铁	mg	18	22	—	18	22	—	—	7.5	—	—	17	—
	铜	mg	—	2.7	—	—	2.7	—	—	1.5	—	—	3.1	—
	锌	mg	10	25	—	10	25	—	—	15	—	—	24	—
	锰	mg	—	1.4	—	—	1.4	—	—	1.2	—	—	1.8	—
	硒	μg	52.5	87.5	—	52.5	87.5	—	—	87.5	—	—	87.5	—
	碘	μg	—	220	—	—	220	—	175	220	—	—	220	—
维生素	维生素 A（视黄醇）	μg	—	379	3 750	—	379	3 750	—	379	16 000	—	379	3 750
	维生素 B_1（硫胺素）	mg	—	0.34	—	—	0.34	—	—	0.56	—	—	0.56	—
	维生素 B_2（核黄素）	mg	—	1.32	—	—	1.32	—	1.05	1.3	—	—	1.3	—
	维生素 B_3（烟酸）	mg	—	4.25	—	—	4.25	—	—	4.25	—	—	4.25	—
	维生素 B_5（泛酸）	mg	—	3.75	—	—	3.75	—	—	3.75	—	—	3.75	—
	维生素 B_6（吡哆素）	mg	—	0.375	—	—	0.375	—	—	0.375	—	—	0.375	—
	维生素 B_9（叶酸）	μg	—	68	—	—	68	—	—	67.5	—	—	67.5	—
	维生素 B_{12}（钴胺素）	μg	—	8.75	—	—	8.75	—	—	8.75	—	—	8.75	—
	维生素 D_3（胆钙化醇）	μg	—	3.4	20	—	3.4	20	—	3.4	20	—	3.4	20
	维生素 E（生育酚）	mg	—	7.5	—	—	7.5	—	—	7.5	—	—	7.5	—
	胆碱	mg	—	425	—	—	425	—	—	425	—	—	425	—
其他	钙磷比	/	1∶1	1.2∶1	2∶1	1∶1	1.2∶1	2∶1	1∶1	1.2∶1	2∶1	1∶1	1.2∶1	2∶1

二、犬猫不同阶段的生理特征

犬猫从幼年到成年再到老年，都会经历几个重要的阶段，不同生理阶段的犬猫由于具有不同的生理特征和生命活动，对营养需要的差异也很大。此外，不同体形的犬生理阶段划分有所不同。

犬猫不同阶段的划分（视频）

1. 生长期

生长期是指从出生到性成熟为止的生理阶段，包括哺乳期和育成期 2 个阶段。哺乳期的犬也称为仔犬，是指从出生至离乳前的犬；育成期的犬也称为幼犬，是指从断奶至性成熟的犬。不同犬的性成熟时间不同，一般观赏犬性成熟期为6～8月龄，大型犬要到10～12月龄，有些犬甚至需要2年左右。而猫的哺乳期为42日龄左右，性成熟时间在6～8月龄。在生长期的犬猫，物质代谢十分旺盛，营养需求量大。

2. 成年期

成年期是犬猫一生中身强体壮的时期，身体发育成熟，身高、体长逐渐停止发育，各项生理功能均达到正常水平。这个时期是决定犬猫是否长寿的关键阶段，相当于人类20～50岁的时候，合理地搭配日粮，可适当减缓老年疾病，尽可能满足生理需求，使其发挥出最大的潜能。

3. 老年期

一般来说，犬在7～8岁开始出现老化的现象，但是由于品种、生活环境、身体素质情况不同，出现老化的时间也不一样。小型犬一般在12岁以后步入老年期，中型犬一般在10岁以后步入老年期，大型犬一般在9岁以后步入老年期，巨型犬则在7岁以后就步入老年期。猫一般在7～8岁及以后就步入老年期。犬猫步入老年期后，运动量减少，能量消耗减少，易肥胖，胃肠道消化能力下降，视力减弱，易出现口腔疾病和皮肤问题，甚至癌症。老年期犬猫是需要特殊对待的群体，不仅面临各种各样的老年疾病，还有各种器官功能的衰退，所以在这一特殊阶段的健康营养就尤为重要。可以通过科学喂养，让犬猫尽可能长寿和减少他们临终的痛苦。

4. 繁殖期

繁殖是犬猫种族繁衍的重要功能。从繁殖期的生理特点看，可分为配种前、妊娠期和泌乳期3个阶段。每个阶段的生理特点和营养需要各不相同，前后关系十分密切、相互影响。

三、犬猫不同生理阶段的营养需要

营养是犬猫生长的物质基础，直接影响其生长速度和生长水平。营养水平合理、全面，则犬猫生长速度快，体质健壮，抗病力强；如果营养水平过低，对犬猫生长速度、机体健康、蛋白质沉积等都是不利的，且体质较弱，易患营养代谢性疾病。

（一）犬

1. 生长期

处于生长期的犬活动能力增强，身体生长发育快，物质代谢十分旺盛，营养需要扩大，尤其是在对蛋白质、能量和钙的需要上比成年犬高。在此期间的犬生长发育特点是骨骼和肌肉都在不断生长。

（1）营养需要特点。刚出生的幼犬要吃足初乳，初乳含有优质的免疫球蛋白，并且蛋白质、矿物质、维生素等营养物质都要比常乳丰富。此外，初乳中含有部分镁盐，具有轻泄的作用，可以帮助仔犬排出胎粪。一般刚断奶的幼犬，每天每千克体重需要能量1.67 MJ。断奶后6周，每天每千克体重需要能量1.57 MJ。幼犬的肌肉等细胞组织在快速生长，因此它们对蛋白质的需要更高。对蛋白质的需要不仅是数量上要足够，而且品质要求也要高，日粮中也不能缺乏必需氨基酸。幼犬生长阶段每天每千克体重需要蛋白质10 g左右，是成年犬的4倍多，应提供高质量的蛋白质食物。幼犬的骨骼增长很快，骨盐沉积较多，特别是4～6月龄，所以对矿物质钙、磷以及维生素D的需求量也很大。维生素D能够促进钙、

犬生长期的营养需求（视频）

磷的吸收和利用。幼犬每日所需钙、磷的量是成年犬的5倍多。如果缺乏会发生牙齿脱落、骨骼畸形和跛足。当然也要注意日粮中合适的钙磷比，以及维生素D的补充，这些都是影响钙磷吸收的因素。

在蛋白质和能量之间存在一个比例关系，称为蛋白能量比，生长期的犬蛋白质占总能量的最适宜比例为：在断乳后3周为11.8%，在断乳后3～4周为9.6%，生长中期为7.6%。

(2)饲养要点。幼犬在出生后的前4周主要以母乳为食，由于母乳中的营养呈衰减趋势，无法满足其成长需要，通常在出生后40～60 d完成断奶，在此期间也要注意及时补饲和补铁。断奶后的幼犬免疫系统、消化系统尚未发育完全，为避免幼犬断奶应激反应，需要给予专业的断奶过渡食品以提供全面均衡的营养支持，如可将含瘦肉、鸡蛋、牛奶较多的饲粮配成流质食物喂饲。另外，达到性成熟的犬会有发情现象，但由于身体还未发育达到配种体重，故首次发情不适宜马上配种。

2. 成年期

成年期的犬处于一生中身强体壮的时期，体高、体长逐渐停止发育，各项生理功能均达到正常水平，同时又出现发情、配种、妊娠、哺乳等一系列生命活动，因此成年期犬的一般营养需要包含产热、运动及维持组织新陈代谢的需要。

(1)营养需要。成年期的犬如果不承担繁育和工作的任务，又不生长，其只需要保持最基本的营养状态，即能够维持正常的生命活动所需即可。若不能满足成年犬维持生命活动的最低营养需要，犬则会消瘦下去。在维持状态下成年犬每天每千克体重需要能量为0.54～0.67 MJ；每天每千克体重蛋白质需要量为4.8 g；每天每千克体重对钙和磷的需要量分别为242 mg和198 mg。

(2)饲养要点。给犬喂食要定时定量，并且养成良好的饮食习惯，以免它们变得挑食、偏食。成年犬应选用多样性、适口性好、营养全面、容易消化和吸收、使用方便的全价犬粮。若是自己配制食物，可按营养需要搭配蛋白质、能量类食物，并补充适当的水果、蔬菜。长期饲喂原料单一、不新鲜、变质、有异味的食物，会影响犬的食欲。

3. 老年期

老年期的犬对营养物质的代谢和利用率有所下降。这主要是各器官的功能衰退所导致的，因此在犬的老年期，某些营养成分需要可适当减少，以减轻器官负担。

犬老年期的营养需求(视频)

(1)营养需要。食物中含有18%～20%的优质、容易消化的蛋白质即可以满足机体需要。蛋白质过量会增加肾脏负担，过少会加速肌肉等组织的衰老退化，引起贫血，对疾病的抵抗力减弱。老年犬能量供给应逐渐减少，一般食物中脂肪含量为10%～20%。它们血磷水平容易升高，导致钙磷比例失调，退行性关节病变在老年犬较为常见，因此建议给予磷含量较低(0.5%)和钙磷比例合适的食物。此外，老年犬的消化功能减弱，肠道蠕动变慢，更需要适当增加食物中的纤维含量以促进消化。

(2)饲养要点。给予足够的体贴关爱，老年犬运动量不如以前，无法活泼地在游戏中与宠物主人增进感情，取而代之的应是宠物主人经常的抚摸，让它感受舒适的爱。同时，注意降低食物硬度，适量补充钙、铁等微量元素，更换不同口味的食物，不要食用不易消化的食品，保证清水供给。

4. 妊娠期

犬的妊娠期从卵子受精开始计算，一般为 58～63 d，平均为 60 d。妊娠期的长短因品种、年龄、胎儿数量、饲养管理条件等因素而变化，母犬妊娠可分为受精卵时期、胚胎期、胎儿期 3 个阶段。①受精卵时期：母犬妊娠 0～19 d，受精卵开始发育，但仍未附在子宫壁上，主要从子宫液中获取营养。②胚胎期：母犬妊娠 19～33 d，胚胎已经形成，形成一条环状脐带，依靠母体血液中输送的氧和营养生长。③胎儿期：母犬妊娠第 33 天至分娩，胎盘和胎犬生长完全。饲养妊娠母犬的任务是保证胎儿的正常生长发育，母犬顺利分娩且产后有较强的泌乳力。

犬繁殖期的营养需求(视频)

(1)营养需要。妊娠期间，代谢加强，平均增加 11%～14%，后期更为显著，可达 30%～40%。该阶段母犬能量需要量比维持量高：前 5 周略高于维持代谢的能量需要即可，在第 6、7、8 周其能量需要应分别增加 10%、20%、30%。后期代谢的能量需要每千克体重约 0.79 MJ。应注意供给蛋白质含量高、营养全价的饲料，此阶段蛋白质应在维持的基础上增加 20%，同时还要注意维生素（维生素 A、维生素 D 等）及微量元素（钙、磷等）的补充。只有这样才能在满足妊娠母犬自身营养需要的同时，保证胎儿的正常生长发育。

(2)饲养要点。应每天制订食谱，不宜频繁更换饲料种类。供给营养充足、适口性好、易消化的优质饲料，适时调整饲喂次数。在母犬妊娠后第 1 个月内，应保持与母犬妊娠前相同的喂养标准。切忌增加太多的肉类、鸡蛋、奶类等营养丰富的食物，因为该阶段胎儿生长较慢，过多的营养都会被母犬吸收，容易导致难产。在母犬妊娠 45 d 后，要少食多餐。这个阶段母犬每次进食量会减少，繁育员需要调整伙食，采取少量多餐饲喂，每天可调整为饲喂 4 次，减少对母犬子宫的压力。

5. 哺乳期

母犬的哺乳期为 45 d 左右。乳汁在乳腺内合成，所需各种原料由血液循环运送到乳腺。有些成分不经过改变而直接作为乳的成分，如维生素、矿物质、乳血清蛋白和免疫球蛋白等，有些成分则经过乳腺的加工转化而成，如酪蛋白、清蛋白、大部分乳脂、乳糖等。泌乳的营养需要，由泌乳量、胎次、乳的成分等因素来决定。

分娩会消耗掉母犬的体力和养分，母犬体内的激素水平也会发生变化。哺乳期的母犬一方面要恢复自身的体力和营养，另一方面还要供给初生犬的各种营养，故此期的营养需要会大幅提高。

(1)营养需要。母犬在哺乳期第 1 周内，代谢能需要在维持基础上增加 50%，第 2 周再增加 50%，第 3 周增加到 250%以上，此后逐渐降低。哺乳期母犬每千克体重需要代谢能 1.97 MJ，每千克体重蛋白质需要量为 12.4 g，矿物质及维生素的需要量是维持时的 2～3 倍。

(2)饲养要点。

①产后的护理。母犬分娩后 6 h 以内，不要提供饲料，准备好饮用温水。在分娩后最初几天母犬食欲不佳，应喂给母犬营养丰富、易消化的食物，且应少食多餐。几天后应逐渐增加饲喂量，要经常检查母犬泌乳的情况，对于泌乳不足的母犬，应喂给红糖水、牛奶等，或将亚麻仁煮熟，同食物一起混喂，以增加乳汁。哺乳期母犬要饲喂蛋白质含量高的饲料，增加乳汁的营养，使仔犬吃到营养丰富的乳汁。

②产后恢复管理。母犬产后 12 h 内排出的血样分泌物，称为恶露。因此产后要经常清洗母犬的外阴部等，做好通风换气、防寒降温工作。冬季通风时，防止贼风的侵袭，保持犬舍卫

生，严格消毒。

③断奶管理。通常情况下仔犬45日龄开始断奶。在断奶前应减少母犬的采食量，以防乳腺炎。若在断奶前，出现仔犬咬伤母犬，母犬躲离仔犬的现象，应采取强制性断奶措施，以防母犬咬伤或咬死仔犬。

(二)猫

1. 生长期

生长期包括仔猫阶段和幼猫阶段。

猫生长期的营养需求(视频)

仔猫是指刚出生到断奶前(42 d左右)的猫。刚出生的仔猫身体各器官发育还不完善，但有良好的嗅觉和味觉，听力和视力较差，通常出生后第8天才能听到声音，第9天才能睁开眼睛。体温调节能力比较差，初生5日龄时，体温趋于猫的正常体温。该阶段猫的死亡率是最高的。

幼猫是指从断奶到6～8月龄的猫。因幼猫生长发育十分迅速，所需要的营养物质也较多，所以对这一时期的饲养管理必须十分重视，这一时期的主要任务是促进幼猫的正常生长发育。

(1)营养需要。猫是一种耐渴的动物，只要在饲粮中添加较多的水分，一般就可满足猫的需水量。幼猫每天每千克体重需水量60～80 mL。一般仔猫每天每千克体重需要能量为1.59 MJ。5周龄猫为1.05 MJ，10周龄猫为0.81 MJ，20周龄猫为0.54 MJ。一般认为，幼猫饲料脂肪量占饲料干物质的22%左右，需要的钙磷比例以1∶(0.9～1.1)为宜。

(2)饲养要点。从3～4周龄起，幼猫开始对母猫的食物感兴趣。可给小猫一些细碎的软食物或经奶、水泡过的干食品。可以是母猫的食品，也可以是小猫特制的食品。幼猫断奶后就进入快速生长期，大约持续到7月龄。这段时间幼猫生长迅猛，需要提供营养均衡同时蛋白质及热量都较高的优质食物，通常使用经过特殊配方处理的优质幼猫饲粮。幼猫所需的能量是成年猫的2倍，但是幼猫嘴小、牙齿小、胃也小，无法一餐吃掉并消化足量的食物。通常在7月龄左右开始第1次发情，发情期采食量下降，应采取少食多餐的方式饲喂，保证营养供给。如不想给猫配种，应考虑绝育。

2. 成年期

1岁以后，猫就步入成年期，成年猫身体已经发育成熟，并可以进行繁殖。成年猫体长一般为40～50 cm，公猫体重为3～4 kg，母猫体重为2～3 kg。饲养管理主要任务是配制好满足成年猫营养需要的日粮，保证其有较强的抵抗力和繁殖力。

(1)营养需要。作为"专性肉食专家"的成年猫饮食同样需要大量的蛋白质，日粮中粗蛋白质含量不低于26%，脂肪含量不低于10%。要想达到长肌肉、美毛、亮眼的效果，对优质蛋白质的需求会更高。另外，为了预防猫饮食能量过剩导致肥胖或一系列相关疾病，应注意控制碳水化合物的摄入，日粮中碳水化合物含量≤15%。

(2)饲养要点。尽可能饲喂成年猫粮或温热煮熟的食物，有利于消化吸收，不容易感染寄生虫。禁止饲喂残羹剩菜，因其盐分含量很高，猫对食盐的耐受量比人低得多，容易发生食盐中毒，使猫处于兴奋状态最终昏迷而死亡。对于绝育后的猫，应注意控制能量的摄取，避免能量过剩导致肥胖。一般每周饲喂1～2次动物肝脏，可保证维生素A、维生素D充足。

3. 老年期

当猫的年龄达到7～8岁时，步入老年期，咀嚼能力、吞服能力随之下降，牙齿也会变弱，对干粮的接受能力不再像成年期那么轻松。与犬类不同，老年猫的热量需求并没有减少，相反，由于吸收能力减弱，猫反而需要更高水平的营养和能量，除非猫患有极度肥胖症。

猫老年期的营养需求(视频)

(1)营养需要。老年猫的胃肠消化吸收能力下降，不太容易保持正常体重，大部分变得消瘦，这对其健康非常不利。为了保持健康体重，应供给高质量食物，即高质量蛋白质，如鸡肉、鱼、蛋等；应供给必需脂肪酸，有助于被毛仍然保持柔软光滑；供给的食物既能提供高能量又易消化吸收。

(2)饲养要点。老年猫牙齿脱落，咀嚼困难，应给它们吃松脆可口易消化的食品，并且少食多餐。老年猫味觉及嗅觉有所衰退，导致胃口也大减，应给它们提供味道浓重的食品，如，在食品中加入一些沙丁鱼。老年猫活动不灵活、动作不灵敏，应避免高难度动作。有条件的应该给老年猫刷牙，减少牙龈炎，定期检查内耳道。

4. 妊娠期

猫的妊娠期为 58～71 d，平均为 63 d。这一时期的任务是保证胎儿正常生长发育和正常分娩。

猫繁殖期的营养需求(视频)

(1)营养需要。母猫一旦交配成功其采食量几乎立即增加，体重也几乎从妊娠的第 1 天开始逐步产生变化，这一点在哺乳动物中是独具特色的。妊娠时总平均增重(不考虑窝仔数)是配种前体重的 39%。母猫为维持增重需要，妊娠期间对食物和能量的摄取均增加，且随体重的增加而变化。以体重为基础，单从能量摄取来说，从成年期的维持需要量 250～290 kJ/kg 增长至妊娠期的 370 kJ/kg。妊娠猫每天每千克体重对蛋白质的需要量比平时增加 15%～20%。保证矿物质和维生素的摄入，如每天需要钙为 0.2～0.4 g、磷为 0.15～0.4 g、维生素 A 为 12 100 IU，维生素 E 为 0.4 mg。

(2)饲养要点。母猫体重增加，在妊娠早期是子宫外组织沉积的结果，在妊娠后期则主要由胎儿所致；而窝产仔数、胎次等许多因素对妊娠期也有较大的影响。实践表明，猫很少过量采食，可以自由采食，按这种方式饲养的母猫能准确地摄取到它所需要的能量，给予妊娠期母猫的能量比未妊娠时稍多即可；妊娠期母猫对营养缺乏或过剩更具敏感性，此时的日粮更应精心调制，如钙、磷比例更需严格控制，因为仔猫骨骼发育的最早期在子宫。

5. 哺乳期

哺乳期母猫对营养需要量是最大的，此时每日能量需要取决于交配时的体重、产仔数和哺乳周数，通常比妊娠期多 25%～50%。母猫不但自身需要获取营养，还必须为仔猫提供乳汁，此时的能量需要远远大于妊娠期。

(1)营养需要。哺乳期的猫每天每千克体重需要能量为 1.04 MJ，蛋白质需要为维持需要加泌乳需要。泌乳期间还应适当增加钙、磷等元素的供应量，以免因泌乳引起钙、磷缺乏，而导致骨软化症的发生。维生素 A、维生素 B_1、维生素 B_2、烟酸需要适量增加，其他维生素可按成年猫需要量添加。

(2)饲养要点。由于仔猫生长非常快，即便从 4 周龄起开始吃固体食物，但母猫的营养需要仍在提高。除了提供足够的乳汁直到完全断奶，母猫也要重建自身的贮备，保证断奶时母猫的体重恢复至配种前的水平。由于在此阶段仔猫的能量需求特别大，但是其消化能力有限，所以建议 1 d 内要多次饲喂，4 次以上为佳(4～6 次/d)。控制进食总量的自由采食或定时定量饲喂都可以。在幼猫进食固体食物之前，可以采用控制进食总量的自由采食方式；在进食固体食物后，幼猫会有抢食行为，可以采用定时定量饲喂方式。另外，母猫在产生乳汁时会损失大量水分，故必须供给充足的新鲜饮水。

课后任务

1. 探讨为什么妊娠犬不能补充大量日粮？

2. 为什么老年猫需要更高营养水平的食物？

课后延学

种用公犬公猫、工作犬和绝育犬猫，是不是营养需要与成年的一样？不是的。种用公犬公猫，由于繁殖任务较重，应提高蛋白质的补充量；工作犬需要担负一定量的任务，为了满足平时日常训练，应更多地摄入对骨骼、关节有利的葡萄糖胺、牛磺酸、DHA等；绝育犬猫，代谢率下降，更加容易肥胖，应控制供给量，同时选择低热量的饲粮。

课后练习

判断题

1. 牛磺酸是犬的必需氨基酸，但不是猫的必需氨基酸。（　　）

2. 测定犬猫营养需要的方法不包括物理学法。（　　）

3. 佝偻病是因为缺乏维生素A。（　　）

4. 夜盲症是因为缺乏维生素A。（　）

5. 哺乳期的营养需要与窝产仔数和哺乳周数有很大关系。（　　）

6. 猫和犬一样，可以通过进食蔬菜补充维生素。（　　）

7. 犬和猫一样，在老年期都需要更高营养水平的食物。（　　）

参考文献

[1]杨久仙，刘建胜. 宠物营养与食品[M]. 北京：中国农业出版社，2007.

[2]王景芳，史东辉. 宠物营养与食品[M]. 北京：中国农业科学技术出版社，2008.

[3]刘方玉，廖启顺. 宠物饲养技术[M]. 2版. 北京：化学工业出版社，2015.

[4]Hardesty C . 2019 AAHA Canine Life Stage Guidelines[J]. Trends Magazine，2019(12)：35.

[5]李丽平，刘凤华. 宠物饲养与管理[M]. 武汉：华中科技大学出版社，2023.

module two

module two

模块二

犬猫食品的开发与利用

module two

module two

项目一

犬猫食品原料的特点及选用要点

项目导入

犬猫食品作为犬猫必不可少的日常用品，其品质和营养价值越来越受到人们的关注。本项目主要介绍犬猫食品生产中各种原料的特点及选用方法。帮助了解各种原料的营养价值、加工性能和适用范围，为今后从事犬猫食品研发和生产打下基础。

学习目标

知识目标

1. 了解犬猫食品原料的种类和特点。
2. 掌握犬猫食品原料的营养成分及特点。
3. 熟悉犬猫食品添加剂的分类和选用要点。

技能目标

1. 能够分析和评估犬猫食品原料的营养价值，并提出合理的配方建议。
2. 能够根据犬猫的年龄、体重、品种和活动水平等，制订合适的饮食计划。
3. 能够运用犬猫食品原料自制简单的犬猫食品。
4. 能够合理贮藏和管理犬猫食品原料，确保其新鲜度和质量。

思政目标：

1. 培养责任心，关注动物健康。
2. 培养食品安全意识。
3. 培育爱国情怀。
4. 培养环保意识，注重保护环境。
5. 培养创新意识和探索精神。

任务一 谷类食品原料特点及选用要点

谷类食品原料特点及选用要点(视频)

课前任务

开展关于犬猫食品中谷类食品原料应用的课前调研

(一)任务要求

收集至少三种犬猫谷类食品原料(如玉米、小麦、大米)的信息,包括名称、来源、营养成分、适用犬猫种类等。

(二)任务步骤

(1)确定调研对象:选择感兴趣或常见的犬猫谷类食品原料进行调研。

(2)信息收集:通过查阅书籍、网络资源、宠物饲料商家介绍等途径,收集相关原料的信息。

一、犬猫食品中常见的谷类食品原料的营养价值

玉米的营养成分参考(文档)

1. 玉米

玉米(图 2-1)又称苞谷、苞米,属禾本科一年生植物,是全球广泛种植的谷物之一,主要分布在美国、中国、巴西等地,它所含的营养物质对犬猫的正常生长、发育和代谢非常重要。

(1)营养价值。①玉米是常用的犬猫食品原料,富含碳水化合物,因有效能值高,所以有“能量之王”的美誉。然而,其蛋白质品质低,氨基酸组成不平衡,尤其是赖氨酸、蛋氨酸的含量低。但因其种植面积大、采购便利和利于加工而备受欢迎。②玉米还富含脂肪、膳食纤维、色素、β-胡萝卜素、B 族维生素(如硫胺素、烟酸)和矿物质元素(如磷、镁),适当进行饲喂对犬猫并无害处。

(2)注意事项。①有些犬猫可能对玉米成分敏感,特别是那些有玉米蛋白过敏史的犬猫。②玉米中的淀粉含量较高,可能不适合需要减肥饮食的犬猫。③玉米贮藏不当,容易引发霉变(图 2-2),极易产生黄曲霉毒素,对犬猫的健康存在危害。

图 2-1 优质玉米

图 2-2 霉变玉米

2. 小麦

小麦(图 2-3、图 2-4)属禾本科一年生或越年生植物,是全球最重要的粮食作物之一,广泛种植于亚洲、欧洲和北美洲,也常被用于加工成犬猫食品。它所含的营养物质有助于维持犬猫的神经系统健康、促进消化和增强免疫力。

图 2-3 优质小麦

图 2-4 小麦面粉

(1)营养价值。①小麦是常见的犬猫食品原料,小麦粉常用于制作犬猫食品,为犬猫提供能量和高质量的谷物蛋白质。其蛋白质含量高于玉米,而有效能值仅次于玉米。②小麦富含 B 族维生素、膳食纤维以及矿物质元素(如铁、锌和镁)。

小麦的营养成分参考(文档)

(2)注意事项。①小麦也是常见的过敏原之一,特别是那些有小麦过敏史的犬猫。②某些犬猫可能对小麦中的麸质成分敏感,容易导致消化问题。③小麦易感染赤霉菌病,赤霉菌可引起犬急性呕吐等中毒症状。

3. 大米

大米又称稻米,是由稻谷加工而成的一种食品,稻谷去壳为糙米,糙米去米糠为大米(图 2-5、图 2-6)。稻谷属禾本科一年生植物,主要产于亚洲国家,如中国、印度和泰国,含有丰富的淀粉和少量蛋白质,是许多犬猫食品的常用碳水化合物来源。

稻米的营养成分参考(文档)

(1)营养价值。①大米是易于消化和吸收的谷类食品原料。②大米含有丰富的碳水化合物、维生素 B_1、维生素 B_2、维生素 E,以及钙、铁和锌等矿物质。这些营养物质有助于维持犬猫的神经系统和心血管健康。③相对于大米,糙米中维生素、矿物质、膳食纤维的含量更加丰富。糙米能够提供丰富的维生素 E、膳食纤维,其中膳食纤维能够有效促进犬猫胃肠道的蠕动,预防便秘和肠癌,同时糙米消化吸收速度慢,能有效控制血糖。所以,吃糙米有利于患糖尿病和肥胖症犬猫的健康。

图 2-5 优质稻谷

图 2-6 优质大米

(2)注意事项。

①对于需要控制碳水化合物摄入的犬猫,大米的使用量应适当控制。②大米是传统饲养犬的主要食物来源。在自制犬饲粮过程中,除添加大米外,还应添加不同种类的食物进行搭配。相对于糙米而言,大米更加容易消化。

4. 燕麦

燕麦(图 2-7、图 2-8)又称雀麦或野麦子,属禾本科一年生植物,主要产于北欧、北美和俄罗斯,燕麦片或燕麦粉常用于犬猫食品中。

图 2-7 带壳燕麦

图 2-8 压片燕麦

燕麦的营养成分参考(文档)

(1)营养价值。①燕麦富含膳食纤维,有助于促进犬猫消化和预防便秘,有助于降低血脂和保持血糖平稳。②燕麦含有丰富的蛋白质、脂肪、B 族维生素和矿物质。③燕麦中的 β-葡聚糖有助于增强犬猫的免疫力。

(2)注意事项。①燕麦中的膳食纤维含量较高,可能不适合消化能力较弱的犬猫。②某些犬猫可能对燕麦中的某些成分敏感。③不要选择深加工的燕麦片制品,因深加工的燕麦片制品的营养价值大大降低。同时,燕麦片要煮熟以后食用。

5. 大麦

大麦(图 2-9、图 2-10)广泛种植于全球各地,尤其在亚洲和欧洲,属禾本科一年生植物,常作为犬猫食品的辅助成分。它所含的营养物质有助于维持犬猫的能量水平和骨骼健康。

图 2-9　带壳大麦

图 2-10　无壳大麦

(1)营养价值。①大麦含有丰富的碳水化合物、蛋白质、脂肪和纤维。②大麦富含 B 族维生素、维生素 E 以及钙、磷和镁等矿物质。

(2)注意事项。①大麦中可能含有较高的麸质成分,对麸质敏感的犬猫应慎用。②少数犬猫可能会对大麦中的其他成分产生过敏反应。③大麦容易得麦角病,造成畸形籽实,并含有麦角毒,会降低适口性,甚至引起犬猫中毒,所以畸形粒太多的大麦要慎用。

大麦的营养成分参考(文档)

6. 小米

小米(图 2-11、图 2-12)又称粟米、黏米,属禾本科一年生植物,主要产于亚洲地区,如中国、印度和东南亚,它所含的营养物质对犬猫的生长、发育和免疫功能都有益处。

小米的营养成分参考(文档)

图 2-11　带壳小米

图 2-12　无壳小米

(1)营养价值。①小米营养丰富,富含蛋白质、脂肪、碳水化合物。②小米中含有B族维生素(如烟酸、泛酸)和矿物质(如铁、锌)。③小米中含有大量可以帮助消化的酶,有健胃消食的作用,质地柔软,特别适合胃肠道消化能力弱的犬。

(2)注意事项。①小米含有较高的碳水化合物和脂肪,对于需要控制这些营养成分摄入的犬猫应谨慎使用。②少数犬猫可能会对小米中的某些成分敏感。

7. 高粱

高粱(图2-13、图2-14)主要产于非洲和亚洲地区,属禾本科一年生植物,通常在犬猫食品中作为辅助成分。这些营养物质有助于维持犬猫的消化道健康和血液循环。

图2-13　高粱花穗

图2-14　带壳高粱

高粱的营养成分参考(文档)

(1)营养价值。①高粱含有大量的碳水化合物,以及适量的蛋白质和脂肪。②高粱含有大量的B族维生素(尤其是烟酸、叶酸)和较多的矿物质(如镁、铁)。③高粱籽粒中的维生素E和亚油酸等成分,具有抗氧化作用,有助于预防老年犬猫心血管疾病。

(2)注意事项。①高粱中含有较高的麸质成分,对麸质敏感的犬猫应慎用。②少数犬猫可能对高粱中的某些成分产生过敏反应,初次使用时应注意观察犬猫的反应。

8. 藜麦

藜麦(图2-15、图2-16)是一种原产于南美洲的谷物,属藜科一年生植物,近年来在全球各地逐渐得到推广。

(1)营养价值。①藜麦是一种营养较为全面的谷物,富含蛋白质、膳食纤维、B族维生素和矿物质。②藜麦作为一种新兴的犬猫谷类食品原料,能为犬猫提供优质的蛋白质,尤其是那些对谷物蛋白敏感的犬猫。③藜麦具有降低胆固醇、抗炎、促进心血管健康、改善皮肤状况、控制糖尿病、治疗贫血和促进消化健康等特殊功效。

图 2-15　红色藜麦

图 2-16　三色藜麦

(2)注意事项。①由于藜麦是一种新兴的犬猫谷类食品原料,对其过敏反应的数据有限,初次使用时应谨慎观察犬猫的反应。②藜麦中的营养成分可能与某些犬猫的营养需要不完全匹配,需要与其他食品原料合理搭配使用。

总的来说,谷类食品原料在犬猫食品中的应用广泛,为犬猫提供了必要的能量和营养物质,有助于维持犬猫的整体健康。然而,不同犬猫对谷物食品原料的耐受性和需求有所不同,因此在选择犬猫食品时应考虑犬猫的具体情况。

二、犬猫食品中谷类食品原料选用的要点

在选用犬猫食品中的谷类食品原料时,有几个关键的要点和注意事项需要考虑,以确保犬猫获得均衡、安全和健康的营养。

1. 营养成分与营养价值

(1)碳水化合物。谷类原料是犬猫食品中碳水化合物的主要来源,应确保选择的谷类原料含有适量的可消化碳水化合物,以提供犬猫所需的能量。

(2)蛋白质与必需氨基酸。虽然谷类原料不是优质蛋白质来源,但它们仍然含有一定量的蛋白质。需要评估谷类原料的蛋白质含量以及必需氨基酸的组成,以确保犬猫获得足够的氨基酸。

(3)脂肪。谷类原料中的脂肪含量通常较低,但某些谷物可能含有一定量的优质脂肪,如亚麻酸和亚油酸。需要考虑犬猫对脂肪的需求和偏好。

(4)维生素和矿物质。谷类原料应含有适量的维生素和矿物质,以满足犬猫的营养需求。特别关注那些富含 B 族维生素和矿物质的谷类原料。

2. 可消化性

不同犬猫对谷物原料的消化能力和耐受性有所不同,某些犬猫可能对某些谷物成分敏感或不耐受。因此,在选择谷类原料时,需要考虑犬猫的消化能力和耐受性,避免使用可能引起消化不良或过敏反应的谷物。

3. 安全性

确保所选谷类原料无农药残留、无污染、无发霉变质，并符合相关的食品安全标准。避免使用可能含有毒素或有害物质的谷物，以确保犬猫的健康和安全。

4. 可持续性

选择可持续生产的谷类原料，支持生态环境保护和高质量农业发展。考虑谷物的种植方式、水源利用、土地利用等因素，以选择对环境友好的谷类原料。

5. 犬猫种类、年龄与健康状况

不同种类、年龄和健康状况的犬猫对谷类原料的需求和耐受性有所不同。例如，幼龄犬和老年犬可能对某些谷物成分更为敏感，而患有特定疾病的犬猫可能需要特定的谷类食品。因此，在选择谷类原料时，需要考虑犬猫的种类、年龄和健康状况。

6. 口感与偏好

犬猫的口感和偏好也是选择谷类原料时需要考虑的因素。某些犬猫可能更喜欢某种谷物的口感和风味，因此在选择谷类原料时，需要考虑犬猫的口感和偏好，以提高犬猫的食欲和饮食满意度。

总的来说，选用犬猫食品中的谷类食品原料时，需要综合考虑营养成分、可消化性、安全性、可持续性，以及犬猫种类、年龄、健康状况、口感与偏好等因素。同时，咨询专业宠物营养师或宠物医生，以确保所选谷类原料适合犬猫的营养需求和健康状况。此外，应定期监测犬猫的饮食反应和健康状况，及时调整饮食配方，以满足犬猫的营养需要。

课后任务

针对不同种类谷类食品原料的特点进行分析比较（可分组讨论谷类食品原料对犬猫健康可能产生的正面和负面影响），撰写任务报告，针对不同犬猫的消化特点进行谷类食品原料的合理选择推荐。

（一）任务要求

（1）分析比较。对课前收集到的谷类食品原料信息进行整理，比较不同原料之间的特点与优劣。

（2）选择推荐。根据犬猫营养需要和本任务课程的学习，选择一种最适合犬猫的谷类食品原料，并给出推荐理由。

（3）报告撰写。将调研结果和选择推荐的谷类食品原料整理成一份简短的报告，报告应包含上述所有要求的内容。

（二）任务步骤

（1）整理分析。将收集到的信息进行分类整理，分析各谷类食品原料的特点和适用犬猫种类。

（2）选择推荐。根据犬猫营养需要和谷类食品原料特点，选择一种最适合的谷类食品原料，并给出推荐理由。

（3）撰写报告。将上述所有内容整理成一份报告，要求不少于300字。

（三）评价标准

(1)分析比较的深入性。对不同谷类食品原料的特点和优劣是否深入地进行分析和比较。

(2)选择推荐的合理性。推荐的谷类食品原料是否符合犬猫营养需要,推荐理由是否充分合理。

(3)报告的规范性。报告格式是否规范、内容是否清晰、逻辑是否严谨。

课后延学

关于犬猫食品“无谷粮”的讨论

犬猫食品“无谷粮”的讨论可以围绕“无谷粮”的优点、缺点以及对犬猫健康的影响展开。

1.“无谷粮”的优点

(1)减少谷物过敏。一些犬猫对谷物成分(如玉米、小麦)可能存在过敏反应,如皮肤瘙痒、肠胃不适等。“无谷粮”可以避免这些谷物成分,减少过敏风险。

(2)高肉含量。无谷粮通常含有较高的肉类成分,这符合一些肉食性宠物的饮食习惯,也能提供充足的蛋白质和其他营养物质。

(3)低碳水化合物。无谷粮的碳水化合物含量较低,有助于控制犬猫的血糖水平,对患糖尿病等慢性疾病的犬猫更为适宜。

2.“无谷粮”的缺点

(1)价格较高。由于无谷粮通常使用高质量的肉类和其他非谷类原料,其价格通常比普通犬猫食品要高。

(2)营养不均衡。如果无谷粮的配方不合理,可能会导致某些营养物质的缺乏,如维生素、矿物质等。因此,选择无谷粮时需要注意其营养成分。

3.“无谷粮”对犬猫健康的影响

(1)改善过敏症状。对谷类成分过敏的犬猫,无谷粮可能有助于改善其过敏症状,如皮肤瘙痒、肠胃不适等。

(2)促进健康。如果无谷粮的配方合理,能够提供充足且均衡的营养物质,那么它有助于促进犬猫的整体健康。

总的来说,不是所有的犬猫都需要饲喂“无谷粮”,对于没有谷类原料过敏症状的犬猫来说,普通的犬猫食品也能满足其营养需要。因此,在选择犬猫食品时,需要根据犬猫的具体情况和营养需要来决定。无论选择何种犬猫食品,都需要注意其营养成分和喂食量,以确保犬猫的健康。

课后练习

一、单选题

1. 以下哪项不是犬猫谷类食品原料的优点？（　　）

A. 提供丰富的碳水化合物

B. 容易引起犬猫过敏

C. 价格相对较低

D. 含有多种维生素和矿物质

2. 犬猫谷类食品的主要能量来源是什么？（　　）

A. 蛋白质　　B. 脂肪　　C. 碳水化合物　　D. 维生素

3. 以下哪种犬猫更适合喂食高蛋白的谷类食品？（　　）

A. 老年犬　　B. 肥胖猫　　C. 幼猫　　D. 运动量大的成年犬

4. 犬猫谷类食品中哪种营养成分有助于维持犬猫的皮肤健康？（　　）

A. 矿物质　　B. 碳水化合物　　C. 纤维　　D. 必需脂肪酸

5. 在选择犬猫谷类食品时，以下哪项不是考虑因素？（　　）

A. 食品的营养成分　　B. 食品的保质期

C. 食品的包装颜色　　D. 食品的口感

二、判断题

1. 所有的犬猫都可以喂食同一种谷类食品。（　　）

2. 犬猫谷类食品中的纤维成分对犬猫的消化有益。（　　）

3. 高脂肪含量的犬猫谷类食品适合所有犬猫。（　　）

4. 犬猫谷类食品中的维生素和矿物质含量越高越好。（　　）

5. 含有谷类成分的犬猫食品一定比无谷类食品的营养价值低。（　　）

三、简答题

1. 在选择犬猫谷类食品时，应如何考虑犬猫的年龄和健康状况？

2. 简述一种适合饲喂老年犬猫的谷类食品应具备的特点。

任务二　豆类食品原料特点及选用要点

豆类食品原料特点及选用要点（视频）

课前任务

开展关于犬猫食品中豆类食品原料应用的课前调研

（一）任务要求

收集至少三种犬猫豆类食品原料（如大豆、豌豆、扁豆）的信息，包括名称、来源、营养成分、适用犬猫种类等。

（二）任务步骤

（1）确定调研对象：选择感兴趣或常见的犬猫豆类食品原料进行调研。

（2）信息收集：通过查阅书籍、网络资源、宠物饲料商家介绍等途径，收集相关原料的信息。

一、犬猫食品中常见的豆类食品原料的营养价值

1. 大豆

大豆（图 2-17、图 2-18）又称黄豆，起源于中国，属豆科一年生攀缘草本植物。大豆在全球各地都有广泛种植，特别是亚洲、北美洲和南美洲。

图 2-17　大豆

图 2-18　豆粕

（1）营养价值。大豆是优质蛋白质的重要来源，其蛋白质含量较高，为 20%～40%，含有所有的必需氨基酸，其中赖氨酸丰富，而蛋氨酸等含硫氨基酸相对不足。大豆的粗脂肪含量高，超过 15%，还富含不饱和脂肪酸，尤其是亚油酸和亚麻酸，对犬猫的心血管健康有益。此外，大豆含有丰富的植物雌激素、矿物质和维生素，如钙、磷、铁、锌、维生素 E 和 B 族维生素。

大豆的营养成分参考（文档）

（2）注意事项。大豆中的胰蛋白酶抑制因子和其他抗营养因子（如大豆凝集素、胃肠胀气因子）可能影响犬猫的消化和吸收，因此大豆通常需要经过适当的加工处理（如浸泡、蒸煮或发酵）以降低这些抗营养因子的含量。另外，大豆中的植物类雌激素（如大豆异黄酮）可能对处于某些生理状态的犬猫产生不利影响。因此，在喂食大豆制品时，应根据犬猫的具体情况和营养需要进行适量搭配。

2. 豌豆

豌豆（图 2-19、图 2-20）起源于地中海沿岸和亚洲地区，属豆科一年生攀缘草本植物。豌豆在全球各地都有广泛种植，特别是欧洲、亚洲和北美洲。

图 2-19 青皮豌豆

图 2-20 黄皮豌豆

豌豆的营养成分参考(文档)

(1)营养价值。豌豆富含蛋白质、碳水化合物和纤维,同时含有一定量的矿物质和维生素。豌豆的蛋白质质量较高,含有多种必需氨基酸,尤其是赖氨酸和蛋氨酸。此外,豌豆还富含维生素 A、维生素 C、维生素 E 以及 B 族维生素。

(2)注意事项。豌豆中的淀粉含量较高,可能导致犬猫血糖水平升高,故患糖尿病的犬猫应谨慎食用。此外,豌豆中的某些成分可能引起犬猫过敏反应,尤其是未煮熟的豌豆。在喂食豌豆时,应确保来源可靠,且经过适当的加工处理,如煮熟后打碎再进行饲喂。

绿豆的营养成分参考(文档)

3. 绿豆

绿豆(图 2-21、图 2-22)起源于亚洲,属豆科一年生直立草本植物。绿豆在全球各地都有广泛种植,特别是亚洲和非洲。

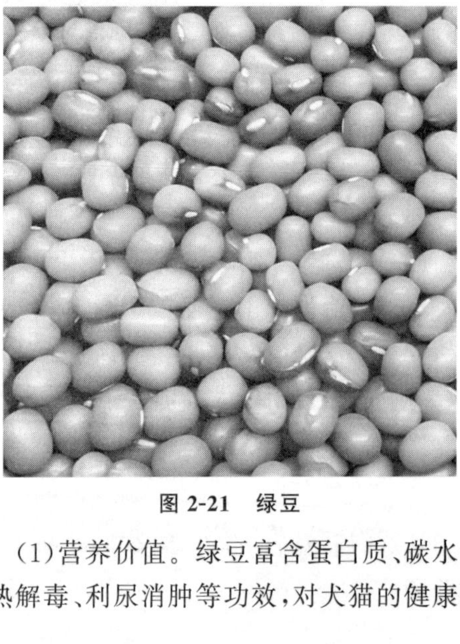
图 2-21 绿豆

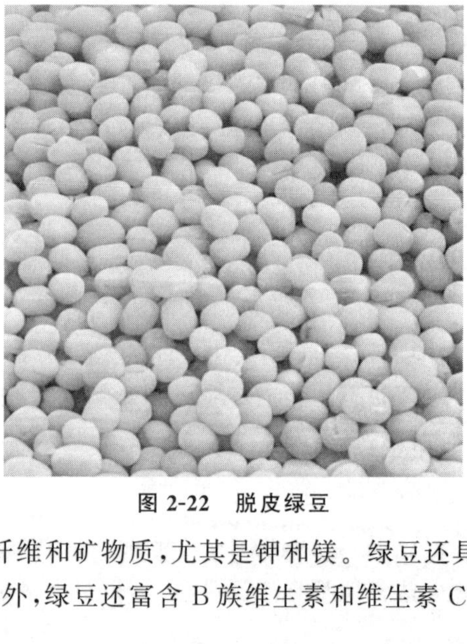
图 2-22 脱皮绿豆

(1)营养价值。绿豆富含蛋白质、碳水化合物、纤维和矿物质,尤其是钾和镁。绿豆还具有清热解毒、利尿消肿等功效,对犬猫的健康有益。此外,绿豆还富含 B 族维生素和维生素 C。

(2)注意事项。绿豆中的淀粉含量较高,可能影响犬猫血糖水平,因此患糖尿病的犬猫应谨慎食用。同时,绿豆中的某些成分可能引起犬猫过敏反应,尤其是未煮熟的绿豆。在喂食绿豆时,应确保新鲜,且经过适当的加工处理。

4. 扁豆

扁豆(图 2-23、图 2-24)起源于亚洲和地中海沿岸地区,属豆科多年生缠绕藤本植物。扁豆在全球各地都有广泛种植,特别是亚洲、非洲和拉丁美洲。

图 2-23　扁豆荚

图 2-24　扁豆

(1)营养价值。扁豆富含蛋白质、碳水化合物、纤维和矿物质,尤其是铁和钾。扁豆还富含维生素 C 和 B 族维生素,对犬猫的健康有益。此外,扁豆还富含抗氧化物质,如黄酮类化合物和多酚类物质,具有抗炎和抗癌作用。

扁豆的营养成分参考(文档)

(2)注意事项。扁豆中的某些成分可能引起犬猫过敏反应,尤其是未煮熟的扁豆。此外,过多的扁豆摄入可能导致犬猫腹胀或腹泻。因此,在喂食扁豆时,应确保它们新鲜且经过适当的加工处理,并根据犬猫的具体情况和营养需求进行适量搭配。

5. 红豆

红豆(图 2-25、图 2-26)起源于亚洲,属豆科一年生草本植物。红豆在全球各地都有广泛种植,特别是亚洲和非洲。

红豆的营养成分参考(文档)

(1)营养价值。红豆富含蛋白质、碳水化合物、纤维和矿物质,尤其是铁和钾。红豆还富含 B 族维生素和维生素 E,对犬猫的健康有益。此外,红豆还富含膳食纤维和抗氧化物质,有助于促进犬猫肠道健康和减少氧化应激。

(2)注意事项。红豆中的某些成分可能引起犬猫过敏反应,尤其是未煮熟的红豆。此外,过多的红豆摄入可能导致犬猫腹胀或腹泻。因此,在喂食红豆时,应确保它们新鲜且经过适当的加工处理,并根据犬猫的具体情况和营养需求进行适量搭配。

图 2-25 红豆

图 2-26 赤小豆

6. 蚕豆

蚕豆(图 2-27、图 2-28)起源于地中海沿岸和亚洲,属豆科一二年生草本植物。蚕豆在全球范围内都有种植,尤其在欧洲、亚洲和北美洲受到广泛的关注和栽培。

图 2-27 新鲜蚕豆

图 2-28 烘干蚕豆

(1)营养价值。蚕豆是一种营养丰富的豆类食品原料,富含优质蛋白质、碳水化合物、膳食纤维和矿物质。它含有多种必需氨基酸,尤其是赖氨酸和蛋氨酸,这些氨基酸对于犬猫的生长和发育至关重要。此外,蚕豆还含有丰富的维生素,如叶酸、维生素 B_1 和维生素 C,这些维生素对犬猫的健康有着积极的促进作用。蚕豆还富含抗氧化物质,如黄酮类化合物,可以帮助犬猫抵抗氧化应激和慢性疾病。

蚕豆的营养成分参考(文档)

(2)注意事项。虽然蚕豆对犬猫有很多好处,但也有一些需要注意的事项。首先,蚕豆中含有一种称为 L-3,4-二羟基苯丙氨酸(L-DOPA)

的物质，这是一种神经递质前体，过量摄入可能对某些犬猫产生不利影响，因此在喂食蚕豆时应适量控制摄入量。其次，蚕豆中的某些成分可能引起犬猫过敏反应，特别是未煮熟的蚕豆，因此在喂食蚕豆之前最好先少量进行试探，观察犬猫是否出现过敏反应。再次，蚕豆中的淀粉含量较高，可能影响犬猫的血糖水平，患糖尿病的犬猫应谨慎食用。

7. 黑豆

黑豆（图 2-29、图 2-30）起源于中国，属豆科一年生攀缘草本植物。黑豆在我国和其他亚洲国家有着悠久的食用历史，被广泛用于宠物食品中。

（1）营养价值。黑豆是一种营养丰富的豆类食品原料，富含蛋白质、碳水化合物、膳食纤维和矿物质。它含有所有的必需氨基酸，尤其是赖氨酸和蛋氨酸，这些氨基酸对于犬猫的生长和发育至关重要。此外，黑豆含有丰富的维生素、卵磷脂等物质，如维生素 E 和 B 族维生素，这些维生素对犬猫的健康有着积极的促进作用。黑豆富含抗氧化物质，如花青素和黄酮类化合物，可以帮助犬猫抵抗氧化应激和慢性疾病。黑豆还含有丰富的钙、铁、锌等矿物质，对犬猫的骨骼和血液健康有益。

图 2-29　黑豆

图 2-30　压片黑豆

（2）注意事项。黑豆对犬猫有很多好处，但在喂食时也需要注意一些事项。首先，黑豆中的某些成分可能引起犬猫过敏反应，特别是未煮熟的黑豆，因此在喂食黑豆之前最好先少量进行试探，观察犬猫是否出现过敏反应。其次，黑豆中的植物雌激素可能对某些犬猫产生不利影响，尤其是雌性犬猫，因此在喂食黑豆时，应根据犬猫的具体情况和营养需求进行适量搭配。再次，黑豆中的淀粉含量较高，可能影响犬猫血糖水平，患糖尿病的犬猫应谨慎食用。

8. 鹰嘴豆

鹰嘴豆（图 2-31、图 2-32）起源于地中海沿岸和亚洲地区，属豆科一年生草本或多年生攀缘草本植物。鹰嘴豆在全球各地都有广泛种植，特别是地中海沿岸、亚洲和中东地区。

图 2-31 红皮鹰嘴豆

图 2-32 黄皮鹰嘴豆

鹰嘴豆的营养成分参考(文档)

(1)营养价值。鹰嘴豆富含蛋白质、碳水化合物和纤维,同时含有丰富的矿物质(如钙、磷、铁)和维生素(如叶酸、维生素 B_1)。鹰嘴豆的蛋白质质量较高,含有多种必需氨基酸,尤其是赖氨酸和蛋氨酸。此外,鹰嘴豆还富含维生素 E 和多种抗氧化物质,对犬猫的健康有益。

(2)注意事项。鹰嘴豆中的某些成分可能引起犬猫过敏反应,尤其是未煮熟的鹰嘴豆。此外,鹰嘴豆中的淀粉含量较高,可能影响犬猫血糖水平。因此,在喂食鹰嘴豆时,应确保它们新鲜且经过适当的加工处理,并根据犬猫的具体情况和营养需要进行适量搭配。

总的来说,在喂食豆类食品原料时,应确保来源可靠,且经过适当的加工处理。此外,还应根据犬猫的年龄、健康状况和营养需求来合理搭配和适量喂食豆类食品原料,以避免过量或不当食用给犬猫带来的潜在风险。同时,密切观察犬猫采食后的反应,如果出现任何过敏或不良反应,应立即停止喂食并咨询宠物医生的意见。

二、犬猫食品中豆类食品原料选用的要点

在犬猫食品中,豆类食品原料的选用是一个十分重要的环节,这不仅关系到犬猫食品的营养价值,也直接影响犬猫的健康。在选用豆类食品原料时需要关注以下几个要点。

1. 营养成分及营养价值

(1)蛋白质。豆类是优质的植物性蛋白来源,对于犬猫生长发育和维持基本生命活动至关重要。在选择豆类时,应考虑其蛋白质含量及氨基酸组成,以确保满足犬猫的营养需要。

(2)脂肪。豆类中的脂肪含量相对较低,且多为不饱和脂肪酸,对犬猫心血管健康有益。但过高的脂肪含量可能导致犬猫肥胖,因此需合理控制豆类中脂肪的含量。

(3)碳水化合物。豆类富含碳水化合物,能为犬猫提供能量。然而,部分犬猫可能对某些碳水化合物敏感,因此在选择豆类时需考虑其碳水化合物类型和含量。

(4)维生素和矿物质。豆类含有丰富的维生素和矿物质,如 B 族维生素、钙、磷等,对犬猫健康有积极作用。在选用豆类时,应关注其维生素和矿物质含量,以满足犬猫的全面营养需要。

2. 可消化性

犬猫对不同豆类的消化率存在差异。一般来说，经过适当处理的豆类（如浸泡、加热、发芽、发酵等）可提高消化率。在选择豆类时，应考虑其加工方式和犬猫的消化能力，以确保犬猫能够充分吸收豆类中的营养成分。

3. 安全性

(1)抗营养因子。部分豆类含有抗营养因子，如胰蛋白酶抑制因子、凝集素、胃肠胀气因子等，可能影响犬猫的健康和营养吸收。在选用豆类时，应选择经过适当处理的豆类以降低抗营养因子的含量。

(2)过敏原。某些犬猫可能对某些豆类成分过敏。在选择豆类时，应注意了解犬猫的过敏史，避免使用可能引起过敏的豆类品种。

(3)污染物。豆类在生长和加工过程中可能受到农药残留、重金属等污染物的影响。在选择豆类时，应确保来源可靠，符合相关安全标准。

4. 功能性

(1)膳食纤维。豆类中的膳食纤维有助于犬猫肠道健康，促进消化和排泄。在选择豆类时，应关注其膳食纤维含量和类型，以满足犬猫的肠道健康需求。

(2)低聚糖。部分豆类含有低聚糖，具有调节犬猫肠道菌群、提高免疫力等益处。在选用豆类时，可以考虑添加富含低聚糖的豆类品种，以增强犬猫食品的功能性。

5. 可持续性

在选择豆类食品原料时，还应考虑其生产对环境的影响。优先选择采用可持续种植方法生产的豆类，以减少对土地资源的压力和环境污染。

总的来说，在犬猫食品中选用豆类食品原料时，应关注其营养价值、可消化、安全性、功能性和可持续性等多个方面。通过合理选择和搭配豆类食品原料，为犬猫提供全面均衡的营养，促进其健康成长。

课后任务

针对不同种类犬猫豆类食品原料的特点进行分析比较（可分组讨论豆类食品原料对犬猫健康可能产生的影响），撰写任务报告，针对不同犬猫的消化特点进行豆类食品原料的合理选择推荐。

（一）任务要求

(1)分析比较。对课前收集到的豆类食品原料信息进行整理，比较不同原料之间的特点与优劣。

(2)选择推荐。根据犬猫营养需要和本任务课程的学习，选择一种最适合犬猫的豆类食品原料，并给出推荐理由。

(3)报告撰写。将调研结果和选择推荐的豆类食品原料整理成一份简短的报告，报告应包含上述所有要求的内容。

（二）任务步骤

(1)整理分析。将收集到的信息进行分类整理，分析各豆类食品原料的特点和适用犬猫种类。

(2)选择推荐。根据犬猫营养需要和豆类食品原料特点,选择一种最适合的豆类食品原料,并给出推荐理由。

(3)撰写报告。将上述所有内容整理成一份报告,要求不少于300字。

(三)评价标准

(1)分析比较的深入性。对不同豆类食品原料的特点和优劣是否有深入地进行分析和比较。

(2)选择推荐的合理性。推荐的豆类食品原料是否符合犬猫营养需要,推荐理由是否充分合理。

(3)报告的规范性。报告格式是否规范、内容是否清晰、逻辑是否严谨。

课后延学

关于犬猫食品中转基因大豆应用的讨论

讨论可以围绕应用转基因大豆的优点、缺点以及对犬猫健康的影响展开。以下是一些关于转基因大豆应用的参考讨论点。

1. 转基因大豆应用的优点

(1)原料资源丰富。转基因大豆经过基因改造,通常具有更强的抗虫、抗病性能,这有助于减少农药的使用,同时提高大豆的产量。这对于满足日益增长的犬猫食品需求具有重要意义。

(2)营养丰富。转基因大豆可以提供丰富的蛋白质和其他营养物质,这对于犬猫的生长和发育至关重要。一些研究表明,转基因大豆中的蛋白质质量与传统大豆相似,甚至在某些方面更优。

(3)减少环境压力。通过减少农药和化肥的使用,转基因大豆的种植有助于减轻对环境的压力,从而保护生态系统和生物多样性。

2. 转基因大豆应用的缺点

(1)安全性问题。虽然多项研究表明转基因食品在安全性方面与传统食品没有显著差异,但仍有一些人对其长期食用效果表示担忧。这些担忧主要集中在转基因食品可能对人和动物健康产生的潜在风险上。

(2)标签和透明度问题。一些消费者希望了解他们购买的犬猫食品中是否含有转基因成分。然而,目前在一些国家和地区,转基因食品的标签规定并不统一,这可能导致消费者在选择犬猫食品时面临困难。

(3)对经济和社会影响。转基因大豆的广泛应用可能对农民、消费者和整个食品行业产生经济和社会影响。如可能导致传统大豆种植业的萎缩,影响农民的生计。

3. 对犬猫健康的影响

(1)营养成分的改变。转基因大豆经过基因改造,其营养成分可能与传统大豆有所不同。这些改变可能会影响犬猫对营养物质的吸收和利用。然而,目前的研究表明,转基因大豆与传统大豆在营养成分方面没有显著差异。

(2)长期食用的潜在风险。目前没有确凿的证据表明转基因大豆对犬猫健康有长期负面影响,但人们担心长期食用转基因食品可能对犬猫的健康产生潜在风险。这些风险可能包括生殖能力下降、肝脏和肾脏问题等。然而,这些研究结果并不一致,且存在争议。

总的来说,转基因大豆在犬猫食品中的应用具有一些明显的优点,如原料资源丰富和营养丰富,但同时也存在一些缺点和潜在的风险。对于宠物主人来说,了解犬猫食品中是否含有转基因成分,并根据犬猫的具体需求和健康状况做出合适的选择是非常重要的。

课后练习

一、单选题

1. 以下哪种豆类食品原料是犬猫食品中常见的优质蛋白质来源?(　　)

A. 绿豆　　B. 红豆　　C. 大豆　　D. 菜豆

2. 以下哪种豆类食品原料的脂肪含量较低,适合需要低脂饮食的犬猫?(　　)

A. 花生　　B. 黄豆　　C. 蚕豆　　D. 豌豆

3. 以下哪种豆类食品原料富含碳水化合物,适合提供能量给活泼的犬猫?(　　)

A. 红豆　　B. 绿豆　　C. 大豆　　D. 扁豆

4. 以下哪种豆类食品原料含有较高的膳食纤维,有助于促进犬猫肠道健康?(　　)

A. 黄豆　　B. 鹰嘴豆　　C. 红豆　　D. 菜豆

二、判断题

1. 豆类食品原料中的脂肪含量越高,其营养价值就越高。(　　)
2. 所有的豆类食品原料都适合作为犬猫食品的主要成分。(　　)
3. 犬猫食用豆类食品原料时,需要考虑其蛋白质与碳水化合物的平衡。(　　)
4. 豆类食品原料中的膳食纤维对犬猫健康没有特殊益处。(　　)
5. 大豆和豌豆都是适合犬猫食用的豆类食品原料。(　　)

三、简答题

简述在选择犬猫豆类食品原料时,需要考虑的因素。

任务三　肉类及其副产品食品原料特点及选用要点

课前任务

开展关于犬猫肉类及其副产品食品原料的课前调研

(一)任务描述

在上课之前,对犬猫肉类及其副产品食品原料进行深入的调研,具体任务如下。

肉类及其副产品食品原料特点及选用要点(视频)

(1)了解市场情况。分组访问当地的宠物食品商店或线上宠物食品店,了解目前市场上常见的犬猫肉类及其副产品食品原料的种类、品牌和价格。

(2)收集资料。通过图书馆、互联网或其他途径，收集关于犬猫肉类及其副产品食品原料的营养成分、加工方法、安全标准等方面的资料。

(3)分析对比。通过对比不同品牌、来源、种类的犬猫肉类及其副产品食品原料，分析它们的优缺点，并思考为什么某些产品在市场上更受欢迎。

(二)任务要求

将调研结果做成PPT，包括文字描述、图表、图片等，在课堂上进行展示和讨论。

一、犬猫食品中常见的肉类食品原料的营养价值

鸡肉的营养成分参考(文档)

1. 鸡肉

(1)来源。鸡肉是犬猫食品中最常见的肉类原料之一，主要来源于鸡胸、鸡腿等部位。

(2)营养价值。①鸡肉含有高质量的蛋白质，是犬猫生长和修复组织所必需的，其脂肪含量较低。②鸡肉提供多种必需氨基酸，这些氨基酸犬猫不能自行合成，必须从食物中摄取。③鸡肉富含B族维生素(如烟酸、维生素B_6和维生素B_{12})，以及磷、硒和钾等矿物质，其中磷的含量是肉类中较高的，适合与高钙饮食搭配。④鸡肉是一种低过敏性的肉类，对于容易过敏的犬猫更为友好。

(3)饲喂要点。鸡肉是犬猫食品中的主要肉类之一，具有较高的蛋白质含量和较低的脂肪含量。饲喂时要确保鸡肉来源新鲜、无激素残留、无抗生素残留以及去除鸡皮和骨头，以防止脂肪摄入过多引起肥胖或犬猫食道被鸡骨头划伤。

鸭肉的营养成分参考(文档)

2. 鸭肉

(1)来源。鸭肉在犬猫食品中因其高蛋白、低脂肪的特点而备受欢迎。鸭子通常在水域生活，因此其肉质细嫩，味道鲜美。

(2)营养价值。①鸭肉是优质蛋白质的来源，对犬猫的肌肉生长和组织修复非常重要。②鸭肉中的脂肪含量相对较低，特别是与红肉相比，这种低脂肪的特性有助于维持犬猫的健康体重。③鸭肉富含B族维生素和维生素E，B族维生素在犬猫的新陈代谢过程中发挥着重要作用，维生素E能够有效提高细胞的抗氧化能力，减少炎症。④鸭肉还含有铁、锌、磷等矿物质，对犬猫的骨骼和血液健康有益。⑤鸭肉在中兽医学理论中具有清凉去火的作用，有助于缓解犬猫的热性疾病和泪痕问题。

(3)饲喂要点。鸭肉与鸡肉类似，也是犬猫食品中常用的肉类。它富含蛋白质和必需氨基酸，同时脂肪含量较低。饲喂时要注意选择新鲜、无药物残留的鸭肉，并去除鸭皮和骨头。鸭肉有助于维持犬猫的心血管健康，尤其适合需要控制脂肪摄入或容易上火的犬猫。

鹅肉的营养成分参考(文档)

3. 鹅肉

(1)来源。鹅肉在犬猫食品中因其高蛋白、低脂肪、低胆固醇的特点而受到青睐。鹅肉质地鲜美，口感细腻。

(2)营养价值。①鹅肉是优质蛋白质的良好来源，有助于犬猫的肌肉生长和维持健康。②鹅肉中的脂肪含量相对较低，且胆固醇含量也较低，有助于犬猫维持心血管健康。③鹅肉中的不饱和脂肪酸含量较高，特别

是亚麻酸等对犬猫健康有益的多不饱和脂肪酸。④鹅肉还含有钙、磷、维生素 A 等多种矿物质和维生素，对犬猫的骨骼、视力和免疫功能有益。

（3）饲喂要点。鹅肉相对较少用于犬猫食品，但其营养价值与鸡肉、鸭肉相似。饲喂鹅肉时，要确保其来源新鲜、无污染，并去除鹅皮和骨头。鹅肉适合需要控制脂肪和胆固醇摄入的犬猫食用，特别是老年犬猫或需要关注心血管健康的犬猫。

4. 猪肉

（1）来源。猪肉主要来源于规模养殖的生猪，不同部位的猪肉营养成分和口感各有特点。

（2）营养价值。①猪肉含有适中的蛋白质和脂肪，为犬猫提供能量和维持健康。②猪肉是铁的良好来源，有助于预防犬猫贫血。③猪肉富含维生素 B_1（硫胺素）和维生素 B_6，对犬猫神经系统的正常运行至关重要。④猪肉适口性好，许多犬猫都喜欢猪肉的味道和质地，因此它们可能更愿意食用含有猪肉的犬猫食品，这有助于提高犬猫的食欲和营养摄入量。⑤对于幼犬、老年犬等需要特殊营养的犬猫来说，猪肉可以提供适合它们需求的营养物质。

猪肉的营养成分参考（文档）

（3）饲喂要点。猪肉在犬猫食品中的应用相对较少，主要是因为猪肉中的脂肪含量较高，且可能含有旋毛虫等寄生虫。饲喂猪肉时，应选择新鲜、无药物残留的瘦肉部分，并去除猪皮和骨头。此外，摄入过量可能导致犬猫肥胖和心血管疾病等健康问题。

5. 牛肉

（1）来源。牛肉通常来源于草饲或谷饲的牛，不同部位的牛肉营养成分和口感略有差异。

（2）营养价值。①牛肉含有高质量的蛋白质，且氨基酸含量均衡，有助于犬猫肌肉的生长和维护，是提高免疫力的最佳食材。②牛肉是铁和锌的优质来源，这些矿物质对犬猫免疫系统和骨骼健康至关重要。铁可以增加红细胞的合成能力，促进造血功能，给妊娠期或哺乳期的母犬饲喂牛肉可以降低贫血的风险，提高幼犬的免疫力。③牛肉中的肌酸和磷脂有助于犬猫维持肌肉功能和脑部健康。

牛肉的营养成分参考（文档）

（3）饲喂要点。牛肉对于犬猫的生长发育、肌肉维持以及免疫系统功能有着重要作用。饲喂牛肉时，要确保其来源新鲜、无激素残留、无抗生素残留，并去除牛筋和肥肉部分。牛肉也是犬过敏概率最高的肉类，所以初次给犬饲喂牛肉时要注意观察，确认没有不良反应才可以放心饲喂。

6. 羊肉

（1）来源。羊肉主要来源于绵羊和山羊，不同部位的羊肉营养成分和口感有所不同。

（2）营养价值。①羊肉是营养全面的食品，含有犬猫所需的各种营养素，包括蛋白质、脂肪、维生素和矿物质。②羊肉的脂肪和蛋白质结构使其易于消化，适合消化系统较弱的犬猫。③羊肉含有适量的必需脂肪酸，有助于维护犬猫皮肤和毛发的健康。④羊肉可以增强体质，提高免疫力，对于需要增强体力和抵抗力的犬猫来说是一个很好的选择。

羊肉的营养成分参考（文档）

（3）饲喂要点。羊肉在犬猫食品中的应用相对较少，但其营养价值与牛肉相似。饲喂羊肉时，要选择新鲜、无药物残留的羊肉，并去除羊皮和骨头。注意羊肉属于温性食物，饲喂过多有可能引起犬上火，尿液颜色变深，眼部分泌物过多等现象。

7. 鱼肉

鱼肉的营养成分参考(文档)

(1)来源。鱼肉来源广泛,包括三文鱼、鳕鱼、鲈鱼、鲑鱼等淡水鱼或海水鱼。

(2)营养价值。鱼肉也含有高质量的蛋白质、优质脂肪、维生素D以及磷、硒等矿物质。我们熟知的三文鱼富含ω-3脂肪酸,能改善犬猫心脏功能,对保护心血管健康至关重要。同时,ω-3脂肪酸有助于维护犬猫的皮肤健康、降低血压、炎症和减少肌肉损失。三文鱼还含有丰富的虾青素,是非常珍贵的抗氧化成分,有助于提高免疫力。鳕鱼含有丰富的蛋白质,脂肪含量非常低,是一种非常理想的低脂食材,特别适合减肥的犬猫。

(3)饲喂要点。饲喂鱼肉时,要选择新鲜、无污染的鱼类,并去除鱼头和鱼骨。此外,要注意控制鱼肉的摄入量,避免过多的脂肪摄入,尤其是猫对金枪鱼的摄入过量,容易引起脂肪组织炎。

总的来说,在选择犬猫肉类食品原料时,除考虑其营养价值外,需要关注原料的新鲜度、来源以及安全性。同时,根据犬猫的年龄、健康状况和口味偏好,合理搭配不同种类的肉类食品原料,以确保犬猫获得全面均衡的营养。

二、犬猫食品中常见的动物性副产品的营养价值

犬猫食品中常见的动物性副产品包括肉类副产品、骨骼副产品和内脏副产品等。这些副产品来源于食品加工行业,通常是人类食品生产过程中产生的剩余物。

1. 肉类副产品

肉粉的营养成分参考(文档)

(1)来源。肉类副产品主要来源于肉类加工过程中剩余的部分,如肉块、碎肉、皮、脂肪等。这些副产品可能来自不同的动物种类,如牛肉、猪肉、禽肉等。

(2)营养价值。肉类副产品富含蛋白质、脂肪和矿物质等营养成分。它们是犬猫食品中的重要蛋白质来源,可以提供犬猫所需的必需氨基酸。同时,脂肪含量较高,可以为犬猫提供能量。

(3)饲喂要点。在使用肉类副产品作为犬猫食品原料时,需要注意其新鲜度和质量。避免使用过期或变质的副产品,以免对犬猫健康造成危害。此外,由于肉类副产品的脂肪含量较高,需要注意控制犬猫食品中的脂肪含量,避免犬猫摄入过多的脂肪导致肥胖或其他健康问题。

2. 骨骼副产品

肉骨粉的营养成分参考(文档)

(1)来源。骨骼副产品主要来源于动物加工过程中的骨头、骨髓和骨骼碎片等。这些副产品通常来自大型动物,如牛、猪等。

(2)营养价值。骨骼副产品富含钙、磷等矿物质,对犬猫的骨骼和牙齿发育有重要作用。同时,骨髓中还含有丰富的脂肪和蛋白质等营养成分。

(3)饲喂要点。在使用骨骼副产品作为犬猫食品原料时,需要注意其研磨程度和安全性。骨头碎片过大或锋利可能会伤害犬猫的消化道,因此需要将骨头破碎或研磨成适当大小的颗粒。此外,由于骨骼副产品中矿物质含量较高,需要注意控制犬猫食品中的钙磷比例,以避免对犬猫健康造成负面影响。

3. 内脏副产品

肝脏的营养成分参考(文档)

(1)来源。内脏副产品主要来源于动物加工过程中的内脏器官,如肝、肺、心、肾等。这些副产品通常来自不同种类的动物。

(2)营养价值。内脏副产品含有丰富的维生素、矿物质和蛋白质等营养成分。其中,肝脏是富含维生素 A 的重要来源,对犬猫的视力和免疫力有重要作用。其他内脏器官也含有不同种类的营养成分,可以满足犬猫多样化的营养需求。

(3)饲喂要点。在使用内脏副产品作为犬猫食品原料时,需要注意其新鲜度和质量。避免使用病变或变质的内脏副产品,以免对犬猫健康造成危害。此外,由于内脏副产品的营养成分较为丰富,需要注意控制犬猫食品中的营养成分比例,避免犬猫摄入过多的某种营养成分导致健康问题。

总的来说,动物性副产品是犬猫食品的重要原料之一,可以为犬猫提供多样化的营养成分。但在使用这些原料时,需要注意其来源、新鲜度和质量,并控制犬猫食品中的营养成分比例,以确保犬猫的健康和安全。

三、犬猫食品中肉类及其副产品食品原料的选用要点

在选择犬猫食品中的肉类及其副产品时,有几个关键点需要我们重点关注。

1. 新鲜度和质量

确保犬猫食品中肉类及其副产品的新鲜度是非常重要的。变质或贮藏不当的肉类可能会导致食物中毒或其他健康问题。选择信誉良好的供应商,并检查产品的生产日期和保质期。

2. 来源和种类

关注犬猫食品中肉类及其副产品的来源和种类也很重要。优先选择来自健康、无疾病且未使用过多激素和抗生素的动物。同时,不同种类的肉类及其副产品提供的营养成分和营养价值有所不同,因此需要根据犬猫的具体需求来选择。

3. 营养成分

肉类及其副产品是犬猫食品中的重要营养来源,因此需要考虑其营养成分。例如,蛋白质、脂肪、矿物质和维生素等营养成分的含量和比例应该与犬猫的营养需求相匹配。

4. 加工方式

犬猫食品中肉类及其副产品的加工方式也会影响其营养价值和安全性。优先选择经过适当加工、无添加剂和无防腐剂的产品。避免选择过度加工或含有大量化学添加剂的产品。

5. 适口性

犬猫的口味偏好也是选择肉类及其副产品时需要考虑的因素。选择犬猫喜欢且对其健康有益的肉类及其副产品,可以提高犬猫的食欲和营养摄入。

6. 安全性

确保犬猫食品中肉类及其副产品的安全性是至关重要的。避免选择可能含有有害细菌、病毒或寄生虫的产品。同时,注意检查产品的包装和标签,确保其符合相关法律法规和标准。一些以肉类为主的罐头类产品,应注意肉毒杆菌的感染,肉毒杆菌能够在厌氧的环境中生存,

且具有很强的毒性，应注意辨别优质的犬猫罐头产品，应做好消毒灭菌处理。

总的来说，选择肉类及其副产品作为犬猫食品时，需要综合考虑其新鲜度、来源、营养成分、加工方式、适口性和安全性等多个因素。选择高质量、安全可靠的肉类及其副产品，可以为犬猫提供全面均衡的营养，促进其健康成长。

课后任务

设计一款犬猫肉类食品或肉类副产品食品

(一) 任务描述

在课后，利用所学的知识和技能，设计一款犬猫肉类食品或肉类副产品食品。具体任务如下。

(1) 确定目标犬猫。选择一种目标犬猫，如幼犬或幼猫等，并考虑其年龄、体形、健康状况等因素。

(2) 制订基本配方。根据目标犬猫的营养需求和口味偏好，制订合适的肉类食品或肉类副产品食品配方。配方应包括主要成分（如肉类、动物性副产品）、辅助成分（如维生素、矿物质）和加工方法。

(二) 任务要求

为所设计的犬猫肉类食品或肉类副产品食品撰写一份详细的说明书，包括产品名称、成分表、营养成分分析、使用方法、注意事项等。

课后延学

讨论犬猫吃生食好还是熟食好

对于犬猫吃生食好还是熟食好的问题，其实并没有一个绝对的答案，因为不同的犬猫有不同的饮食需求和偏好，同时也需要考虑到食品安全和卫生等因素。

(1) 支持生食喂养犬猫的观点：认为生食可以提供更加天然和完整的营养成分，包括酶、益生菌等有益物质，有助于犬猫的消化和吸收。同时，生食喂养也被认为可以增强犬猫的免疫力和抵抗力，预防一些疾病的发生。但是，生食喂养也存在一定的风险，如可能携带细菌、病毒或寄生虫等微生物，对犬猫的健康造成威胁。此外，生食喂养需要宠物主人具备一定的食品安全知识和饲养经验，以确保食品的新鲜度和卫生质量。

(2) 支持熟食喂养犬猫的观点：认为通过烹饪处理可以杀死食物中的细菌和寄生虫等微生物，保证犬猫的饮食安全。同时，熟食喂养也可以使食物中的营养成分更容易被犬猫消化吸收和利用。但是，烹饪过程中可能会破坏一些营养成分，如维生素和酶等，同时也可能添加一些调味品和添加剂等对犬猫健康不利的物质。

因此，在选择犬猫食品时，需要根据犬猫的具体情况和需求来综合考虑。如果宠物主人具备足够的食品安全知识和饲养经验，可以尝试给犬猫提供新鲜、卫生的生食，但需要注意控制食品的质量和数量，避免对犬猫的健康造成威胁。如果宠物主人无法确保生食的安全性和卫生质量，或者犬猫本身存在消化系统问题、免疫力低下等情况，建议选择熟食喂养，并确保食品的营养均衡和卫生安全。此外，宠物主人应当定期带犬猫去宠物医院进行健康检查，以确保犬猫的健康状况良好。

课后练习

一、单选题

1. 以下哪种肉类食品原料适合作为犬猫的主要蛋白质来源？（　　）
A. 猪肉　　B. 牛肉　　C. 羊肉　　D. 禽肉
2. 犬猫食品中常作为副产品使用的是哪种肉类？（　　）
A. 猪肝　　B. 牛心　　C. 鸡脚　　D. 鸭舌
3. 以下哪种肉类食品原料的脂肪含量较高，适合需要额外脂肪摄入的犬猫？（　　）
A. 鸡胸肉　　B. 瘦牛肉　　C. 鸭肉　　D. 瘦羊肉
4. 犬猫食品中鱼类原料和畜禽类肉类原料的区别在于什么？（　　）
A. 鱼类更容易变质　　B. 鱼类脂肪含量更高
C. 鱼类味道更重　　D. 鱼类蛋白质含量更丰富
5. 选用犬猫肉类食品原料时，应优先选择哪种？（　　）
A. 外观颜色鲜艳的　　B. 脂肪含量较高的
C. 蛋白质含量丰富的　　D. 价格相对低廉的

二、判断题

1. 犬猫肉类食品原料中，脂肪含量越高，营养价值就越高。（　　）
2. 所有的动物副产品都适合作为犬猫食品的成分。（　　）
3. 犬猫喂食肉类食品原料时，不需要考虑其脂肪含量。（　　）
4. 犬猫肉类食品原料中，蛋白质含量越高，对犬猫的健康越有利。（　　）
5. 鱼肉是犬猫肉类食品原料中唯一含有 ω-3 脂肪酸的来源。（　　）

三、简答题

1. 简述选用犬猫肉类食品原料时需要考虑的因素。
2. 举例说明哪些肉类及其副产品可以作为犬猫食品的优质蛋白质来源。

任务四　乳类及乳制品食品原料特点及选用要点

课前任务

开展关于犬猫乳类及乳制品食品原料的课前调研

（一）任务目的

通过本次课前任务，更好地了解乳类及乳制品食品原料的市场情况、营养成分和加工方法，为课堂上的学习和讨论做好准备。

乳类及乳制品食品原料特点及选用要点（视频）

（二）任务描述

在上课前，完成以下任务，以便更好地了解犬猫食品中的乳类原料。

（1）查找并理解什么是乳类及乳制品食品原料，如牛奶、羊奶等，并了解它们在犬猫食品中的应用。

(2)整理调研信息，列出至少三种乳类食品原料的主要营养成分，如蛋白质、脂肪、矿物质和维生素等。

(三)任务要求

将调研结果做成 PPT，包括文字描述、图表、图片等，以便在课堂上进行展示和讨论。

一、犬猫食品中常见的乳类食品原料的营养价值

牛奶的营养成分参考(文档)

1. 牛奶

(1)来源。牛奶是最常见的哺乳动物乳类，来源于乳用牛。

(2)营养价值。

①蛋白质：牛奶含有高质量的蛋白质，包括乳清蛋白和酪蛋白，这些蛋白质对于犬猫的生长、发育和肌肉维护至关重要。

②脂肪：牛奶中的脂肪含量适中，以饱和脂肪酸为主，同时也含有一些单不饱和脂肪酸和多不饱和脂肪酸，为犬猫提供必要的能量和脂肪酸。

③矿物质：牛奶是钙、磷、钾等矿物质的优质来源，这些矿物质对于犬猫骨骼和牙齿的健康至关重要。

④维生素：牛奶富含维生素 A、维生素 D 和 B 族维生素，这些维生素对犬猫的免疫力、代谢和神经功能都有重要作用。

(3)应用价值。牛奶通常被用作犬猫食品中的营养补充品，以增加食品的口感和营养价值。由于某些犬猫可能对牛奶中的乳糖成分敏感，且牛奶中的乳糖含量较高，故在添加牛奶时需要适量，并注意观察犬猫的反应。

羊奶的营养成分参考(文档)

2. 羊奶

(1)来源。羊奶来源于乳用山羊或乳用绵羊。

(2)营养价值。

①蛋白质：羊奶的蛋白质含量与牛奶相似，但某些氨基酸的组成可能更易于犬猫消化和吸收。

②脂肪：羊奶的脂肪含量略高于牛奶，含有更多的中链脂肪酸，有助于提高犬猫的脂肪代谢和能量产生。

③矿物质：羊奶中的矿物质含量与牛奶相近，且某些矿物质的生物利用率可能更高。

④维生素：羊奶的维生素含量与牛奶相似，且某些维生素的含量可能更高，如维生素 C。

(3)应用价值。羊奶通常被用作犬猫食品中的替代乳源，因其乳糖含量比较接近于犬母乳中的乳糖含量，所以尤其适合对牛奶成分敏感的犬猫。羊奶的脂肪含量较高，因此在制作高脂肪含量的犬猫食品时更受欢迎。

3. 骆驼奶

(1)来源。骆驼奶来源于双峰骆驼或单峰骆驼。

(2)营养价值。

①蛋白质：骆驼奶的蛋白质含量与牛奶相似，但其氨基酸组成独特，可能更适合某些犬猫。

②脂肪：骆驼奶的脂肪含量较低，但含有更多的不饱和脂肪酸，对犬猫的心血管健康有益。

③矿物质：骆驼奶富含铁、钙、钾等矿物质，对犬猫的血液健康、骨骼和牙齿发育有重要作用。

④维生素：骆驼奶含有丰富的B族维生素和维生素C，对犬猫的免疫力和抗氧化能力有重要作用。

(3)应用价值。骆驼奶在犬猫食品中的应用有限，但在特定情况下，它能提供一种有益的营养补充。由于骆驼奶的脂肪和糖类含量较高，在使用时应该严格控制摄入量，避免影响犬猫的健康。

二、犬猫食品中常见的乳制品食品原料的营养价值

1.奶粉

(1)来源。奶粉是鲜乳通过喷雾干燥法制成的粉末。

(2)营养价值。奶粉保留了原奶中大部分的蛋白质、脂肪、矿物质和维生素等营养物质，易于消化吸收，对犬猫的健康维持、生长和繁殖都有良好的作用。

奶粉的营养成分参考(文档)

(3)应用价值。奶粉易于进一步调配加工、贮藏和运输，适合各年龄段的犬猫食用。需要注意的是，不同种类的犬猫对奶粉的耐受性和需求可能会有所不同。有些犬猫可能对某些类型的奶粉成分敏感。同时，奶粉也不应作为犬猫的主要食物来源，而应作为营养补充品或辅助食品使用，如市场常见的宠物羊奶粉可以作为犬猫的营养补充剂。

2.奶酪

(1)来源。奶酪是由牛奶或其他动物的乳汁经过发酵、凝固和脱水制成的食品。营养特别丰富，有“奶黄金”之称。

(2)营养价值。

①蛋白质：奶酪是高蛋白食品，其中的蛋白质经过发酵后更易于犬猫消化和吸收。

奶酪的营养成分参考(文档)

②脂肪：奶酪的脂肪含量较高，主要为饱和脂肪酸和单不饱和脂肪酸，同时也含有一些必需的脂肪酸。

③矿物质：奶酪是钙和磷的良好来源，这些矿物质对犬猫的骨骼和牙齿健康非常重要。

④维生素：奶酪中含有多种维生素，如维生素A、维生素D和B族维生素。

(3)应用价值。奶酪通常被用作犬猫食品中的调味剂或添加剂，以增加食品的口感和营养价值。由于奶酪的脂肪含量较高，故在添加时需要适量，避免犬猫摄入过多的脂肪。在犬猫的烘焙食品制作中，常用羊奶酪制作奶酪小饼干。在选择奶酪产品的时候，尽量选择原味、无添加剂的奶酪产品。

3.乳清粉

(1)来源。乳清粉是制作奶酪时的副产品，它是从牛奶中分离出酪蛋白后剩下的液体部分经过干燥得到的。

(2)营养价值。

①蛋白质：乳清粉是高质量的蛋白质来源，特别是含有高比例的支链氨基酸，这些氨基酸对犬猫的肌肉生长和恢复非常重要。

乳清粉的营养成分参考(文档)

②乳糖：乳清粉含有一定量的乳糖，这对于某些犬猫可能是一个能源来源，但对于乳糖不耐受的犬猫可能会导致消化问题。

③矿物质：乳清粉含有钙、磷、钾等矿物质，对犬猫的骨骼和牙齿健康有益。

(3)应用价值。乳清粉通常被添加到犬猫食品中以增加蛋白质含量，改善食品的口感和风味，同时也有助于提高食品的营养价值。

奶油的营养成分参考(文档)

4. 动物奶油

(1)来源。奶油是从牛奶中分离出的高脂肪部分。

(2)营养价值。

①脂肪：奶油的脂肪含量极高，主要为饱和脂肪酸，为犬猫提供大量的能量。

②维生素：奶油是脂溶性维生素的良好来源，如维生素 A、维生素 D、维生素 E 和维生素 K。

(3)应用价值。奶油主要用于制作高脂肪含量的犬猫食品，如犬猫零食或特殊营养需求的犬猫食品。由于脂肪含量高，添加时需要特别注意控制好添加量，以防止犬猫摄入过多的脂肪。

酸奶的营养成分参考(文档)

5. 酸奶

(1)来源。酸奶是由牛奶经过乳酸菌发酵制成的食品。

(2)营养价值。

①蛋白质：酸奶中含有与牛奶相似的蛋白质。

②益生菌：酸奶中含有大量的活性乳酸菌，这些益生菌有助于改善犬猫的肠道健康，促进消化。

③维生素：酸奶中的维生素含量与牛奶相近，但由于发酵过程，某些维生素的含量可能有所增加。

(3)应用价值。酸奶可以作为犬猫零食或添加到犬猫的主食中，以增加食品的口感和营养价值，同时也有助于改善犬猫的肠道健康。但是在选择酸奶产品的过程中，应注意一些标注了“酸奶饮料”的饮品，通常加入了大量的糖和食品添加剂，不适合犬猫食用，应选择生牛乳自然发酵的酸奶进行饲喂。

三、犬猫食品中乳类及乳制品食品原料的选用要点

在犬猫食品中乳类及乳制品作为重要的营养来源，选用乳类及乳制品饲喂犬猫时需要掌握以下几个要点。

1. 营养成分

乳类及乳制品的营养成分是最重要的考虑因素。优质的乳类及乳制品应含有高质量的蛋白质、脂肪、矿物质和维生素，以满足犬猫不同生长阶段和生理状态的需求。例如，幼龄犬猫需要更多的蛋白质和能量来支持其生长，而老年犬猫则可能需要更多的钙和其他矿物质来维持健康。

2. 新鲜度与保存性

乳类及乳制品的新鲜度和保存性也是需要考虑的因素。新鲜的乳类及乳制品含有更多的活性成分和营养成分，对犬猫的健康更有益。同时，保存性良好的乳类及乳制品可以确保在运输和贮藏过程中不会变质，保证产品的品质。

3. 犬猫适应性

不同的犬猫对乳类及乳制品的适应性不同。有些犬猫可能对某些乳类成分敏感或不耐受，因此在选择乳类及乳制品时，需要根据犬猫的具体情况来选择适合的产品。例如，一些犬猫可能会出现乳糖不耐受的情况，这种情况下就需要选择低乳糖或无乳糖的乳制品。

4. 来源与质量

乳类及乳制品的来源和质量是需要考虑的因素。优质的乳类及乳制品应来自健康的动物，且在加工过程中保持卫生和质量。同时，产品的生产过程也应符合相关法律法规和标准，以确保产品的安全性和质量。

5. 经济性

经济性也是需要考虑的因素。在选择乳类及乳制品时，需要在保证产品质量和犬猫健康的前提下，尽量控制成本，提高产品的竞争力。

总的来说，选用犬猫食品中的乳类及乳制品食品原料时，需要综合考虑营养成分、新鲜度与保存性、适应性、来源与质量以及经济性等因素，以确保产品的品质和安全性，满足犬猫的营养需求。

课后任务

为犬猫设计一套乳类或乳制品饲喂方案

（一）任务描述

在设计饲喂方案时，首先，需要确定目标犬猫群体的种类、年龄、性别、体形、健康状况等基本信息。其次，根据这些信息，深入研究和分析该犬猫群体的营养需求、消化能力、食物偏好等特点。最后，选择适合该犬猫群体的乳类或乳制品，如牛奶、羊奶、骆驼奶、犬奶粉、猫奶粉等，并根据其营养成分和犬猫需求确定饲喂频率、饲喂量和饲喂方式。此外，还需要考虑饲喂时间、饲喂量、与其他食物的搭配等因素，以确保饲喂方案的全面性和合理性。

（二）任务要求

(1)全面了解犬猫群体。深入研究目标犬猫群体的特点，包括其生理结构、生长阶段、健康状况等，以确保设计的饲喂方案能够满足其实际需求。

(2)科学选择乳类或乳制品。根据犬猫的营养需求和消化能力，选择适合的乳类或乳制品，确保犬猫能够获得全面、均衡的营养。

(3)饲喂方案合理可行。饲喂方案应考虑到犬猫的生活习惯和饲养环境，确保方案在实际操作中具有可行性和便利性。

(4)注重健康与安全。在设计饲喂方案时，应关注乳类或乳制品的质量和安全性，避免使用过期、变质或不合格的产品，确保犬猫的健康。

(5)提供清晰的饲喂指导。在方案中应提供详细的饲喂指导，包括饲喂时间、饲喂量、饲喂方式等，以便宠物主人能够轻松、准确地执行饲喂计划。

(6)考虑个体差异。在设计饲喂方案时，应考虑到犬猫个体之间的差异，如体重、健康状况等，提供个性化的饲喂建议。

(7)与宠物医生或宠物营养师合作。在设计饲喂方案时，可以向宠物医生或宠物营养师咨询,以确保方案的科学性和有效性。

(8)将设计好的饲喂方案撰写成报告,要求不少于300字。

课后延学

哪些犬猫不能饮用牛奶?

不是所有的犬猫都能喝牛奶,特别是那些幼小的、体质较弱的或者具有特殊健康要求的犬猫。以下是一些不能饮用牛奶的犬猫类型。

(1)幼小犬猫。幼小犬猫通常无法消化牛奶中的乳糖,因为它们的身体还没有产生足够的乳糖酶。这可能导致腹泻、呕吐和其他消化问题。

(2)乳糖不耐受的犬猫。有些犬猫,无论年龄大小,都可能对乳糖有不耐受性,如吉娃娃犬、贵宾犬、波斯猫和暹罗猫等。这些犬猫在摄入牛奶后可能会出现腹泻、呕吐、腹痛和其他消化不适的症状。

(3)体质较弱的犬猫。体质较弱的犬猫,尤其是那些正在康复或患有疾病的犬猫,可能无法处理牛奶中的成分,加重它们的病情。

(4)对牛奶成分过敏的犬猫。尽管较少见,但有些犬猫对牛奶中的某些成分过敏,对犬猫的健康造成较大的影响,甚至可能危及生命。

总的来说,如果你不确定你的犬猫是否可以饮用牛奶,最好咨询宠物医生。对于大多数犬猫来说,犬猫专用的羊奶粉或其他适合犬猫年龄和健康状况的犬猫食品是更好的选择。即使犬猫可以饮用牛奶,也应适量给予,避免过量引起消化问题。

课后练习

一、单选题

1.犬猫食品中常用的乳类食品原料主要包括哪些?( )

A.牛奶、羊奶　　B.豆奶、椰奶

C.牛奶、豆奶　　D.羊奶、椰奶

2.对于乳糖不耐受的犬猫,应该避免哪种乳类食品原料?( )

A.豆奶　　B.羊奶　　C.牛奶　　D.所有以上选项

3.下列哪种乳制品适合作为犬猫零食?( )

A.奶酪　　B.酸奶　　C.奶油　　D.所有以上选项

4.犬猫乳制品中,哪种成分有助于犬猫骨骼健康?( )

A.蛋白质　　B.脂肪　　C.钙　　D.维生素

5.在选择犬猫乳类及乳制品食品原料时,以下哪项不是考虑因素?( )

A.犬猫的年龄　　B.犬猫的健康状况

C.乳制品的保质期　　D.乳制品的颜色

二、判断题

1.乳类及乳制品是犬猫成长过程中的重要营养来源。( )

2.任何犬猫都可以无限制地喂食乳类及乳制品。( )

3.乳类及乳制品中的乳糖对犬猫健康总是有益的。( )

4.乳类及乳制品的选择不需要考虑犬猫的个体差异。（ ）

5.乳类及乳制品中的蛋白质是犬猫生长和修复组织所必需的营养物质。（ ）

三、简答题

1.简述选择犬猫乳类及乳制品食品原料时应该注意的事项。

2.犬猫食用乳类及乳制品可能出现哪些不良反应？如何应对？

任务五 蛋类食品原料特点及选用要点

课前任务

蛋类食品原料特点及选用要点（视频）

开展关于犬猫食品中蛋类食品原料应用的市场调研

（一）任务描述

对蛋类食品原料在犬猫食品市场中的应用情况进行调研，具体任务如下。

（1）调研目前犬猫食品市场上哪些产品使用了蛋类食品原料，以及这些产品的销量和口碑如何。

（2）分析蛋类食品原料在犬猫食品中的添加形式（如全蛋、蛋黄、蛋清、蛋粉等）以及添加比例。

（3）了解消费者对犬猫食品中添加蛋类食品原料的接受程度和期望。

（4）收集关于蛋类食品原料在犬猫食品中应用的相关法律法规和标准。

（二）任务要求

通过实地考察、网络调查、问卷调查等多种方式进行调研，确保数据的真实性和可靠性。

提交一份市场调研报告，总结调研结果，并分析蛋类食品原料在犬猫食品市场中的应用趋势和前景。调研报告应以图表和文字相结合的方式呈现，以便清晰地展示调研数据和分析结果。

一、犬猫食品中蛋类食品原料及营养价值

犬猫食品中的蛋类食品原料主要包括鸡蛋、鸭蛋和鹌鹑蛋等，它们各自拥有独特的营养价值和特点。蛋类的蛋黄中含有丰富的卵磷脂，可以滋养犬猫的被毛，使其被毛更加亮丽，可以作为卵磷脂的补充食物，但是要注意胆固醇的含量。蛋壳的主要成分是碳酸钙，蛋壳磨成粉后拌在食物中饲喂，可以补充钙。

1.鸡蛋

鸡蛋的营养成分参考（文档）

（1）营养价值。鸡蛋中含有丰富的蛋白质，蛋白质的平均含量约为12.7%，氨基酸品质很好，犬猫能够很好地消化吸收，营养丰富，是很理想的食物。这些蛋白质中的氨基酸对于犬猫的身体组织生长至关重要，包括肌肉、毛发、骨头和器官等。此外，鸡蛋还含有硫胺素、天然脂肪、维生素 A、维生素 B_{12}、维生素 D 等必需的营养素。

(2)应用价值。鸡蛋作为犬猫食品的重要成分,能够为犬猫提供全面均衡的营养,有助于犬猫的健康成长。在给犬猫喂食鸡蛋时,应当确保鸡蛋已经煮熟,避免可能的细菌感染。

2. 鸭蛋

(1)营养价值。鸭蛋中的碳水化合物含量与鸡蛋相当,但其矿物质含量,如硒、镁、锌、铜、钾、钠、磷、钙和铁等,普遍高于鸡蛋。此外,鸭蛋中的维生素 D 含量是鸡蛋的 6 倍,维生素 A 含量是鸡蛋的 2 倍。鸭蛋还含有丰富的 ω-3 脂肪酸,这是一种对犬猫健康极为有益的不饱和脂肪酸。

鸭蛋的营养成分参考(文档)

(2)应用价值。鸭蛋因其矿物质和维生素含量高,对于提升犬猫食品的营养价值具有重要作用。鸭蛋的价格相对较高,且不如鸡蛋容易获取。

3. 鹌鹑蛋

(1)营养价值。鹌鹑蛋的体积虽小,但其胆固醇含量较高。此外,鹌鹑蛋中铁和钾的含量是鸡蛋的 5 倍,磷和钙的含量也更为丰富。

(2)应用价值。鹌鹑蛋因其矿物质含量高,在提升犬猫食品营养价值方面有着独特的作用。尽管鹌鹑蛋的价格相对较高,但其营养价值丰富使其成为犬猫食品中的优质选择。

鹌鹑蛋的营养成分参考(文档)

总的来说,蛋类是犬猫食品的重要营养来源,它们各自拥有独特的营养成分和优势,可以为犬猫提供全面均衡的营养。在选择犬猫蛋类食品原料时,应根据犬猫的种类、年龄、健康状况等因素,合理搭配不同类型的蛋类食品原料,以确保犬猫获得最佳的营养。

二、犬猫食品中蛋类食品原料的选用要点

在犬猫食品中,蛋类食品原料的选用是一个关键环节,它直接影响犬猫食品的营养价值和安全性。以下是关于犬猫食品中蛋类食品原料选用要点的详细介绍。

1. 新鲜度

犬猫食品中选用蛋类食品原料时要确保原料的新鲜度。新鲜的蛋类食品原料不仅营养价值高,而且口感好,犬猫也更喜欢食用。可以通过观察蛋壳的颜色、质地以及气味等来判断蛋类的新鲜度。一般来说,蛋壳颜色鲜亮、无裂纹、无异味的蛋类食品原料较为新鲜。

2. 安全性

安全性是选用蛋类食品原料时需要考虑的重要因素。要确保所选用的蛋类食品原料无细菌、病毒等污染,避免犬猫食用后出现食物中毒等问题。因此,在选用蛋类食品原料时,应选择来自正规养殖场的产品,避免购买来源不明的蛋类食品原料。

3. 营养价值

蛋类食品原料的营养价值是选用的重要依据。不同种类的蛋类食品原料在营养成分上有所差异,因此在选用时应根据犬猫的营养需要和健康状况来选择合适的蛋类食品原料。例如,对于需要增强免疫力的犬猫,可以选择富含维生素 A、维生素 D 等营养成分的蛋类食品原料。

4. 适口性

适口性也是选用蛋类食品原料时需要考虑的因素。犬猫对于食物的口感和味道有一定的偏好,因此在选用蛋类食品原料时,应选择口感好、味道鲜美的产品,提高犬猫的食欲和摄入量。

5.价格与成本

价格与成本也是选用蛋类食品原料时需要考虑的因素。不同种类的蛋类食品原料在价格上有所差异，因此在选用时应根据犬猫食品的生产成本和市场需求来选择合适的蛋类食品原料。同时，也要注意控制成本，避免过高的成本导致犬猫食品的价格过高，影响市场竞争力。

总的来说，选用犬猫食品中的蛋类食品原料时，需要综合考虑新鲜度、安全性、营养价值、适口性以及价格与成本等因素，确保所选用的蛋类食品原料既符合犬猫的营养需要，又能保证食品的安全性和口感。

课后任务

设计一款创新的犬猫蛋类食品

（一）任务描述

结合课前调研结果和所学知识，设计一款创新的犬猫蛋类食品。具体任务如下。

(1)确定目标犬猫群体和产品的市场定位。

(2)根据目标犬猫群体的营养需要和口味偏好，设计产品的配方和加工工艺，确保产品既营养又美味。

(3)考虑产品的安全性、稳定性和便捷性，选择合适的包装材料和形式。

(4)为产品设计一个吸引人的品牌形象和营销策略，以便在市场上脱颖而出。

（二）任务要求

分小组设计出具有独特性和竞争力的犬猫蛋类食品。需要提交一份详细的产品设计方案，包括产品的配方、加工工艺、包装设计、品牌形象和营销策略等要点。

方案应以图文并茂的方式呈现，以便直观地展示设计思路和产品特点。下次课进行课堂展示和交流，各小组相互点评和提问议，以便进一步完善产品设计。

课后延学

哺乳期的幼龄犬猫可以吃鸡蛋吗？

一般来说，哺乳期的幼龄犬猫可以吃鸡蛋，但需要注意以下几点。

(1)鸡蛋必须煮熟或蒸熟，以避免犬猫感染沙门菌等细菌。

(2)幼龄犬猫应该控制蛋白的摄入量，因为蛋白中含有一种称为卵白质酶抑制剂的物质，会影响犬猫对蛋白质的吸收，导致某些犬猫出现肠胃不适，影响其身体健康。

(3)应注意适量原则，不要因为犬猫喜欢采食就大量饲喂，以免引起消化不良或腹泻等问题。

(4)如果犬猫有过敏史或消化系统问题尚未治愈，应该在宠物医生的指导下适量喂食鸡蛋。

总的来说，鸡蛋是一种营养丰富的食品，可以为幼龄犬猫提供必要的营养，但需要注意适量食用和煮熟。

课后练习

一、单选题

1.哪种蛋类食品原料含有较高的蛋白质和必需氨基酸?(　　)

A.鸭蛋　　B.鹌鹑蛋　　C.鹅蛋　　D.鸡蛋

2.犬猫的蛋类食品原料中,哪种蛋的脂肪含量最高?(　　)

A.鹌鹑蛋　　B.鹅蛋　　C.鸡蛋　　D.鸭蛋

3.以下哪种蛋类食品原料的矿物质含量最为丰富?(　　)

A.鸡蛋　　B.鹌鹑蛋　　C.鸭蛋　　D.鹅蛋

4.在为犬猫选择蛋类食品原料时,以下哪项不是考虑因素?(　　)

A.蛋的新鲜度　　B.蛋的价格

C.蛋壳的颜色　　D.蛋的营养成分

5.以下哪种蛋类食品原料的维生素含量最高?(　　)

A.鸡蛋　　B.鸭蛋　　C.鹅蛋　　D.鹌鹑蛋

二、判断题

1.犬猫喂食蛋类食品原料时,无须考虑其消化能力。(　　)

2.蛋类食品原料中,蛋白质的品质和利用率都很高,适合作为犬猫的主要蛋白质来源。(　　)

3.鹌鹑蛋的蛋黄比例较大,因此其营养价值高于其他蛋类。(　　)

4.虽然鹅蛋个头较大,营养价值也很高,但适口性却比较差。(　　)

三、简答题

1.简述选择犬猫蛋类食品原料时,应如何确保蛋的新鲜度?

2.犬猫喂食蛋类食品有哪些潜在的益处和风险?分别列举说明。

任务六　蔬菜瓜果类食品原料特点及选用要点

课前任务

担任一次蔬菜瓜果大侦探

(一)任务描述

犬猫食品中的蔬菜瓜果类原料不仅为犬猫提供了丰富的营养,还增加了食品的口感和多样性。在本次课前任务中,请你扮演一位“蔬菜瓜果大侦探”,在超市或网上宠物食品店寻找含有蔬菜瓜果类原料的犬猫食品,并对其进行调查和分析。

蔬菜瓜果类食品原料特点及选用要点(视频)

(二)任务要求

分小组在超市或网上宠物食品店找到至少3种含有蔬菜瓜果类原料的犬猫食品。查看并记录这些食品的标签,包括食品名称、主要蔬菜瓜果成分、营养成分表等。

分析这些食品中的蔬菜瓜果成分，了解它们喂食犬猫的好处。准备 PPT，在课堂上分享你们小组的发现，并探讨这些蔬菜瓜果原料在犬猫食品中的实际应用。

一、蔬菜瓜果类食品原料的营养价值

1. 胡萝卜

(1)β-胡萝卜素：胡萝卜中丰富的β-胡萝卜素是维生素 A 的优质来源，能在犬的体内转化为维生素 A，对犬的视力、皮肤以及免疫系统有至关重要的作用。

(2)纤维：胡萝卜中含有大量纤维，有助于消化，并可预防便秘。

(3)抗氧化剂：胡萝卜中的β-胡萝卜素是一种强效抗氧化剂，有助于清除体内的自由基，减少氧化应激。

胡萝卜的营养成分参考(文档)

2. 南瓜

(1)纤维：南瓜是纤维的优质来源，有助于调节消化，减少便秘和腹泻。

(2)β-胡萝卜素：南瓜与胡萝卜一样含有丰富的β-胡萝卜素，可转化为维生素 A，对犬视力和免疫系统有益。

(3)钾：有助于维持正常的血压和心脏功能。

南瓜的营养成分参考(文档)

3. 菠菜

(1)铁：菠菜是铁的优质来源，有助于运输氧气至身体的各个部位。

(2)维生素 K：对于骨骼健康和血液凝固非常重要。

(3)维生素 A 和维生素 C：对免疫系统和视力有益。

但是要注意菠菜中草酸的含量较高，草酸易与食物中的钙结合形成草酸钙结晶，应沸水焯过后再给犬吃。

菠菜的营养成分参考(文档)

4. 甘蓝

(1)维生素：甘蓝是多种维生素的优质来源，包括维生素 A、维生素 C 和维生素 K，对犬猫的免疫系统、视力和骨骼健康有益。

(2)叶酸：对犬猫的心血管健康和胎儿发育特别重要。

(3)膳食纤维：有助于维持犬猫肠道健康。

甘蓝的营养成分参考(文档)

5. 苹果

(1)纤维：苹果含有果胶，是一种可溶性纤维，对肠道健康有益。

(2)维生素 C：有助于增强免疫力。

(3)抗氧化剂：苹果中的多种抗氧化物质可以帮助减少自由基的损害。

苹果的营养成分参考(文档)

6. 梨

(1)水分：梨含有大量水分，有助于犬保持水分平衡，特别在干燥或炎热的天气中。

(2)膳食纤维:梨中的膳食纤维有助于促进犬消化,预防便秘。

(3)抗氧化剂:梨含有多种抗氧化物质,可以帮助减少自由基的损害,维护犬的健康。

梨子的营养成分参考(文档)

7. 蓝莓

(1)抗氧化剂:蓝莓富含花青素,是一种强大的抗氧化物质,有助于预防氧化应激和炎症。

(2)维生素 C 和维生素 K:对犬猫健康有益。

(3)纤维:有助于维持肠道健康。

8. 西瓜

(1)水分:西瓜含有大量水分,有助于犬猫在炎热天气保持水分平衡。

(2)维生素 A 和维生素 C:对犬猫健康有益。

(3)抗氧化剂:西瓜中的某些成分具有抗氧化作用,可以帮助减少自由基的损害。

西瓜的营养成分参考(文档)

9. 蔓越莓

(1)尿路健康:蔓越莓使尿液酸化,有助于溶解碱性的磷酸氨镁尿路结石,对预防尿路结石特别有益,尤其对于有过尿路结石病史的猫。

(2)抗氧化剂:蔓越莓含有丰富的抗氧化物质,可以帮助减少自由基的损害,维护犬猫健康。

(3)维生素 C:对犬猫的免疫系统和皮肤健康有益。

10. 香蕉

(1)钾:香蕉是钾的良好来源,对犬猫的心脏健康和肌肉功能至关重要。

(2)膳食纤维:有助于促进犬猫消化,预防便秘。

(3)维生素 B_6:对犬猫的神经系统和代谢健康有益。

香蕉的营养成分参考(文档)

总的来说,蔬菜瓜果类食品原料不仅可以为犬猫提供丰富的营养,还增加犬猫食品的口感和多样性。在选择犬猫食品原料时,应先了解蔬菜瓜果的营养成分,确保这些原料是以新鲜、未加工的形式加入的,以最大程度地保留其营养价值。同时,根据犬猫的年龄、健康状况和口味偏好,选择适合的犬猫食品原料。

二、蔬菜瓜果类食品原料的选用要点

在选择蔬菜瓜果类食品原料制作犬猫食品时,有几个关键的因素需要考虑。

1. 新鲜度和质量

确保原料的新鲜度和质量至关重要。优先选择新鲜采摘、无腐烂、无农药残留的蔬菜瓜果。这些原料含有更高的营养成分,对犬猫的健康更有益。

2. 营养价值

选择富含多种维生素和矿物质的蔬菜瓜果。例如,富含维生素 A 的胡萝卜和菠菜有助于犬猫的视力健康;富含维生素 C 的柑橘类水果和草莓可以增强犬猫的免疫力。

3. 口感和适口性

一些犬猫对某些蔬菜瓜果的口感和味道不感兴趣，因此在选择原料时可以尝试不同的种类和组合，以找到犬猫喜欢的口味。

4. 安全性

确保所选原料对犬猫安全无害，避免使用可能引起过敏或中毒的蔬菜瓜果。例如，某些犬猫可能对某些水果(如葡萄和葡萄干)敏感，应避免食用。同时，也要关注农药残留问题，选择经过无公害种植的蔬菜瓜果，以减少农药残留的风险。如果可能的话，选择有机种植的蔬菜瓜果，这些原料种植通常不使用化学农药和合成肥料。

5. 多样性

在选择蔬菜瓜果类食品原料时，保持多样性可以增加犬猫食品的营养价值和口感。尝试使用不同种类的蔬菜瓜果，以提供犬猫所需的多种营养素。

6. 易于消化

选择易于消化的蔬菜瓜果，有助于犬猫更好地吸收营养。一些蔬菜瓜果(如南瓜和苹果)含有丰富的膳食纤维，有助于促进犬猫消化。

7. 无人工添加物和防腐剂

优先选择无人工添加物和防腐剂的蔬菜瓜果原料，以确保犬猫食品的高质量和安全性。这些添加剂可能对犬猫的健康产生负面影响。

总的来说，在选择犬猫食品中的蔬菜瓜果类食品原料时，需要综合考虑新鲜度、营养价值、口感、安全性、多样性、易于消化、无人工添加物和防腐剂等因素。通过仔细评估和选择，可以为犬猫提供健康、营养丰富的食品。

课后任务

创意蔬菜瓜果类犬猫食品制作

(一) 任务描述

通过课堂的学习，对蔬菜瓜果类原料在犬猫食品中的作用有了更深入的了解。发挥创意，亲自动手制作一款含有蔬菜瓜果类原料的犬猫食品。

(二) 任务要求

分小组选择一种感兴趣的蔬菜瓜果类原料(如西红柿、菠菜、蓝莓、西瓜等)。研究这种原料的营养成分和对犬猫的益处。

设计并制作一款以这种原料为主的犬猫食品。可以是简单的蔬果切片、蔬果泥，或者是创意的蔬果犬猫零食。录制小组制作犬猫食品的视频，并准备在下次课时展示和分享。

课后延学

犬便秘时可以吃香蕉吗

犬便秘时可以吃香蕉。因为香蕉含有大量的膳食纤维，能够充实粪便的容量，促进大肠蠕动，有助于缓解便秘。但是，香蕉只能起到一个辅助的作用，并不能完全依赖香蕉来治疗便秘。如果便秘情况严重，还需要采取其他措施，如调整饮食、增加运动、使用轻泻剂等。此外，不是所有的犬都适合吃香蕉。例如，刚断奶的幼犬由于消化系统尚未发育完全，无法消化香蕉中的纤维；而有心脏疾病、肾脏疾病的犬猫需要限制钾的摄入，所以吃香蕉时需要特别小心。

总的来说，香蕉可以作为辅助手段来缓解犬的便秘情况，但需要根据犬的具体情况来决定是否适合食用，并在必要时咨询宠物医生。

课后练习

一、单选题

1. 以下哪种水果对犬猫来说容易引起消化不适？（　　）

A. 苹果　　B. 香蕉　　C. 葡萄　　D. 西瓜

2. 在犬猫食品中添加蔬菜的主要目的是什么？（　　）

A. 增加口感　　B. 提供蛋白质

C. 提供维生素　　D. 增加饱腹感

3. 以下哪种瓜果类食品对犬猫来说具有天然的抗氧化作用？（　　）

A. 蓝莓　　B. 梨　　C. 柿子　　D. 菠萝

4. 犬猫过量食用以下哪种蔬菜可能会导致腹泻？（　　）

A. 南瓜　　B. 白菜　　C. 韭菜　　D. 蘑菇

二、判断题

1. 所有水果都适合犬猫食用。（　　）
2. 蔬菜中的纤维素对犬猫的消化系统有益。（　　）
3. 犬猫可以食用含有大量果酸的水果。（　　）
4. 某些蔬菜中的天然色素对犬猫健康有积极影响。（　　）
5. 犬猫食用瓜果类原料食品时，不需要考虑其糖分含量。（　　）

三、简答题

1. 为什么某些蔬菜在犬猫食品中需要适量添加？
2. 列出2种适合犬猫食用的含瓜果类原料的食品，并说明它们的营养价值。

任务七　犬猫食品添加剂的选用要点

课前任务

解读犬猫食品标签上的食品添加剂

（一）任务描述

市场上的犬猫食品琳琅满目，如何为犬猫挑选一款合适的食品呢？食品标签上的信息是关键！分小组挑选一款犬猫食品，对其标签上的添加剂成分进行详细解读。

（二）任务要求

使用网络或图书馆资源，查找这些犬猫食品添加剂的功能、来源及安全性信息。分析这些添加剂在犬猫食品中发挥了什么作用？如营养、口感、防腐等。将结果做成PPT，并在课堂上分享。

一、犬猫食品添加剂的概念和分类

1. 犬猫食品添加剂的概念

食品添加剂是指在全价犬猫食品中添加比例为1%～5%，不提供基本能量和蛋白质，但对促进犬猫身体健康、维持正常新陈代谢具有重要作用的一类物质。它们主要用于改善饲粮或某些原料的感官特征、物理特性，满足动物营养需要，或改善动物生长性能和环境。

2. 犬猫食品添加剂的分类

(1)加工工艺类添加剂。这类添加剂主要用于改善饲料的物理特性，如防霉剂、抗氧化剂和乳化剂等。有助于保持食品的新鲜度和稳定性，防止食品在贮藏和运输过程中变质。

(2)感官类添加剂。这类添加剂主要用于改善食品或某些原料的感官特征或视觉特性，如着色剂和香料类添加剂。它们可以增加食品的吸引力，提高犬猫的食欲。

(3)营养性添加剂。这类添加剂是满足犬猫的营养需要而添加的，如微量元素、维生素和氨基酸等。这些添加剂对犬猫的生长和发育至关重要，有助于维持犬猫的健康和活力。

(4)功能性添加剂。这类添加剂旨在改善犬猫的生长性能或环境，如增强犬猫消化率的酶制剂和稳定肠道菌群的益生菌等。它们有助于提高犬猫的消化能力和免疫力，预防疾病。

此外，根据犬猫食品添加剂的功能和用途，还可以将其分为调制剂、调质剂、贮藏剂等。调制剂主要用于改善产品的形状，如黏结剂和抗结块剂等；调质剂则主要用于改善产品的适口性和采食量，如着色剂和诱食剂等；贮藏剂则主要用于防止产品霉变和营养成分氧化失效，如防霉剂和抗氧化剂等。

总的来说，虽然犬猫食品添加剂在犬猫食品中扮演着重要的角色，但它们的使用受到严格的监管和限制。在选择和使用犬猫食品添加剂时，应遵循相关法律法规和标准，确保犬猫的健康和安全。

二、常见犬猫食品添加剂的应用现状

1. 防腐剂

防腐剂在犬猫食品中的应用主要是延长食品的保质期和防止微生物污染。常见的防腐剂包括化学防腐剂和天然防腐剂。

(1)化学防腐剂。如丙酸钠和乙酸钠，它们能够抑制细菌生长和繁殖，从而延长食品的保质期。然而，由于化学防腐剂可能对犬猫健康产生潜在风险，许多宠物食品制造商倾向于使用天然防腐剂。

(2)天然防腐剂。如迷迭香提取物和茶多酚，它们来源于天然植物，对犬猫安全无害。这些天然防腐剂不仅具有防腐作用，还能为犬猫食品增添天然的香气和风味。

2.增味剂与香味剂

增味剂和香味剂在犬猫食品中的应用主要是增加食品的吸引力和提高犬猫的食欲。

(1)肉类提取物。如鸡肉提取物和牛肉提取物，它们含有丰富的氨基酸和肽类化合物，能够增加犬猫食品的鲜美味道，提高犬猫的食欲。

(2)人工合成香精。如乙基麦芽酚和香草醛，它们能够模拟天然香气的味道，使犬猫食品更加诱人。人工香精的使用应适度，避免对犬猫产生负面影响。

3.色素

色素在犬猫食品中的应用主要是改善食品的外观和增加其吸引力。

(1)天然色素。如叶绿素和胡萝卜素，它们来源于天然植物，具有鲜艳的颜色和良好的稳定性。这些天然色素不仅安全无害，还能为犬猫提供额外的营养。

(2)合成色素。如柠檬黄和胭脂红，它们具有鲜艳的颜色和良好的着色效果。由于合成色素对犬猫健康产生潜在风险，许多犬猫食品制造商更倾向于使用天然色素。

4.微量元素添加剂

微量元素添加剂在犬猫食品中的应用主要是满足犬猫对微量元素的需要。

(1)铁添加剂。如硫酸亚铁和血红素铁，它们能够参与血红蛋白的合成，预防犬猫贫血的发生。

(2)锌添加剂。如硫酸锌和氧化锌，它们能够参与多种酶的合成，对犬猫的生长发育和免疫功能具有重要影响。

5.益生菌及益生元的应用

益生菌及益生元在犬猫食品中的应用主要是维护犬猫的肠道健康和提高免疫力。

(1)活性益生菌。如乳酸菌和双歧杆菌，它们能够抑制有害菌的生长和繁殖，维护犬猫肠道的微生态平衡。

(2)益生元。如β-葡聚糖和甘露寡糖，它们能够促进益生菌的生长和繁殖，提高犬猫肠道的免疫力。

6.诱食剂的应用

诱食剂在犬猫食品中的应用主要是增加食品的口感和风味，提高犬猫的食欲。

(1)动物脂肪。如鱼肝油和鱼油，它们含有丰富的脂肪酸和脂溶性维生素，能够增加犬猫食品的口感和营养价值。

(2)植物提取物。如香草提取物和肉桂提取物，它们能够赋予犬猫食品独特的香气和风味，提高犬猫的食欲。

总的来说，犬猫食品添加剂在犬猫食品中的应用现状十分广泛且多样化。这些添加剂在提高犬猫食品质量、延长保质期、增加吸引力以及满足犬猫营养需求等方面发挥着重要作用。在使用这些添加剂时也需要遵循相关法律法规和标准，确保犬猫的健康和安全。同时，犬猫食品制造商还需要不断地研究和开发新的添加剂，以满足不断变化的市场需求和犬猫健康需求。

三、犬猫食品添加剂的选用要点

在选用犬猫食品添加剂时，有几个关键的因素需要考虑。

1. 安全性

所有的犬猫食品添加剂都必须符合相关的食品安全标准和法律法规，确保对犬猫无害。我们应当避免使用对犬猫有毒或可能产生负面影响的添加剂。此外，犬猫食品添加剂的来源和制造过程都应经过严格的审查，确保其符合犬猫食品安全标准。

2. 功能性

犬猫食品添加剂应具有明确的功能性，如增香、防腐、抗氧化、调色等。根据犬猫食品的类型和犬猫的生理需求，选择适当的犬猫食品添加剂。

3. 营养性

某些犬猫食品添加剂，如维生素和矿物质，可以给犬猫提供所需的额外营养。应选择能够提供犬猫必需营养素的犬猫食品添加剂，确保犬猫获得全面均衡的饮食。

4. 适应性

不同犬猫对某些犬猫食品添加剂有不同的反应。因此，在选择添加剂时，应考虑犬猫的品种、年龄、健康状况等因素，避免使用可能引起犬猫过敏或不适的犬猫食品添加剂。

5. 经济性

在满足上述要求的前提下，还需要考虑犬猫食品添加剂的经济性。尤其是犬猫食品生产企业，应选择成本效益高、性能稳定的添加剂，以降低生产成本。

6. 合规性

用于犬猫食品的所有添加剂都应符合我国的法律法规要求。使用犬猫食品添加剂时应及时了解相关法律法规，确保产品的合规性。

7. 可持续性

选择环保、可持续性的犬猫食品添加剂，减少对环境的影响，特别是来源于可再生资源的犬猫食品添加剂，有利于可持续发展。

总的来说，在犬猫食品中使用食品添加剂时，应综合考虑安全性、功能性、营养性、适应性、经济性、合规性和可持续性等因素，确保犬猫食品的质量和安全，满足犬猫的营养需要。

课后任务

探讨维生素C在犬猫食品中的应用

(一) 任务描述

维生素C是一种重要的水溶性维生素，在犬猫食品中经常被用作添加剂。深入分析维生素C在犬猫食品中的应用，探讨其优点和可能存在的缺点，并基于此提出合理的使用建议。

(二) 任务要求

1. 资料收集与分析

收集关于维生素C在犬猫食品中应用的相关资料，包括其作用机制、功能效益、常见的添加形式以及可能存在的安全隐患等。

(1)优点分析提示。分析维生素C在犬猫食品中的主要作用，如提高免疫力、促进胶原蛋白合成、参与氧化还原反应等。同时，探讨维生素C如何改善犬猫食品的营养价值，如提高食品的抗氧化能力、促进犬猫对铁的吸收等。

(2)缺点分析提示。讨论摄入过量维生素C可能对犬猫健康产生的不良影响，如引起腹泻、增加肾结石风险等。同时，分析维生素C在某些特定情况下可能降低犬猫食品的稳定性或适口性的问题。

(3)使用建议提示。基于上述分析，提出合理的维生素C添加量建议，确保犬猫食品的安全性和有效性。此外，针对犬猫种类、年龄和健康状况提出犬猫食品中个性化维生素C的使用建议。

2.报告撰写

将上述分析整合成一份报告，要求报告结构清晰、逻辑严密、内容翔实，并包含适量的图表，要求不少于300字。

课后延学

新型犬猫食品添加剂——植物提取物

近年来，随着人们对犬猫健康和营养的关注度不断提高，越来越多的植物提取物被引入犬猫食品中，以提高犬猫的健康水平和生活质量。

植物提取物在犬猫食品中的主要作用是提高营养价值和健康功能。例如，一些植物提取物富含多种维生素和矿物质，这些营养物质对犬猫的生长和发育非常重要。同时，一些植物提取物还具有抗氧化、抗炎、抗菌等多种生物活性，可以帮助犬猫预防疾病、提高免疫力。

不同的植物提取物在犬猫食品中的应用效果也不同。例如，一些常见的植物提取物如绿茶提取物、蔓越莓提取物、蓝莓提取物等，在犬猫食品中的应用已经得到了广泛的研究和认可。这些植物提取物富含多种生物活性成分，如多酚、黄酮类化合物等，具有抗氧化、抗炎、抗菌等多种作用，可以帮助犬猫预防心血管疾病、癌症、泌尿系统疾病等。

但是，植物提取物作为犬猫食品添加剂也存在一些问题和挑战。首先，不同植物提取物的成分和活性不同，其应用效果和安全性需要进行充分的研究和评估。其次，犬猫食品的配方和加工工艺也需要考虑到植物提取物的特性和作用，确保其能够被犬猫充分吸收和利用。此外，植物提取物的来源和质量也需要得到保证，避免对犬猫造成不良的影响。

总的来说，植物提取物作为犬猫食品添加剂具有广阔的应用前景和重要的应用价值。为了确保其安全有效，需要进行充分的研究和评估，并选择合适的植物提取物、合理的配方及加工工艺，以确保犬猫能够获得最佳的营养和健康效果。

课后练习

一、单选题

1.犬猫食品中添加的营养补充剂主要是增强犬猫的(　　)。

A.娱乐性　　B.观赏性　　C.健康性　　D.社交性

2.以下哪种添加剂主要用于改善犬猫食品的适口性？(　　)

A.防腐剂　　B.色素　　C.香味剂　　D.营养强化剂

3.在选择犬猫食品添加剂时，以下哪项是不需要考虑的因素？(　　)

A.安全性　　B.有效性　　C.观赏性　　D.经济性

4. 下列哪种添加剂主要用于延长犬猫食品的保质期？（　　）

A. 维生素　　B. 防腐剂　　C. 矿物质　　D. 蛋白质补充剂

二、判断题

1. 犬猫食品添加剂的使用必须遵循相关法律法规和标准。（　　）
2. 任何类型的犬猫都可以使用同一种犬猫食品添加剂。（　　）
3. 犬猫食品添加剂只能用于犬猫食品的生产，不能用于人类食品的生产。（　　）
4. 天然的犬猫食品添加剂比合成的更安全。（　　）
5. 犬猫食品添加剂的使用不会影响犬猫食品的营养价值。（　　）

三、简答题

1. 简述在选择犬猫食品添加剂时应考虑的主要因素。
2. 举例说明几种常见的犬猫食品添加剂及其作用。

任务八　犬猫食品常见原料的识别(实训)

一、实训目的

能够熟练掌握犬猫常见原料的特点、营养价值、应用情况。能够识别常见的犬猫食品原料及原料的优劣。

二、实训材料和器材

(1)常见的谷物、豆类犬猫食品原料的实物标本、图片。

(2)常见的蔬菜、瓜果类犬猫食品原料的实物标本、图片。

(3)常见的犬猫食品添加剂。

(4)瓷盘、镊子、放大镜、体视显微镜等。

三、实训步骤

(1)结合食品原料、图片、标本或视频资料，借助放大镜或体视显微镜，识别各种食品原料，并描述其典型特征。

(2)了解上述各种犬猫食品原料的主要营养特征和使用方法。

四、实训考核

本实训考核以小组为单位，考核时从实训材料的准备(20分)、感官识别(30分)、显微镜观察(30分)、结果判定(10分)、实训报告(10分)几方面进行考核评分。

参考文献

[1]丁丽敏.宠物食品加工及质量控制[M].北京:中国农业大学出版社,2023.

[2]陈洁.宠物食品学[M].北京:中国农业出版社,2012.

[3]韩立强.宠物营养与食品[M].北京:中国农业出版社,2012.

[4]韩友文.宠物营养与食品[M].北京:中国农业出版社,2008.

[5]胡新中.宠物食品原料学[M].北京:中国轻工业出版社,2019.

[6]王洪荣.宠物营养需要与食品[M].北京:中国农业科学技术出版社,2008.

[7]王洪荣.宠物营养学[M].北京:中国农业出版社,2010.

[8]熊善柏,赵思明.宠物食品与营养[M]. 北京:中国轻工业出版社,2010.

[9]赵国琦.宠物食品原料及应用[M].北京:中国农业出版社,2015.

[10]张晓鸣.宠物食品营养与加工技术[M].北京:中国轻工业出版社,2014.

[11]陈芳,王恬.宠物食品中植物性蛋白原料的应用[J].中国饲料,2017(13):21-24.

[12]陈华,蒋将.乳制品在宠物食品中的应用研究进展[J].中国食物与营养,2018,24(11):5-9.

[13]陈玲,张秀梅.犬用湿粮罐头加工工艺的研究[J].中国饲料,2016,31(11):26-30.

[14]高峰.谷物原料在宠物食品中的应用及其营养价值分析[J].粮食科技与经济,2019,44(3):45-48.

[15]侯文通,王鹏,张玉昌.宠物食品中肉类原料的选择与应用[J].肉类研究,2017,31(10):55-58.

[16]胡文忠.我国宠物饲料标准体系研究[J].中国饲料,2017,32(23):13-19.

[17]蒋将,熊善柏.宠物食品中抗氧化剂的选用[J].中国饲料,2011,(14):27-30.

[18]李华.宠物配合饲料质量安全现状与对策研究[D].广州:华南农业大学,2015.

[19]李晶,王亚超,张养东,等.宠物食品中乳及乳制品的应用[J].中国乳业,2020,(5):48-52.

[20]李明,王鹏.鸡蛋在宠物食品中的应用及市场前景[J].中国畜牧业,2019(11):64-66.

[21]李伟,张嘉保.大豆在宠物食品中的应用及研究进展[J].粮食与饲料工业,2016,37(3):44-47.

[22]李晓丽.宠物食品中谷物原料的营养价值及其应用研究[D].广州:华南农业大学,2018.

[23]李玉洁,宠物食品中天然抗氧化剂的研究进展[J].中国畜牧兽医,2012,39(10):220-223.

[24]刘春雪,王建华.不同加工方式对犬配合饲料营养成分的影响研究[J].中国饲料,2018,33(23):11-15.

[25]刘晓露,李俊.宠物食品中天然抗氧化剂的研究进展[J].中国饲料,2016,(23):24-28.

[26]乔欣,张宏福.宠物食品中常用食品添加剂及其应用[J].中国饲料,2012,(13):23-27.

[27]王金合，王亚超. 宠物食品中乳制品的营养特性及应用[J]. 中国乳业，2017，(1)：40-43.

[28]王鹏，张玉，王维，等. 宠物食品中功能性添加剂的研究与应用[J]. 中国饲料，2019，(1)：27-31.

[29]王鹏，李俊. 宠物食品中大豆蛋白的应用及研究进展[J]. 粮食与饲料工业，2018，39(6)：44-47.

[30]王晓，张志国，刘策，等. 果蔬原料在宠物食品中的应用研究进展[J]. 中国饲料，2014，(17)：24-27.

[31]王晓丽，张卫辉，王文策. 宠物食品中肉类原料的营养特性及其应用[J]. 中国饲料，2020(13)：40-43.

[32]徐奇友，王之盛. 宠物食品中肉类原料的营养价值及选用要点[J]. 中国饲料，2018(15)：26-29.

[33]张洪丽，王鹏，王楚端. 宠物食品中鸡蛋粉的加工与应用[J]. 中国饲料，2018(14)：33-36.

[34]张伟敏. 小麦在宠物食品中的应用及营养价值研究[J]，粮食与饲料工业，2017，38(6)：37-40.

[35]张晓红. 犬猫饲料的营养设计及生产加工[J]. 当代畜牧，2019(1)：47-48.

[36]张玉，王慧飞. 宠物食品中豆类原料的应用及研究进展[J]. 中国饲料，2019(21)：10-13.

[37]张志国，王晓，侯军，等. 宠物食品中常用果蔬原料的营养价值及其应用[J]. 中国饲料，2015，(13)：22-25.

[38]Al-Qudah A A，Al-Khateeb S S. Egg yolk as a natural source of lutein for pets：A review[J]. Journal of Animal Physiology and Animal Nutrition，2017，101(3)：e146-e153.

[39]Beaulieu A D. Preservatives in pet foods：Safety and effectiveness[J]. Journal of the American Veterinary Medical Association，2015，246(1)：110-117.

[40]Chen H，Jiang J. Research progress on the application of dairy products in pet foods[J]. Animal Nutrition，2019，5(4)：332-337.

[41]Fahey G C，Jr.，Merchen N R. The role of dietary fiber in the canine and feline diet[J]. Journal of Nutrition，2010，140(7)：1838S-1843S.

[42]German A J，Holden J M，Smith B K. Ingredient selection for pet foods[M]. Springer Science & Business Media，2007.

[43]German A J，Holden J M，Smith B K. The selection and use of colors in pet foods[J]. Journal of Nutrition，2011，141(7)：1226S-1231S.

[44]German A J，Smith B K. Evaluation of meat and meat by-products for pet foods[J]. Meat Science，2020，165：108078.

[45]Gerner E W，Reimer R A. Functional ingredients in pet foods：An overview[J]. Journal of Animal Science，2012，90(5)：1777-1786.

[46] Gu Y, Fahey G C, Jr., Beaulieu A D. Egg yolk phospholipids: Composition, nutritional value, and potential health benefits for dogs and cats[J]. Journal of Animal Science, 2018, 96(11): 4855-4863.

[47] Li W, Zhang J B. Application and research progress of soybeans in pet foods[J]. Journal of Cereal & Feed Industry, 2016, 37(3): 44-47.

[48] Li Y, Wang Z, Liu C, et al. Nutritional value and application of common fruit and vegetable ingredients in pet foods[J]. Journal of Animal Science and Technology, 2015, 57(2): 45-52.

[49] Ng S K, Goh Y M, Tan S H, et al. Evaluation of egg yolk powder as a protein source in dog food[J]. Journal of the Science of Food and Agriculture, 2015, 95(8): 1635-1641.

[50] O'Neil D G, Fahey G C, Jr. Egg as a source of nutrients for dogs and cats[J]. Journal of Nutrition, 2013, 143(7): 1082S-1087S.

[51] Smith B K, German A J. Meat and meat by-products in pet foods: nutritional value and safety[J]. Journal of Animal Science, 2022, 99(12): 298.

[52] Smith B K, German A J. The use of antioxidants in pet foods[J]. Journal of Nutrition, 2013, 143(7): 1069S-1074S.

[53] Taylor A, Shafaei H, Plassmann M M, et al. The role of dairy ingredients in pet food formulations[J]. Trends in Food Science & Technology, 2014, 31(2): 112-122.

[54] Wang J, Wang Y. Nutritional characteristics and application of dairy products in pet foods[J]. Journal of Animal Science and Technology, 2018, 60(2): 45-52.

[55] Wang Y, Li J, Zhang Y, et al. Application of milk and dairy products in pet foods: Nutritional and functional perspectives[J]. Journal of Dairy Science, 2021, 104(1): 911-922.

[56] Zhang Y, Wang H F. Application and research progress of legume ingredients in pet foods[J]. China Feed, 2019(21): 10-13.

[57] Zhang Z, Wang X, Hou J, et al. Utilization of fruits and vegetables in pet food formulations: A review[J]. Animal Feed Science and Technology, 2016, 219: 1-12.

[58] Zhou P, Chen H. Utilization of milk and dairy products in pet foods: A review[J]. International Journal of Dairy Technology, 2016, 69(1): 1-7.

项目二
犬猫食品的种类与生产工艺

项目导入

本项目主要阐述了犬猫食品的种类、不同类型犬猫食品的加工技术和犬猫食品的安全与卫生规范。犬猫食品的分类多种多样，不同类型犬猫食品各有特点，因此应根据犬猫的品种、年龄、生理状态及营养状态选择合适类型的犬猫食品。犬猫食品的加工技术包含了干膨化食品加工技术、软膨化食品加工技术、半湿式食品加工技术、湿式食品加工技术、冻干类食品加工技术和低温烘焙食品加工技术等。通过学习本项目，了解不同类型犬猫食品的加工技术，保证犬猫食品的品质。

学习目标

知识目标

1. 掌握犬猫食品的常见类型。
2. 理解不同类型犬猫食品生产工艺流程和加工设备。
3. 熟悉犬猫食品的安全与卫生规范。

技能目标

1. 掌握犬猫食品工艺的主要工艺操作。
2. 掌握自制犬猫食品的配制方法。
3. 熟悉犬猫食品生产的各个环节，能够进行简单的犬猫食品生产。

思政目标

1. 培养优良的职业道德和职业规范。
2. 培养吃苦耐劳的职业素养。
3. 培养科学、严谨的工作作风。
4. 培养善于沟通的能力和团队合作的意识。

任务一 犬猫食品的分类

课前任务

袁女士刚领养了一只小猫和一只小狗，来到宠物店准备给它们购买饲粮。面对琳琅满目的犬猫食品：干粮、半湿粮、湿粮和各种零食等，袁女士犯了难。她对于犬猫食品的知识不甚了解，也不知道每种犬猫食品的营养特点是什么，又应该如何选择犬粮和猫粮。让我们通过本任务的学习，向袁女士介绍一种犬猫食品的饲喂特点。

一、干粮

(一)干粮的营养特点

犬猫食品的种类(一)(视频)

干粮是指水分含量低于12%的饲粮。在贮藏条件良好的情况下，干粮的保质期相对较长。

干粮具有喂食方便，适合犬猫自助进食、价格较低、保质期长、方便保存和运输等优点。干粮也存在一些缺点，如干粮的含水量较低，不爱饮水的犬猫每日摄入含水量较少的干粮易对肝脏和肾脏造成一定的负担，引发疾病。

在干粮中常用的原料包括各种谷物、各种肉类产品鱼类或鱼产品、奶制品、植物脂肪或油、维生素及矿物质添加剂等。干粮的能量密度通常在3 000～4 500 kcal/kg干物质。猫干粮的能量密度一般会比犬干粮的略高。根据食物适用目的不同，以干物质为基础计，犬干粮一般含有8%～22%的脂肪和18%～32%的蛋白质。所有种类的猫干粮的蛋白质含量都比犬干粮的略高。虽然有的犬猫自由采食干粮时也不会过度采食，但是目前市面上有些日粮的脂肪含量高且适口性佳，再加上许多犬猫的运动量比较小，应该避免让犬猫自由采食以免造成肥胖。干粮在一定程度上还具有清洁牙齿卫生的优势，在采食饼干或干粮时进行咀嚼和磨碎，这些动作有助于预防积聚牙菌斑和牙结石。

(二)干粮的分类

干粮根据不同的生产工艺，分为膨化粮、烘焙粮、风干粮和冻干粮。

1. 膨化粮

膨化粮是指生产时利用高温膨化挤压工艺所生产出来的干粮。让原料在加热、加压的情况下突然减压，致使其瞬间膨胀。最后，在膨化粮表层喷涂诱食剂来提高适口性。膨化粮的动物性蛋白原料以肉粉为主，并且必须添加足够的淀粉原料才可以挤压成形、完成膨化。在膨化工艺中，利用螺杆挤压膨化方法可分为2种，即干法膨化法和湿法膨化法。干法膨化法，在生产加工中需要在原料中添加水分，原料在进入膨化仓之前不进行预调质处理，膨化过程中所需要的热量全部由原料在机械挤压的作用下通过螺杆、剪切板和膨化腔内产生。湿法膨化法，在进入膨化之前预先进行原料的调质，通过蒸汽或者水分以提高温度，预先熟化。调质是指通过蒸汽对犬猫食品原料进行热湿作用，使原料中的淀粉预先糊化、蛋白质变性、原料物质软化，以有利于提高饲粮的膨化制粒效果和提高膨化质量。膨化粮因其工艺成熟、价格低廉，深受市场欢迎，是目前宠物市场最主要的犬猫饲粮类型。

2. 烘焙粮

烘焙粮从成形工艺上来说，分为挤出和脱模两种，成形后的颗粒在 60～90 ℃低温环境中将原料烘干而成，包括蒸汽加热和电加热，类似于烘干机原理。与膨化粮相比，烘焙粮可以不用淀粉来黏合原料，降低淀粉含量，且低温可以更大程度地保留原料中的维生素。

3. 风干粮

风干粮是将所有原料粉碎、再合成，在成形过程中也可以不添加黏合物质，在低温、干燥和高风速的条件下进行快速脱水而生产的。风干粮与烘焙粮的生产原理类似，但价格高于烘焙粮。

4. 冻干粮

冻干粮是通过低温、真空、冷冻、干燥，直接将生鲜食材极速冻结为固态后，让食材中的冰升华为气态，保持原料本身的色、香、味和形态而生产的。有别于其他类型干粮，冻干粮的制作过程中营养流失较少，蛋白质变质程度较低，通常是干粮中价位最高的一类。但因为没有高温的杀菌过程，有细菌和微生物超标的风险，需通过辐照控制微生物，但是辐照会加速氧化，维生素损失较大。

二、半湿粮

半湿粮通常含有 15%～35%的水分，主要原料是新鲜或冷冻的动物组织、动物肉粉、谷物、脂肪及其他原料。半湿粮质地比干粮柔软，适口性较好，更容易被犬猫接受。半湿粮可以通过多种方法来防止被污染和变质，并延长保质期。可以使用一些保湿剂，如盐、单糖、甘油或玉米糖浆来降低水活度，防止污染物生长。在这类产品内添加防腐剂，如山梨酸钾来防止酵母菌和霉菌生长，同时还会添加少量有机酸来降低 pH，从而抑制细菌增殖。

许多犬半湿粮和零食中的单糖含量高，这能改善产品的适口性和消化率。简单碳水化合物含量高的半湿粮的消化率系数和湿粮的相似。然而，由于半湿粮的脂肪含量较低，能量密度通常也较低。以 DM 计，半湿粮的能量通常为 3 000～4 000 kcal/kg 干物质，蛋白质含量为 20%～28%，脂肪含量为 8%～14%，碳水化合物的含量与干粮的类似。不同的是半湿粮中的碳水化合物主要是单糖，淀粉只占很少一部分。

半湿粮受一些宠物主人喜爱的原因是它的气味不像湿粮的那么重，而且通常以一顿分量包装，比较方便。这类产品也有多种多样的形状和质地，如牛肉酱、肉饼或牛肉块。虽然这些外形并不一定代表对犬猫的营养价值或适口性，但的确能够吸引许多宠物主人购买。半湿粮在开封前不需要冷藏，有相对较长的保质期。以 DM 计，半湿粮的成本通常在干粮和湿粮之间，但是单份包装的半湿粮的价格和湿粮的差不多。由于半湿粮的能量密度比湿粮的低，可以让一些宠物自由采食，但将半湿粮开封放在碗里一段时间后会变干而失去吸引力。

三、湿粮

(一)湿粮的营养特点

湿粮通常是指水分含量高于 60%的饲粮，原料以肉类为主，一般含有较高的蛋白质和脂肪，几乎不含碳水化合物。湿粮的特点主要体现在水分含量上，水分在75%左右，高的水分含量可达到88%，甚至90%，低的水分含量可达到60%。湿粮的含水量高，可以降低犬猫尿路结石症的发病率，提高消化率。湿粮含肉量高，适口性更好，且淀粉含量较低，具有更高的营养价值。但湿粮对原材料要求严格，价格较贵，保存条件较严苛，部分产品需要冷链运输和贮藏。

湿粮一般含有较高比例的肉类，通常所用的原料有肉和肉的副产品。肉的副产品为那些人类食品中不需要的或超出人类食品需求量的原料，但目前原料中高品质肉类占的比例越来越大，如禽肉、牛肉、猪肉、羊肉、鱼肉、贝类、其他的一些不常见的肉类（如鹿肉、袋鼠肉、鹧鹕肉、火鸡肉、鸵鸟肉、驴肉）、内脏类（如肝脏、心脏、肾脾脏、胃、肠）。另外，还添加油脂，一些矿物质、维生素等，使其营养满足全价和均衡的标准。原料的使用需要考虑水分营养、适口性和加工特性，不同类型的原料采取不同加工生产方式。典型的湿粮食品罐头有慕斯状、肉泥、肉块或带汤水的肉块、火腿肠等产品。湿粮既可以制成全价的犬猫食品，也可以不是全价的犬猫零食。因水分含量高，需要特殊的工艺来保证其保质期。一般采用冷冻和热杀菌处理的加工工艺，保质期为18～24个月。根据加工工艺的不同，保质期也不同，新鲜或冷藏加工的产品的保质期较短。

（二）湿粮的分类

湿粮根据不同的生产工艺分为蒸煮粮和生骨肉。

1. 蒸煮粮

蒸煮粮是通过蒸煮工艺制成的宠物湿粮。根据产品形态，蒸煮粮分为鲜粮、罐头、妙鲜包。

（1）鲜粮是肉粒清晰可见的湿粮，通常含水量为60%～70%。使用新鲜食材，以整肉原切形态为主，进行低温或高温杀菌蒸煮加工。采用低温蒸煮工艺的鲜粮，是指采用低于100 ℃的巴氏杀菌法，由于巴氏杀菌不能完全灭菌，需在4 ℃左右的温度条件下进行冷链运输和贮藏，保质期通常在15 d以内。采用高温蒸煮工艺的鲜粮，是指采用在100 ℃以上的高温蒸煮、灭菌，产品可以在常温环境下贮藏，保质期通常在18个月左右。鲜粮加工工艺较简单，一般不额外添加胶质和诱食剂，保持食材的原汁原味，但对原料要求比较高，售价也较高。

（2）罐头是以肉粒、肉泥或者慕斯状为主的湿粮，多以固态肉泥状居多，无明显汤汁，通常含水量在80%左右。根据营养成分可分为主食罐头和零食罐头。罐装湿粮的加工过程比鲜粮更加复杂，通常将肉类和脂肪先与一定量的水混合均匀，再加入适量的干成分。零食罐头会加入淀粉、胶质、防腐剂等，主食罐头的肉会在碾磨后加入维生素、矿物质、氨基酸、纤维成分等营养物质，以便均匀充分地混合。经过加热或煮沸后进行烹饪，或者可以直接将油加到油箱里，灌满后，用双缝盖子密封并干馏。产品可以在常温环境贮藏，保质期通常为18个月左右。罐装湿粮通常以鲜肉为主要原料，但因其食材不好辨认，容易掺入骨头等食材，粗灰分数值有时会偏高。

（3）妙鲜包是富含浓郁汤汁的肉泥，含肉量在湿粮里最低，以零食或佐餐产品为主，是湿粮里价格最低的一类。由于部分产品添加胶质，汤汁十分浓郁，深受宠物主人的喜爱。

2. 生骨肉

生骨肉是指以未经烹饪过的生食。这种喂养方式和犬猫在自然环境中的饮食习惯比较相近。需要精选食材，避免寄生虫和微生物污染等引发的安全问题，饲喂生骨肉需定期为犬猫进行体内驱虫。

四、自制粮

自制粮比工业生产犬猫食品成本低，价格便宜，还可以根据犬猫的品种、体形和用途，随时制作犬猫需要的新鲜饲粮。但在原料采购、饲粮配方及加工方法等方面，自制犬猫食品难以生产出优质饲粮。为了提高自制犬猫饲粮的适口性和利用率，确保饲粮的营养价值，防止有害物质对犬猫的影响，应采用科学的加工调制方法。做到既讲卫生、保营养，又使犬猫喜食、易消化，降低成本。

（一）自制犬粮

为了提高犬对食物中各种营养物质的利用率，促进犬的生长发育，保证犬的健康，消除疾病对犬的传染，减少食品原料的营养物质在加工过程中的损耗，将犬猫食品原料加工、煮熟后，加入调味品、添加剂等，增进食欲，促进消化吸收，提高饲养效果。加工调制犬饲粮时，可根据不同原料采用科学的调制方法。

1. 调制方法

通常采用的加工调制方法有晒干、粉碎、打浆、发酵、糖化、蒸煮、膨化、浸泡和制形等。选用食品原料以动植物性原料混合为宜，常用的动物性食品原料有肉、鱼、蛋、乳等，植物性饲料有大米、小米、高粱米、玉米、豆类、薯类、蔬菜等。

(1)谷类及其副产品。包括玉米面、小麦面、小麦麸和大米等，这些谷类食品原料含淀粉较多，犬对淀粉的消化能力较差，在饲喂前应进行加热、蒸煮，可蒸成窝头或煮成粥。一般单独煮成米饭或煮成糊粥，再加煮熟的肉、汤，切碎的蔬菜，煮好后再加适量的调味剂，候温便可饲喂。也可将上述含淀粉类谷物粉碎后，加适量的碎肉、油脂、维生素和矿物质等，搅拌均匀后烘焙成饼状，给犬食用。

(2)蔬菜和块根蔬菜。应洗净后切碎，然后放在锅内煮。对块根类如萝卜、薯类，不削皮直接放入锅内煮熟后食用。

(3)肉类及其副产品。用冷水洗净切碎，煮熟，加入蔬菜，煮沸成肉菜汤饲喂。

(4)鱼类及其副产品。鱼体内含有硫胺素酶，可破坏硫胺素（维生素 B_1），加热能使硫胺素酶失去活性，因此鱼类及其副产品也应加热后饲喂。

(5)蛋品。蛋品中蛋白质所含氨基酸的比例最适合犬的需要。但蛋清中含有抗生物素蛋白，能与生物素相结合而降低生物素的作用，因此蛋品也应加热后饲喂。

(6)乳品。乳品也是犬的好饲料，鲜奶、奶油、奶酪和黄油等可直接饲喂。牛奶、羊奶都不能直接饲喂幼龄犬，因为牛奶、羊奶中蛋白质、脂肪、钙等的含量都大大低于犬奶，因此必须经过调整后才能作为犬奶的代用品饲喂幼龄犬。

蔬菜、肉类和谷物不要合煮，应分别煮熟后放凉，在饲喂前将粥或窝头、肉类（带汤）、熟菜、食盐、骨粉（磷酸氢钙）、维生素和微量元素按比例定量混合均匀。

2. 注意事项

(1)使用残羹剩饭（尤其是饭馆和餐厅的残羹剩饭）喂犬时，一定要煮沸消毒，不能拿来就饲喂。这类食物一般含盐较多，不宜单独饲喂，要与其他食物混合、拌匀后再饲喂，以防止食盐中毒。

(2)自制饲粮最好现吃现做，尤其不宜过夜。特别是夏天，放置过久极易腐败变质，犬采食后易发生中毒或其他疾病。在冬季，饲粮贮藏不当易结冰，犬吃后易发生胃肠炎，妊娠母犬吃后易发生流产。

(3)在饲粮的加工制作过程中,不能把食物煮成半生半熟或烧糊,否则会影响犬的口感,影响犬对饲粮的消化与吸收。

(4)犬喜温料熟食,犬粮温度最好为 40 ℃左右,避免过冷、过热,不得超过 50 ℃,夏季可以冷食,冬季需要温食。

(5)犬粮一般不放食盐,俗话"猫咸狗淡"就是说犬粮不宜放食盐。

(6)当天加工的犬粮,要当天喂完,特别是夏天不宜过夜。腐败变质的食物不能喂犬。

(二)自制猫粮

自制猫粮时,动植物性食品原料都要经过加工调制,如煮熟、切块、绞碎、蒸馍等,以便增加猫的适口性,提高猫对饲粮的消化率,防止有害物质对猫的伤害。

1. 调制方法

(1)肉类、鱼类和畜禽内脏。先要洗去血污、泥沙,保证食物的清洁卫生。各种肉类应煮熟,切成小块或肉末,拌入其他食物中饲喂。生肉易引发猫的传染病和寄生虫病,但肉煮得时间太长会破坏蛋白质的结构和损失大量的维生素,最好煮至半熟即可。

鱼类(包括鱼头和鱼内脏)喂猫,要煮熟切碎再喂,否则不但易引起猫的腹泻,还可能使猫感染寄生虫病和传染病。

用内脏喂猫一定要清洗干净,煮熟后切成小块饲喂。肝脏中维生素 A 含量高,每周饲喂 1~2 次较适宜,过量会引起维生素 A 中毒,同时会引起便秘。内脏中以肺脏最好,不但营养丰富,而且没有任何副作用。

(2)骨头。可将骨头制成骨粉后,拌在饲料中一起饲喂。饲喂带骨头的肉要防止卡住食道或刺伤胃肠。

(3)谷物及副产品。各种谷物和麦麸、米糠类也要煮熟后喂,否则猫吃后不易消化。猫喜吃干食,不愿吃液态或糊状饲粮。可将大米做成米饭,面粉做成馒头、面包,玉米面做成饼或窝窝头供猫食用,如果再加入碎肉、鱼块干喂,猫更喜采食。

(4)豆科植物和饼类原料。这些食物必须煮熟后喂猫,或用榨油后的豆饼(粕)喂猫。

(5)乳制品。猫非常爱吃富含脂肪和脂溶性维生素的奶油和乳酪,有的猫不能适应乳糖,对于这种猫则应避免喂给乳制品。

(6)蛋类。常用于饲喂生长发育期的猫,因蛋类富含蛋白质、维生素 B_1、叶酸、维生素 B_{12}、维生素 A、维生素 D,但饲喂前应将蛋类煮熟,以提高消化率。

(7)脂肪。猫也非常爱吃脂肪,尤其是动物性脂肪。脂肪可增加食物的味道和适口性,也有助于谷物粉的成形。在脂肪加工熟制过程中,应避免反复用热油炸,因为这样处理会含有过氧化物和其他对猫有害的物质。

2. 注意事项

(1)猫很挑剔,混有泥沙或污秽不洁的食物,不愿采食。因此,为了保持清洁卫生,食品原料必须洗净,除去血污、泥沙等。

(2)生肉里可能含有寄生虫或传染病病菌,猫吃后可能感染寄生虫病或传染病。有的肉里面还含有有害物质,如生鱼里有一种酶,可分解破坏维生素 B_1。肉不能煮得太熟,否则会破坏蛋白质的结构和损失大量的维生素;一般煮到半熟,切成小块或剁成肉末,与其他饲料拌喂。

(3)由于猫自身不能合成烟酸，只有从动物的肉品中获得，但烟酸遇热很快就会被分解破坏，所以要补充烟酸就必须饲喂生肉。生肉必须新鲜，死亡的或腐败变质的畜禽肉，绝对不能生喂。饲喂带骨肉时，要防止卡住食道或刺伤胃肠。用内脏喂猫一定要先清洗干净，煮熟后切成小块饲喂。

五、犬猫零食

(一)犬猫零食的营养特点

犬猫食品的种类(二)
(视频)

犬猫零食是指为达到奖励犬猫、与犬猫互动或者刺激犬猫咀嚼、撕咬等目的，将几种食品原料和相应的添加剂按照一定比例配制的犬猫食品。犬猫零食的营养并不全面，且不刻意强调某些营养素的补充，是一种日常的奖励食品或用于某种目的的食品，如咬胶、磨牙棒、饼干、肉条等。犬猫零食不仅是犬猫和主人共同体验的产品，也是连接犬猫和主人的纽带。在提高犬猫幸福感的方式中，超过半数的犬猫主人都选择饲喂零食。

目前，犬猫零食种类越来越多，如骨头状、小鱼状、鸡腿状及其他形状。许多犬猫零食生产商已发展为采用挤压工艺生产干零食或半湿零食，典型的犬猫零食挤压系统采用和大规模犬猫食品挤压设备相同的装置和相同的操作原理。一般市售犬猫零食都是小包装，并且其口味和外观等特别重要，所以生产过程的设计和控制就显得特别重要。

犬猫零食与全价犬猫食品的区别是：全价犬猫食品营养全面，可满足犬猫的日常营养需求，可长期食用，能保证犬猫的健康，不会产生缺乏症或中毒。而犬猫零食营养不全面，犬猫不能以零食为生，如长期食用不能保证犬猫的健康，会导致营养缺乏或过剩。犬猫零食与犬猫保健品相比：犬猫保健品强调含有某些特殊的营养素，其含量一般都要高于全价犬猫食品，如钙片，犬猫 1 d 的钙的需要量可浓缩在几片钙片中，它强调的是特定营养素的含量和其带来的营养作用，而犬猫零食就不会强调营养素的作用。

犬猫零食产品需要在包装外附上标签，以确定它的产品属性。犬猫零食的名称，可按下列的例子进行标识，如宠物零食肉条、宠物零食幼犬饮料、宠物零食幼犬牛肉粒、宠物零食幼犬洁齿磨牙棒、宠物零食泰迪犬咬胶等。

(二)分类

犬猫零食具有产品形式多样化、更新迭代速度快等特点，可根据水分含量、加工工艺、不同饲喂场景进行分类。

1. 按水分含量分类

犬猫零食按水分含量可分为：固态、半固态、液态 3 类。

(1)固态：水分含量＜14%的为固态犬猫零食，如水分含量小于 14%的饼干、肉条、磨牙棒、蔬菜棒、冻干的肉类。

(2)半固态：14%≤水分含量＜60%的称半固态犬猫零食，如水分含量小于 60%的营养不全价的营养膏、软颗粒等零食。

(3)液态：水分含量≥60%的为液态犬猫零食，如水分含量大于 60%罐头、饮料等。

2. 按加工工艺分类

(1)热风干燥类：是指以在烘箱或烘干室内吹入热风使空气流动加快的干燥方法制造而成的犬猫零食，如肉干、肉条、肉缠绕类等(图 2-33)。

图 2-33 肉缠绕类零食

(2)高温杀菌类：是以 121 ℃或以上高温杀菌工艺制成的犬猫零食，如软包罐头、马口铁罐头、铝盒罐头、高温肠等。

(3)冷冻干燥类：是指利用真空升华的原理使物料脱水干燥而制成的犬猫零食，如冻干禽肉、鱼肉、水果蔬菜等。

(4)挤出成形类：是以挤出成形加工工艺为主制造而成的犬猫零食，如咬胶类、肉类、洁齿骨类等零食。

(5)烘焙加工类：是以焙烘工艺为主制造而成的犬猫零食，如饼干、面包、蛋糕、比萨、派、塔、脆脆酥、月饼、慕斯、甜甜圈等。

(6)蒸煮、蒸炒、熟化类：是在特定设备中对物料进行特定时间的湿热或加压处理而制成的犬猫零食。采用蒸煮工艺制作的犬猫食品，主要是肉类含量比较高，或模拟人类食品的制作方法来制作犬猫食品，也可以加入薯类和谷类。

(7)酶解反应类：是以酶解反应工艺为主制造而成的犬猫零食，如膏类、酶解的肉粉类等零食。

3. 按不同饲喂场景分类

按不同饲喂场景将犬猫零食分为改善食欲补充营养类，奖励、训练、互动类，消磨时光类。市场上还有一类功能性零食，如洁齿骨、洁齿饼干等，主要用于犬猫口腔护理与牙齿清洁。

(1)改善食欲补充营养类：饲喂改善食欲补充营养类零食多设计为罐头、软包、饮品等形式。

(2)奖励、训练、互动类：人们饲养犬猫通常会用零食来与它们互动，如有意识地对它们进行训练，在训练过程中利用零食对它们进行奖励和鼓励。互动的完整过程可以分为乞食、食物引诱、行为互动、食物投递 4 个阶段。即当犬猫对主人进行乞食的时候，宠物主人一般会用零食来引诱它们做出一些动作来进行互动，当它们完成一些动作后，宠物主人会投递零食来进行奖励。因此，这类零食多设计为规格相对较小或手持方便的样式，如冻干、肉粒、肉条、香肠、饼干等。

(3)消磨时光类：犬猫的情绪和心理健康逐步被它们主人所关注，长时间的分离有可能引发犬猫的分离焦虑症。当犬猫独处时，可以使用一些激发犬猫玩耍或捕猎行为的耐咬零食，调节它们的心理健康和情绪方面的问题。

六、犬猫保健品

随着我国城市化进程的加快以及老年化程度的加深，空巢老人等群体数量增长迅速。宠物作为宠物主人情感的慰藉与寄托，能够满足空巢老人等缺少陪伴群体的情感需求，此类群体数量的增长促使我国养宠人群数量快速增加，尤其犬猫饲养的人群占比最大。同时，随着居民收入的增长，我国宠物主人消费能力提升、消费意愿增强，宠物保健品行业得以快速发展。

(一)犬猫保健品的分类

犬猫保健品的种类繁多，市场上的产品让人应接不暇，大致可分为犬猫护理用品、犬猫健康用品、犬猫处方食品(保健食品)、犬猫药品 4 类。

1. 犬猫护理用品

犬猫护理用品是指犬猫被毛、耳、眼等日常护理及卫生、美容所需的物品。常见的有香波、洁耳产品、除泪痕剂、除臭剂、空气清新剂、大小便训练液、去毛剂和小骨节等。

2. 犬猫健康用品

犬猫健康用品是指在犬猫生长发育过程中，为满足犬猫营养需要而在除食物外饲喂的营养品，主要是矿物质和维生素。对于断奶较早的幼龄犬、幼龄猫、患胃肠病或营养不良的犬猫以及吃家庭自制食品的犬猫，适量地补充营养素是很有必要的。特别是处于生长发育期的幼猫和幼犬，补充营养就势在必行。虽然人和犬猫同是哺乳动物，都需要蛋白质、脂肪、碳水化合物、矿物质、维生素等营养素，但由于在体形大小、饮食习性、机体代谢等方面不完全一样，所以对于各种营养素的需求量也不同。

3. 犬猫处方食品

食疗在人类疾病的治疗中早已应用，但在宠物上的应用还是近几十年的事。1943 年，美国兽医师 Mark Morris 为了治疗一只患肾衰竭的导盲犬 Buddy，研究了一种特殊的食品，最后解决了这只导盲犬的治疗问题。这是首次报道有人以控制营养的方式来治疗犬猫疾病。从此，逐渐发展形成了目前宠物临床应用的处方食品。

4. 犬猫药品

犬猫药品在犬猫疾病的防治上有着极其重要的作用。犬猫药品一般都是在兽医师的指导下使用的，但也有一些可以由宠物主人直接使用的，特别是一些简单的药具，如最常使用的灭虱灭蚤的项圈，戴上后可以杀灭虱、蚤，并且防止虱、蚤的再次感染。生物制品的使用，可以很好地预防一些重要烈性传染病的发生。

(二)犬猫常用的营养品及药品

1. 海藻粉

海藻粉是全天然的矿物质、维生素及氨基酸的上佳补充品。在日常的定量喂食中添加，有助于全面改善犬猫的健康及表现。采用挪威海域(世界上海产资源最丰富的海域)生产的海藻，加入 ω-3 脂肪酸、ω-6 脂肪酸、ω-9 脂肪酸，对犬猫皮毛健康、保持毛发光泽有明显效果。加强供给维生素及矿物质，有助于改善犬猫的消化能力，全面提升机体健康状况。

2. 拜耳内虫逃

犬猫口服拜耳内虫逃后，能驱除体内如蛔虫、钩虫、鞭虫、绦虫等多种寄生虫，避免人兽共患传染病的产生，使用 1 次可达 95%～100%的驱虫效果。建议每 3 个月使用 1 次。该药无任何副作用，安全可靠，妊娠母犬也可放心使用，无拒药性犬可直接吞服，拒药性犬可包于肉或混于食物中给药，无须禁食。

3. 螨通灭

该药主治犬蠕形螨、犬疥螨，对犬猫其他疥、疮、癣、皮肤真菌感染、湿疹、皮炎及体外寄生虫等都具有不同的治疗作用。汽巴 100/500 广谱驱虫药，能一次性驱除包括蛔虫、线虫及绦虫等体内寄生虫，适合任何年龄或妊娠及哺乳犬只使用，安全可靠、无药味，容易喂服，服用前无须禁食。

4. 福来恩

该药是用于犬猫的杀蚤用药，在 24 h 内可杀死 98%～100%的跳蚤，效力可维持 1～3 个月，淋雨或沐浴后仍可保持药效，药力直达毛发内部，跳蚤或虱子只要接触就会很快死亡，不同于一般的杀蚤药需吸血后才中毒死亡，更好地保护犬猫。长期使用可全面清除犬猫身上和环境中的跳蚤。

5. 钙粉

成长期犬猫须补充大量的钙、磷来满足骨骼和牙齿等组织生长的需要，老年犬猫同样需要补充钙、磷来支持骨骼的强度。钙粉采用纯天然原料，尤其利于幼龄以及老年犬猫机体吸收，其成分包括蛋白质 12%，脂肪 8%，纤维 1%，水分 6%，钙 20%，磷 10%。

6. 美毛粉

美毛粉为 100%纯天然成分，提供高浓度 ω-3 脂肪酸、ω-6 脂肪酸、ω-9 脂肪酸，对犬猫毛发质量有重要影响，有助于促进皮毛生长，并进一步提升皮毛的健康水平，从根部到毛尖散发光泽。特别加入维生素及矿物质，用于加强正常的消化吸收功能，维持全面的健康状态，从而为皮毛健康提供保障。

7. 酵母大蒜丸

酵母大蒜丸富含维生素 B_1、维生素 B_2、烟酸、维生素 C 及天然大蒜粉。大蒜本身不仅具有吸引犬猫的气味，同时也是对健康有益的自然食品。本品是优质的天然 B 族维生素和蛋白质补充来源，有原味及花生味可供选择。

8. 美约维他宝

美约维他宝是适合犬猫皮毛生长和促进犬猫消化的多元不饱和脂肪酸，富含 ω-3 脂肪酸、ω-6 脂肪酸、维生素和矿物质。此外，还含有改善健康、提高活力和免疫力的大蒜素、酵母以及矿物质硒，可使被毛光滑亮泽、改善消化能力、眼睛明亮，变得更加健康充实，快乐活泼。

9. 可鲁宠物除味剂

可鲁宠物除味剂主要成分为植物性净化物质，纯植物萃取，树木原味融汇了松树、冷杉、茶、柠檬等百余种植物精华，不含化学添加成分。它通过还原法可将异味分子分解为二氧化碳和水，从而快速安全除味。

10. 美国 IN 营养补充剂

美国 IN 营养补充剂可彻底改善皮肤过敏瘙痒，让毛浓密油亮，犹如护发后一般亮丽；发毛效果明显，对毛短而稀和患皮肤病的犬有特效；可使发情顺畅，增加胎数，奶水充足，乳犬体质强壮；对抗紧迫，提高免疫力，强健骨骼，增加耐力，有效改善乳犬神经质个性。主要成分为大豆卵磷脂、小麦胚芽、玉米、大豆、肉骨粉、动植物油（以维生素 E 保鲜）、鱼肝油、多种维生素、复合氨基酸及多种矿物质。使用方法：幼犬 1 粒/d，玩具犬 4 粒/d，小型犬 6 粒/d，中型犬 10 粒/d，大型犬 14 粒/d，超大型犬 16 粒/d。

11. 钙胃能

该产品含高级珍珠钙磷，主要成分为磷酸二钙 75%、维生素 D_3、乳酸菌等。用途：健胃整肠，强壮筋骨，助长齿牙形成；帮助磷、钙消化吸收，针对幼犬发育不良，防止骨软化症、低钙血症；减少哺乳或妊娠犬猫繁殖障碍，补充磷、钙；增强抗病能力。建议用量：通常保健作用每日 1～3 次，每次使用以下分量混合饲粮使用，可依据情况酌量增减。幼龄犬猫，0.5～1 g；小型犬，1～2 g；中型犬，2～4 g；大型犬，4～8 g。

12. 发育宝

发育宝主要成分为复合维生素、主要矿物质、消化剂、赋形剂等。用途：促进犬猫发育，防止下痢，幼犬离乳调养，母犬产前产后营养，提高繁殖率，增进食欲，帮助消化，光泽毛质，增强抗病力。用量：幼龄犬猫，0.5～1 g/d；小型犬，1～2 g/d；中型犬，2～4 g/d；大型犬，4～8 g/d。

13. 美康宝 B 维片

美康宝 B 维片是专门为犬猫设计的 B 族维生素咀嚼片，含有犬猫所需要的各种 B 族维生素。它能够促进犬猫的皮毛健康，使皮毛光洁柔顺，预防并辅助皮炎的治疗。美康宝 B 维片特别设计成犬猫喜爱的口味，片型大小适中，即使最小的犬猫也能食用自如。主要成分为维生素 B_1、维生素 B_2、维生素 B_6、维生素 B_{12}、烟酸、泛酸、叶酸、维生素 C，可单独喂食或拌入饲粮中喂食。用量：小型犬，1～2 片/d；中型犬，3～4 片/d；大型犬，5～6 片/d；巨型犬，8 片/d。

14. 美毛油

用深海三文鱼油、樱草油及其他不沉淀性脂肪制成的美毛油，含丰富 ω-3 脂肪酸、ω-6 脂肪酸、DHA/EPA 和多种维生素，饲用后犬猫皮毛光泽。美毛油对消除皮毛粗糙缺亮、皮屑过多、皮肤瘙痒都有特效。该产品能迅速改善皮毛状态，令毛色光泽柔顺，为出赛犬必需的补充品，也可作为多种皮脂漏、脓皮症、痕症和其他皮肤病的辅助治疗剂。

15. 荷兰威霸大力钙

该产品含纯钙、矿物质、酵酶、海藻粉，能促进犬只骨骼成长、肌肉结实、皮毛光泽，为成长中幼犬和繁殖用母犬不可缺少的强壮剂。每日用量：小犬，1 汤匙；中犬，2 汤匙；大犬，3 汤匙。荷兰威霸大力钙也适用于猫和其他小动物，用量为每 5 kg 体重服用 2 汤匙。

16. 维克营养膏

该产品为犬猫专用综合营养膏，含维生素及矿物质，可帮助犬猫生长、强健体格。

17. 波顿钙磷粉

该产品专门为成长期、妊娠期、哺乳期的犬猫提供充足的养分。供给正确比例的钙、磷，以加强钙的吸收，并可以预防钙、磷吸收的不均衡。特别添加维生素 D，以预防骨软化症和补充日照不足。波顿钙磷粉含有维持每日所必需的维生素和矿物质，适口性极佳。波顿钙磷粉可改善犬猫食用肉类等酸性饲料后的发育不良；强化犬猫骨骼发育，保护牙齿健康，防治佝偻病、骨软化症，有助于骨伤复健；预防产后痉挛，补充日照不足，改善偏食引起的营养不足。主要成分:钙为19%～22%;磷不低于14.5%;维生素D不低于3 750 IU/kg。按体重每日用量:成犬4.5 kg/匙;幼犬 2.2 kg/匙;猫3.6 kg/0.5茶匙。

(三)犬猫保健品的使用

1.犬猫护理用品的使用

给犬猫洗澡应注意香波的选择、洗澡方式和次数。许多宠物主人直接使用人用洗发香波来给宠物洗澡,这是不合适的。因为犬与人的皮肤表面pH不同,所以人用洗发香波不一定适合犬。若长期使用此类香波,犬猫可能出现被毛干燥、无光泽、皮肤瘙痒等症状。好的洗发香波不仅可以清洁犬猫的被毛,而且能够滋润皮肤,令被毛充满光泽,柔顺易梳,防止被毛折断。有些香波还添加一些特殊成分,具有特殊功能。有的添加异味分解剂、护毛精华素,可祛除体臭,使犬猫毛发清洁、柔顺、光亮;有的添加一些杀虫剂,能在洗澡的同时驱除犬猫体表寄生虫(蚤、虱等);有的添加香精等,洗浴后使犬猫机体保持清香气味。

犬猫的耳朵和耳道也需要定期的清洁护理,尤其是长耳朵犬和耳朵里有毛的犬。如果忽略了日常清洁护理,犬猫的耳朵容易寄生螨虫或发炎,出现耳朵瘙痒,有臭味。使用洁耳剂可以清理耳垢,去除耳内臭味,利于犬猫健康;使用滴耳油可以对已发生炎症的耳朵进行治疗。

有些犬,特别是长毛犬,由于眼周围毛的刺激或其他原因,流泪较多。长期流泪,则会在眼内角下方形成一条棕褐色泪痕,影响其美观。使用除泪痕剂则可以除去泪痕,使它们的眼睛更加美丽动人。此外,除泪痕剂还能除去眼睛周围因流泪而附着的尘埃和细菌。除泪痕剂应有效去污,不刺激泪腺,不损伤皮毛。

长期饲养犬猫,家里通常会散发出它们的味道,令人感觉不舒服,空气清洁剂成为这些家庭不可缺少的物品。但是普通空气清洁剂中有些成分对犬猫有很大的刺激和伤害作用,故不能使用。与普通的商品相比,犬猫专用的空气清洁剂更加安全,可直接喷在犬猫身上、家具物品和空气中,对儿童和犬猫无毒害作用。除空气清洁剂外,还可以添加一些物质到食物中去,能有效地清除体臭和粪便的恶臭。这些物质主要是绿茶提取物、双歧因子、粗纤维等,它们可以改善犬的消化功能,防止牙龈疾病,从而减少犬排泄物的异味。

在犬饲养的初期,犬往往会在家里随意大小便,给宠物主人带来许多麻烦,训练犬定点大小便是每位宠物主人最头疼也是必须要做的事。尽管有专门训练宠物日常行为的机构,但其价格不菲,不是广大宠物饲养者所能承受的。定位排便诱导剂则可以帮助宠物主人很快训练犬定点大小便。它主要是通过一些特殊气味吸引它们,引起它们的好奇,从而训练、鼓励犬在特定的区域排便。

幼犬在生长发育过程中常常会啃咬家里的物品,咬坏鞋、沙发等,这是幼犬磨牙、健牙的需要。针对幼犬的这种习性,人们设计了小骨节来供幼犬磨牙。小骨节设计为不同的大小以适合于不同品种的犬。幼犬咀嚼这种小骨节,可锻炼牙齿和腭骨,而不再啃咬居家物品,还有助于加强咀嚼功能。

猫有舔毛的习性,由于长时间舔毛,毛在胃内积成不能消化的毛球,毛球积累到一定程度会出现腹胀、进食后呕吐、肠梗阻等症状,严重威胁着猫的健康。专门用于去毛球的膏剂,给猫口服后能在体内化解毛球或诱导猫吐出毛球,可以很好地预防毛球带来的不适或疾病。

2.犬猫健康用品的使用

犬猫补钙与人有很大的区别。钙的吸收与磷有很大的关系,钙、磷只有按一定的比例配比时才能有效吸收，如配比不合理，就会影响钙的吸收。正常情况下，钙磷比为 2∶1时最适合人的吸收，但犬猫的最佳钙磷比却为（1.2～1.4）∶1，如果将人的钙片给犬猫吃，会出现钙的吸收障碍，而使犬猫缺钙。此外，为使人体能更快地吸收钙，不少钙片中都加入一定的镁制剂，对于人来说，这是好事，可对于猫来说，过多的镁则会让原本就易患尿路结石的猫患病概率增加。

对于维生素 A、维生素 D 也是一样。如果健康的犬猫经常饲用人用剂量的维生素 A、维生素 D 会给它们带来众多副作用。许多人用的维生素合剂都含有维生素 C，这是因为人体自身不能合成维生素 C，而犬猫自身却有合成维生素 C 的能力，补充维生素 C 只有在兽医师开药或营养师建议的情况下才可以。也就是说，如果不按犬猫自身的需求，而一味地乱饲用营养补充剂，往往会适得其反。

3.犬猫处方食品的使用

犬猫处方食品是在充分研究了某些疾病病理的基础上，通过在食物中减少或增加某些成分，改变体内的代谢过程，从而达到防止疾病发生或促进疾病痊愈的作用。在某些特殊情况下，一些犬猫疾病，如心脏病、肾脏病、肥胖、糖尿病等，需要特别的处方食品，才能帮助它们尽早康复并延长寿命。如对已发生过尿石症的犬猫，为了防止其复发，可以给它饲喂防止尿石症的处方食品，这些食品可以降低镁、磷的摄入量，减少矿物质在尿中的浓度；改变尿液的 pH，形成酸性尿，促进磷酸盐的溶解；减少蛋白质摄入并提高盐分的摄入量，从而增加尿量而促进磷酸盐的溶解。所以，使用该食品能很好地预防尿石症的发生，对已发生尿石症的犬猫也可以用该食品进行治疗。因此，犬猫处方食品在临床上具有特殊意义。

犬猫处方食品不能单独作为药物用来治疗疾病，但它在犬猫疾病的治疗过程中能有效配合康复。因此，必须在兽医师的指导下才能使用犬猫处方食品。在使用的时候，首先确诊犬猫所患疾病，根据需要使用适当药物或疗法，然后在熟悉处方食品后加以正确的选择，才能使犬猫得到最好的治疗和最佳的营养管理，同时应遵照医嘱使用和细心护理。

临床上常用的犬猫处方食品主要有：食物过敏处方食品、疾病恢复期处方食品、肠道疾病处方食品、肥胖症处方食品、心脏病处方食品、肾脏病处方食品、肝脏病处方食品、糖尿病处方食品、尿石症处方食品、癌症处方食品、口腔健康处方食品、脑衰处方食品、维护关节灵活性处方食品等，下面介绍几种常见的处方食品。

（1）预防食物过敏处方食品。食物过敏是犬猫对食品或食品添加剂表现出的一种异常临床反应，主要临床表现为过敏性皮肤病和消化紊乱。过敏性皮肤病主要症状包括瘙痒、掉毛并伴随频繁的抓耳挠腮，犬的皮肤损伤往往在脸、足和耳部。长此以往，可引起慢性感染，继发细菌性或真菌性皮肤病。食物过敏引起的消化紊乱主要表现为呕吐、腹泻、脱水、腹部触痛以及便中带血和黏液。

引起食物过敏的物质往往存在于犬猫的食物之中，目前已知牛肉、奶制品、小麦、鸡肉和猪肉是最容易引起犬过敏的食物。为了防止犬猫吃到引起过敏的食物或为了确定导致食物过敏的真正原因，选用含限量新蛋白质来源的处方食品或水解蛋白低过敏处方食品。病犬在使用处方食品过程中，应注意：①在由原来食物转换为处方食品之前应禁食并只让病犬饮用蒸馏水；②在禁食结束后，饲喂处方食品期间，只能饲喂处方食品，不能让犬接触到所有可能的食物来源，包括玩具、牛皮骨、剩饭剩菜、各种添加剂等；③食物过敏可能终生困扰病犬，因此对它的治疗也会延续终生。

（2）疾病恢复期处方食品。当犬患病或手术期间，它的身体会经历各种变化，这些变化将影响犬身体的恢复能力，并且导致犬的食欲下降或废绝。如果在患病或手术期间，病犬不能进食或饮食减少，不但机体抵抗力下降，疾病不能及时恢复，而且病犬的肌肉组织或其他组织会被消耗，引起机体代谢紊乱，使病情恶化。疾病恢复期处方食品不仅具有较高的营养成分，而且消化率高，适口性强。其适应情况为：厌食，营养不良，饮食困难，手术之后，妊娠期、哺乳期和生长期。

(3)肠道疾病处方食品。肠道疾病种类非常多，肠道问题很难通过单一饮食受益，不同的患病犬猫可能受益于不同的饮食和营养策略。因此，肠道疾病处方食品的类型较多，主要有以下 4 个系列：易消化、低脂、肠道敏感、均衡纤维等。此外，还有天然肠道处方粮、添加益生元等多种形式。在用来管理和控制胃肠道疾病的处方食品中，应始终使用优质、高消化率的原料。这种日粮的消化率应达到 90%(干物质消化率)或更高。

肠道疾病处方食品应考虑蛋白质的质量和蛋白质的类型。高度可消化的蛋白质来源对所有患肠道疾病的犬猫都有益，且蛋白质的来源对于患慢性肠病或食物不良反应的犬猫尤为重要，这类犬猫蛋白质的选择通常包括水解蛋白质或新蛋白质。低脂肪的日粮对患有肠道疾病的犬猫都有好处。一般建议患有肠道疾病的犬猫饲喂脂肪干物质基础含量为 11%(犬)或 15%(猫)或更低的日粮。日粮纤维对肠道疾病的治疗和管理同样有益，纤维的类型和含量对犬猫肠道的功能和健康具有不同影响。推荐使用发酵程度适中的纤维来提供最佳水平的短链脂肪酸，同时应适量添加不可发酵纤维，促进肠道正常蠕动。

此外，患有肠道疾病的犬猫易发生维生素 B_{12} 缺乏症，因此在肠道处方食品中补充维生素 B_{12} 可改善该情况。益生元是一种不易被消化的营养成分，通过影响肠道中的细菌生长和选择性定殖，对宿主动物产生有益作用。另外一些常见的用于患有胃肠道疾病犬猫的营养补充剂包括益生菌和合生元等。益生菌是可以为动物提供有益健康影响的活微生物。合生元包含益生元和益生菌，为动物提供相似的益处。

(4)肥胖症处方食品。肥胖是指身体脂肪相对肌肉而言过多。当犬猫的体重超过标准体重 30%以上时，其患病的机会就大大增加。肥胖的犬猫更易患骨骼和关节疾病、心脏病、糖尿病、高血压、肝脏病、皮肤病、麻醉和外科手术综合征。导致肥胖症的原因是过度饲喂、缺乏运动、年龄增大、去势或绝育手术、代谢紊乱等。

治疗肥胖症的方法是降低能量的摄入，同时增加能量的消耗，饲喂高纤维、高蛋白食品。当犬猫的体重下降以后，还应定期进行检查并配合使用处方食品，防止体重反弹，使犬猫保持最佳体重。在减肥初期，可以选择适当均衡的高纤维或高蛋白低脂肪的处方食品，这些食品专用作减肥，可在犬猫保持正常进食量的同时降低能量的摄入量，从而达到减肥的目的。其适应情况为肥胖、生长期、妊娠期、哺乳期、胰腺外分泌功能不全。犬的体重一旦达到健康标准，应防止体重回升反弹，此时可以使用含纤维适中、能量适当的处方食品。

(5)糖尿病处方食品。糖尿病是患病犬猫胰岛素分泌不足以满足其需求时出现的高血糖病。该病多发于中年肥胖的雌性犬猫。糖尿病主要临床症状表现为体重下降，多饮多尿、呕吐、虚弱、食欲不振或食欲大增也可能是糖尿病的症状。糖尿病的确诊需做血糖和尿糖检查。糖尿病很难治愈，但犬和人一样，可以通过注射胰岛素、加强运动和调节营养等方法而使糖尿病得到控制。

研究表明，食物中适量的高量纤维素可降低胰岛素的需求和血糖的水平。治疗糖尿病的处方食品为：含有中量或高量纤维素的处方食品，它们可以配合胰岛素的治疗，降低血糖的波动幅度。同时这类食品含有适度的优质蛋白质和较低的脂肪，保持患犬的最佳体重，并提供最适宜的营养调配。

4. 犬猫药品的管理及使用

合理用药是兽医临床工作的一个重要事项。利用好犬猫药品，正确治疗犬猫的各种传染病、寄生虫病及常见普通病，并采用综合防治措施，才可以安全饲养犬猫。因此，犬猫药品管理及使用是一项重要的工作。

(1)严格执行消毒制度。在犬猫疾病防制过程中，治疗只是针对发病的犬猫，免疫主要是针对健康的犬猫，而消毒除针对健康的犬猫预防消毒和发病的犬猫随时消毒外，还要对因各种疫病死亡的犬猫尸体进行终末消毒。也就是说，在疾病防制过程中，对健康的、发病的和死亡的犬猫都要进行有效消毒。因此消毒是预防疫病流行的一项重要措施，是杀灭病原微生物的重要手段。

(2)检疫和预防接种。为了预防和控制犬猫各种传染病的发生，应按科学的免疫接种程序进行预防接种，这是犬猫疾病防治的一项重要措施。因此，预防接种就是平时常说的“防重于治，以防为主”原则的具体有效措施，对防止犬猫疾病发生是十分重要的。

(3)驱虫。很多寄生虫病是人兽共患的，如蛔虫病。有些可经犬猫传染给人，如犬绦虫可感染人，使人得棘球蚴病。

(4)发生传染病后采取的措施。除针对上述的情况采取合理使用药品外，还要注意“季节病”的危害。适应各种环境与气候是犬猫的本能，然而，有时无法抵御因季节更替而带来的恶劣气候影响，患上“季节病”，因此要了解不同季节的特点，把握犬猫的生理活动规律，合理使用犬猫药品。

(5)管理及使用犬猫药品的注意事项。

①要结合药源和经济条件等具体情况选用药物，采用系统的科学管理方法。

②生物药品(如疫苗)和麻醉药等特殊药物应特殊管理。

③加强药品管理，保证药品质量。药品的标签或者说明应当注明药品的通用名称成分及含量、规格、生产企业、产品批准文号(进口药物注册证号)、产品批号、生产日期、有效期、适应证和功能主治、用法、用量、休药期、禁忌、不良反应、注意事项、运输、贮藏、保管条件及其他应当说明的内容。

④为了药品的安全，按药品的保存要求进行严格保存。常规药品要避光、密封，存放于阴凉处，生物药品一定要冷冻或冷藏。

课后任务

以小组为单位，每组简单地向袁女士介绍一种犬猫食品的饲喂特点。

课后练习

一、选择题

1. 湿粮通常是指水分含量高于(　　)的饲粮。

A. 80%　　B. 70%　　C. 60%　　D. 50%

2.半湿粮是指水分含量在(　　)的饲粮。

A.10%～20%　　B.15%～35%　　C.20%～30%　　D.25%～35%

3.干粮是指水分含量低于(　　)的饲粮。

A.10%　　B.12%　　C.15%　　D.18%

4.犬猫湿粮常见类型为(　　)。

A.颗粒料　　B.风干料　　C.罐装食品　　D.宠物点心

二、填空题

1.市场上的犬猫食品通常可以分为干粮、__________、__________、犬猫零食、犬猫保健品等。

2.犬猫干粮根据不同的生产工艺,分为膨化粮、__________、__________和冻干粮。

三、判断题

1.犬猫处方食品是添加了药物的食品。(　　)

2.糖尿病处方食品含有适度的优质蛋白质和较低的脂肪。(　　)

3.牛肉、奶制品、小麦、鸡肉和猪肉是最容易引起犬过敏的食物。(　　)

4.某款干粮蛋白质含量为25%,某款湿粮蛋白质含量为9%,因此可判断湿粮的营养价值比较低。(　　)

四、简答题

1.讨论常见犬猫食品的分类及营养特点。

2.什么是犬猫处方食品?有哪些类型?不同类型各有什么特点?

任务二　犬猫食品的加工技术

课前任务

某一天,犬猫食品生产厂家的技术主管张三接到了一项重要任务——为公司即将推出的犬猫食品系列设计生产工艺。这不是一项简单的流程设计,而是决定新产品能否成功上市的关键步骤。为了确保产品在营养性、适口性、卫生安全性等方面达到最佳状态,张主管决定采用先进的挤压膨化技术。通过本任务的学习,与张主管一起为新产品设计详细的加工工艺流程吧。

一、干膨化犬猫食品加工技术

干膨化犬猫食品是犬猫食品市场上典型产品,其市场占有量最大(>30%)。该类产品是通过挤压熟化方法加工而成的,一般为多种原料的混合物,如磨碎谷物(小麦或玉米)、大豆粕、肉骨粉、食用动物油脂、色素以及维生素预混料。添加较多的脂肪可改善食品的适口性,其方法一般是在食品成品的表面上喷涂液态油脂和(或)调味剂。这类产品通常含有10%～12%

的水分(湿物质基础)。以干物质为基础,犬和猫饲粮的粗脂肪含量分别为 2.5%~5%和8%~12%,粗蛋白质含量一般分别为18%~30%和 30%~36%。

(一)挤压膨化技术的原理和优点

犬猫食品的加工技术(一)(视频)

1.挤压膨化原理

挤压膨化是借助挤压机螺杆的推动力,将物料向前挤压,物料受到混合、搅拌、摩擦及高剪切力作用,组织结构改变并膨化的过程。膨化过程使生淀粉转化成熟淀粉、脂肪氧化、蛋白质变性重组,使食品形成质构疏松的膨化食品。

2.挤压膨化加工技术的优点

(1)提高犬猫食品的适口性、酥脆性。犬猫食品在膨化过程中释放出香味物质,使犬猫食品的适口性提高。犬猫在咬断和吞咽膨化食品的过程中,膨化食品起到清洁口腔和牙齿的作用。

(2)改变和提高犬猫食品的营养价值。挤压膨化改变了原料内部的分子结构和性质,使淀粉发生糊化,蛋白质变性,消化吸收率提高;而且挤压膨化加工后食品的质构呈多孔状,利于消化酶的酶解作用。

(3)改变犬猫食品的形状与结构,使之易被犬猫采食。挤压膨化机通过更换模具,可生产出不同大小、外形和容重的产品,使产品适合不同品种和年龄段的犬猫食用。如幼龄犬猫适合小颗粒的食品,成年犬猫适合稍大颗粒的食品,老年犬猫适合膨化度大的食品。不同的口腔结构适合不同的颗粒形状。

(4)提高犬猫食品的安全性和卫生性。高温高压过程可以杀灭各种霉菌、沙门菌等有害微生物,以及灭活抗营养因子等。

(二)挤压膨化工艺流程

挤压膨化生产工艺包括:原料接收、配料、粉碎、混合、膨化、烘干、后喷涂、冷却、成品包装等几个主要环节(图 2-34)。膨化犬猫食品生产工艺流程图及所需附加设备如图 2-35 所示。

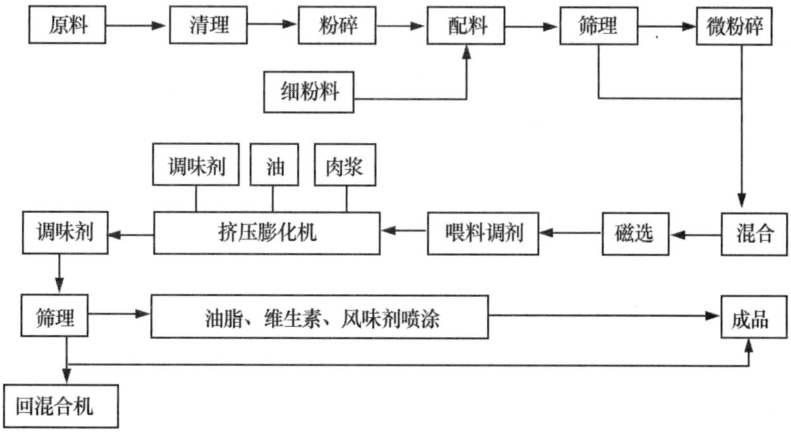

图 2-34 挤压膨化生产工艺流程

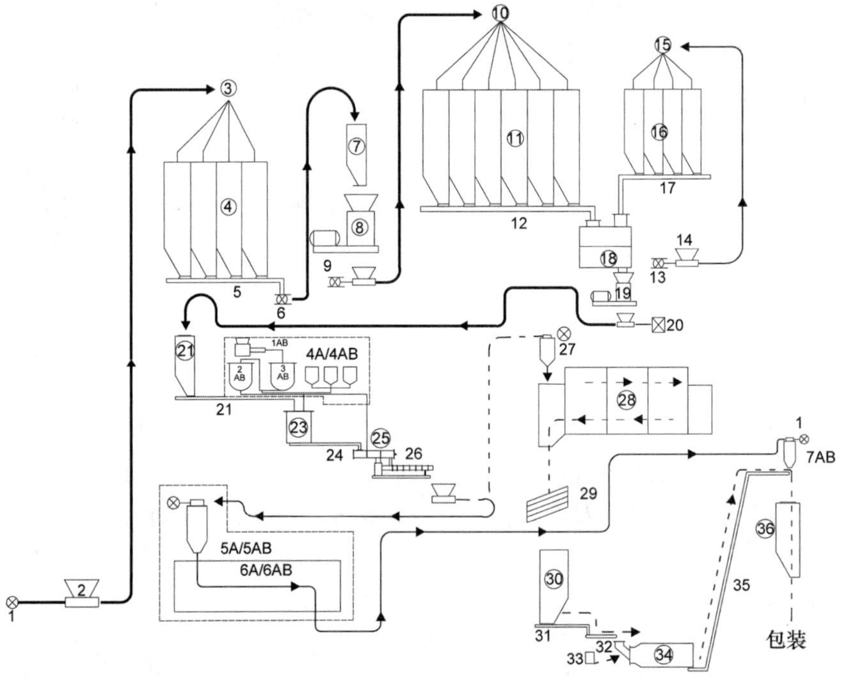

图 2-35　膨化犬猫食品生产工艺流程图及所需附加设备

1.风机　2.卡车自动卸料处　3.分配器　4.原料仓　5、12、17、22、31.螺旋式输送机　6.风机　7.粗粉碎料仓　8.锤片式粉碎机　9.风机　10.分配　11.粉碎料仓　13.风机　14.拆袋卸料处　15.分配器　16.微量原料仓　18.称量混合机和缓冲仓　19.锤片式粉碎机　20.鼓风机　21.成料仓　23.活底料仓　24.喂料器　25.预调质器　26.膨化机　27.集料仓　28.干燥机/冷却机　29.振动筛　30.缓冲仓　32.皮带秤　33.油脂罐　34.脂肪喷涂器　35.冷却输送带　36.成品料仓

半湿式犬猫食品生产所需附加设备:1AB.绞肉机　2AB.接受罐与泵　3AB.浆液料罐与泵　4AB.液态添加剂罐与泵　5AB.集尘器　6AB.冷却器　7AB.集尘器

软膨化犬猫食品生产所需附加设备:4A.液态添加剂罐与泵　5A.集尘器　6A.冷却器

工作过程:原料先进行接收和清理,进入料仓,有的原料在进入料仓前先粗粉碎,有的直接进入料仓。一次配料混合主要是大宗原料的配制,有利于提高第二次微粉碎机的工作效率;二次配料混合主要是经过二次微粉碎的混合物料与微量组分、液体物料的配料混合,保证各种物料充分混合,制成粒度均匀、混合均匀度高的待膨化粉料;待膨化粉料经挤压膨化机制成各种形状的颗粒,再经干燥、喷涂、冷却等工序制成满足产品营养、适口性、贮藏等要求的成品。

(三)猫食品的生产工艺流程

1. 工艺流程

原料配制→拌粉挤压膨化→干燥→抛光→喷油→喷脂→包装。

2. 设备配置

拌粉机→螺旋上料机→调质器膨化机→风送机→烤箱→抛光机→喷油机→喷脂机→包装机。

3. 特点

该生产线以豆粕、花生粕为主要原料,经粉磨、搅拌、调质、高温、高压、高剪切力,将球形蛋白质分子打开成链状蛋白质分子，并重新组织，形成层片状纤维结构，其产品营养价值高，具有肉的状态和口感，不含胆固醇和动物脂肪，具有吸油、吸水、吸味的特点。

(四)犬食品的生产工艺流程

1. 主要原料

主要原料包括鸡胸肉、精制面粉、大豆粉、食盐和白砂糖等。

2. 主要仪器设备

主要仪器设备包括多功能搅拌机、膨化机、烤炉、比容测定仪、水分快速分析仪及凯氏定氮仪等。

3. 基本配方

鸡胸肉 9%、大豆粉 30%、精制面粉 50%、食盐 3%和白砂糖 8%。

4. 工艺流程

配料、混料→预处理→挤压→冷却→复合成形→烘干→油炸→调味→包装。

(五)制作工艺操作要点

1. 配料、混料

该工序是将干物料混合均匀与水调和达到预湿润的效果，为淀粉的水合作用提供一些时间。这个过程对最后产品的成形效果有较大的影响。一般混合后的物料含水量在 28%～35%，由混合机完成。

2. 预处理

预处理后的原料经过螺旋挤出，达到 90%～100%的熟化，为接下来的挤压成形工序做准备。本工序由特殊螺旋设计，并由有效的恒温调节机构来控制。

3. 挤压

这是该工艺的关键工序，经过熟化的物料自动进入低剪切挤压螺杆，温度控制在 70～80 ℃。经过特殊的模具，挤压出宽 200 mm、厚 0.8～1 mm 的大片，大片为半透明状，韧性好。其厚度直接影响复合成形和烘干的时间，所以模具中一定要装有调节压力平衡的装置来控制出料均匀。

4. 冷却

挤压过的大片必须经过 8～12 m 的冷却长度，有效地保证物料在产品成形时的脱模，为节省占地面积，可把冷却装置设计成上下循环牵引来保证最少 10 m 的冷却长度。

5. 复合成形

该工序由 3 个步骤来完成。第 1 步为压花，由 2 组压花辊来操作，使片状物料表面呈网状并起到牵引的作用，其他不需要表面网状的片状物料可更换为平辊使其只具有牵引作用。第 2 步为复合，压花后的两片经过导向重叠进入复合辊，复合后的产品随输送带进入烘干，多余物料进入接收装置。第 3 步为接收，由一组专往挤压机返回的输送带来完成，使其重新进入挤压工序，保证生产不间断。

6. 烘干

挤出的坯料水分含量为 20%～30%，而下一道工序之前要求坯料的水分含量为 12%。由于这些坯料此时已形成密实的结构，不可迅速烘干，这就要求在低于前两道工序温度（通常为60 ℃）的条件下，消耗较长的时间来进行烘干，以保持产品形状的稳定。

二、半湿式犬猫食品加工技术

半湿式犬猫食品通常含有15%～35%的水分，主要原料是新鲜或冷冻的动物组织、动物肉粉、谷物、脂肪及其他一些原料等。半湿式犬猫食品质地比干性食品柔软，适口性高，更容易被犬猫接受。

（一）半湿式犬猫食品的生产工艺流程

半湿式犬猫食品是典型的挤压熟化产品之一，其加工工艺与干膨化犬猫食品非常相似，这种食品在生产过程中要求的能量较低，一般不膨化或部分膨化，但由于配方不同，与干膨化犬猫食品相比在加工上存在明显差异。有些半湿式犬猫食品实际上是冷成形的，很少或根本不涉及烹饪步骤。半湿式犬猫食品所选配料的性质有助于控制水的活性，从而减少其对高温加热或巴氏杀菌过程的需要。大多数半湿式犬猫食品同干膨化犬猫食品一样，加工过程中要经过挤压处理，且在挤压前要将食物进行蒸煮。

（二）半湿式犬猫食品生产的常用设备

半湿式犬猫食品在挤压之前或挤压的过程中经常要加入肉类及其副产品浆液，其中干的原料和浆液的比值变化较大，因此制作半湿式犬猫食品除需制作膨化犬猫食品的生产设备外，还需要其他设备，如冻肉绞碎机、浆液罐以及容积式计量泵等。

1. 绞肉机

（1）绞肉机的工作原理。绞肉机是犬猫罐头生产工艺中的主要机器设备，其主要功能是将新鲜禽畜肉类及其副产品进行搅碎以便后续的均匀混合。绞肉机的工作原理是由物料本身的重力和螺旋供料器的旋转，把物料连续地送往绞刀口进行绞碎。螺旋供料器的螺距后面比前面小，但螺旋轴的直径后面比前面大，这样对物料产生一定的挤压力，这个力迫使已绞碎的肉从格板的孔眼中挤出。

（2）绞肉机的功能特点。可将经过切片机切片分割的肉类及其副产品直接进行绞碎，制成规格不同的肉粒，为斩拌或搅拌做好前期准备工作。也可将小块冻肉直接进行绞碎。由于绞肉机的螺杆、网眼及刀片具有独特的结构，绞刀采用高碳铬不锈钢（3CR13）铸造而成，高强度，高硬度，刀刃锋利不变形，且出肉效率高。设计合理，绞碎过程中摩擦力小，肉料升温慢，利于保鲜。它可将块状肉（冻肉）绞至直径为3～16 mm的颗粒，易清洗。

2. 浆液罐

浆液罐通常配有加热或冷却的夹套，并配有搅拌器。能将大多数液体加热到25～40 ℃来提高流动性。

3. 容积式计量泵

容积式计量泵以理想的恒定速率输送计量液体。

三、软膨化犬猫食品加工技术

软膨化犬猫食品是犬猫食品市场上的新产品类型之一。软膨化犬猫食品在某些方面与半湿式犬猫食品极其相似，即都含有相对较多的肉类及其副产品，因而它们的油脂含量一般都高于干膨化犬猫食品。此外，可采用在半湿式犬猫食品加工技术中所述的任一种方式将肉类原料加入挤压机。

软膨化犬猫食品与半湿式犬猫食品存在差异，其中最大的差别在于软膨化犬猫食品经挤压后呈现与干膨化犬猫食品一样的膨化外观。与生产半湿式犬猫食品一样，生产软膨化犬猫食品也需要对生产干膨化犬猫食品的设备进行改造。此外，还要改变加工操作方式。

软膨化犬猫食品的基本挤压过程与干膨化犬猫食品相似。一是它们在挤压前都要用蒸汽和水进行调质，二是成品经过压模都得到膨化。然而，软膨化犬猫食品的原料组成特性却与半湿式犬猫食品相似，其成品虽经过膨化，但仍具有软而柔韧的特性。

软膨化犬猫食品因经过膨化，其容重小于半湿式犬猫食品，但仍保持着较高的水分含量，这一点与半湿式犬猫食品是相似的。典型的软膨化犬猫食品的水分含量为27%～32%，其最终产品容重为417～480 kg/m^3。与生产半湿式犬猫食品一样，生产软膨化犬猫食品也不应进行干燥处理，故应在原料中加入防腐剂。此外，挤压后的产品在包装前需要冷却。

四、湿式犬猫食品加工技术

水分含量大于或等于60%的犬猫食品，也称为湿粮，湿粮分全价湿粮和零食湿粮，但其加工工艺基本相同，只是营养成分存在差异。

犬猫罐头产品是以畜禽肉类及其副产品为原料，添加部分辅料经过搅拌混合、乳化、灌装、杀菌等工序加工而成的犬猫食品。目前，半固态犬猫罐头产品按照工艺一般分为两大类：一类是马口铁包装犬猫罐头，另一类是软包装犬猫罐头。

1.马口铁包装犬猫罐头产品加工工艺

马口铁包装犬猫罐头主要通过各组设备的组合来完成终产品的生产，在加入冷冻的畜禽肉类及其副产品经切块粗绞后，再和添加的配料搅拌混合、乳化、抽空搅拌、金属探测、灌装、封口、杀菌、保温、包装，最后完成成品的出厂。

马口铁包装犬猫罐头产品加工工艺流程为：原料验收→冷库贮藏→切块、粗绞→配料搅拌混合→乳化→抽空搅拌→金属探测→定量灌装→封口→杀菌→保温→包装。

(1)原辅包材验收工序。原辅包材依据法律法规和企业制订的检验标准进行验收，验收合格后入库贮藏。

(2)原料贮藏工序。原辅包材根据产品特性要求贮藏在不同的仓库中，一般畜禽肉类原料贮藏在 −18 ℃ 以下的冷冻库中，新鲜的马上使用的肉类原料贮藏在 4 ℃ 的冷藏库中，其他辅料和包材常温保存。

(3)切块、粗绞工序。原料从仓库中取出后，脱掉原料包装，经金属探测器进行检测，通过传送带运输到冻肉切块机内，先经冻肉切块机，把大块冷冻原料切割成小块状以便于粗绞；切割后的原料再经绞肉机进行粗绞成肉泥状。

(4)配料搅拌混合工序。经粗绞后的原料装入料斗车,进行准确称量,用提升机将料斗内的物料倒入搅拌机,依次添加所需辅料后,把原料和辅料充分搅拌均匀。

(5)乳化工序。经搅拌均匀的物料直接通过管道输送到乳化机内进行乳化,以达到物料均一的状态。

(6)抽空搅拌工序。乳化后的物料经管道输送到真空搅拌机内,边搅拌边抽真空。

(7)金属探测工序。物料抽真空搅拌后,经管道金属探测器对物料内的金属异物进行检测,以排除物料内混入金属异物,保证产品的安全性。

(8)定量灌装工序。物料经管道直接输送到灌装机,进行自动称量灌装。

(9)封口工序。物料灌装后,使用自动真空封罐机进行封口。封口要求迭接率、紧密度、接缝盖钩完整率达到50%以上。

(10)杀菌工序。产品通过滑道输送到杀菌盘上,正确摆盘后推入杀菌锅,使用蒸汽杀菌锅进行杀菌,通过高温杀菌后,使产品达到商业无菌。

(11)保温工序。产品杀菌后,转入(37±2)℃的保温库进行保温 7 d,观察产品有无胀罐或腐败变质情况,保证产品符合商业无菌的要求。

(12)包装工序。保温后,经检验合格,进行装箱包装。

2.软包装犬猫罐头产品加工工艺

软包装犬猫罐头是将原料解冻后经过预煮、打丝、金属探测、添加配料搅拌、定量灌装、封口、杀菌、保温、包装,最后完成的成品。

软包装犬猫罐头产品加工工艺流程为:原料验收→冷库贮藏→解冻→预煮、打丝→金属探测→添加配料搅拌→定量灌装→封口→杀菌→保温→包装。

(1)原料验收工序。原辅包材料依据法律法规和企业制订的检验标准进行验收,验收合格后入库贮藏。

(2)冷库贮藏工序。原辅包材料根据产品特性要求贮藏在不同的仓库中,一般畜禽动物肉原料贮藏在 −18 ℃以下的冷藏库中;新鲜的马上使用的肉类贮藏在 4 ℃的冷藏库中,其他辅料和包材常温保存。

(3)解冻工序。原料从仓库中取出,脱掉原料包装,均匀地摆放在解冻架上,采用自然解冻方式使原料完全化开后,可转入下一道工序。

(4)预煮、打丝工序。解冻后的原料先使用熬煮锅进行预煮,预煮完成后使用打丝机打成肉丝或其他形状;打成肉丝的产品需要摆放在案板上进行冷却。

(5)金属探测工序。冷却后的肉丝,经过金属探测器进行金属异物检测,以排除混入产品中的金属异物,保证产品的安全性。

(6)添加配料搅拌工序。准确称取原料和配料,倒入搅拌机内,把原辅料充分搅拌均匀。

(7)定量灌装工序。搅拌均匀后的物料使用定量灌装机,自动称量灌装。

(8)封口工序。物料灌装后,使用自动封口机或滚动封口机进行封口,封口宽度不小于10 mm,保证密封性符合要求。

(9)杀菌工序。封口后产品均匀地摆放在杀菌盘上,摆盘后推入杀菌锅内,使用全水式杀菌锅进行杀菌,通过高温杀菌后,使产品达到商业无菌。

(10)保温工序。产品杀菌后,转入(37±2)℃的保温库保温 7 d,观察产品有无胀袋或腐败变质情况,保证产品符合商业无菌的要求。

(11)包装工序。保温后,经检验合格,进行装箱包装。

五、冻干类食品加工技术

犬猫食品的加工技术(二)(视频)

(一)冷冻干燥原理

将含水物料先行冻结,然后使物料中的水分在高真空下不经液相直接从固相转化为水汽排出,称为冷冻干燥法,又称为冷冻升华干燥法、真空冷冻干燥法。从理论上已知水有三相:液相、气相和固相,水相平衡关系是研究和分析含水食品冷冻干燥原理的基础。物质分子间的相互位置随着温度压力的改变而变化,直到量变引起质变,产生聚集态的转化,随着压力的不断降低,冰点的变化不大,而沸点则越来越靠近冰点。当压力下降到某一值时,沸点即与冰点相重合,固态冰就可以不经液态而直接转化为气态,这时的压力称为三相点压力,其相应的温度称为三相点温度。

(二)冷冻干燥优点

(1)冷冻干燥在低温下进行,因此对于许多热敏性的物质特别适用,使其不致变性或失去活力,物质中的一些挥发性成分损失很小,能最大限度地保存食品的色、香、味,如蔬菜的天然色素保持不变,各种芳香物质的损失可减少到最低程度,且蛋白质、微生物等不会发生变性或失去生物活力。冷冻干燥对保存含蛋白质食品的效果要比冷冻的好,因为冷冻要降低食品的持水性。

(2)冷冻干燥的特点是不改变物质的物理结构,且化学结构变化很小。对热不稳定的物质影响也很小,即添加水,能恢复到干燥前的状态。由于在冻结的状态下进行干燥,故体积几乎不变,保持了原来的结构,不会发生浓缩现象。

(3)复水快,食用方便。干燥后的物质疏松多孔,呈海绵状,加水后溶解迅速而完全,几乎立即恢复到原来的性状。因为被干燥物料含有的水分是在结冰状态下直接蒸发,水汽不带动可溶性物质移向物料表面,不会在物料表面沉积盐类,物料表面不会形成硬质薄皮,也不存在因中心水分移向物料表面时对细胞或纤维产生张力,不会使物料干燥后因收缩而引起变形,所以极易吸水恢复原状。

(4)由于在真空下进行干燥,氧气极少,故一些易氧化的物质(如油脂类)得到了保护。

(5)冻干制品重量轻、体积小、贮藏时占地面积少、运输方便。各种冻干蔬菜经压块,重量减少十几倍,体积缩小几十倍。以冷藏食品重量为 100%为例,罐头食品为 110%,冻干制品仅为 5%。包装费用比罐头食品低得多,贮藏费用比冷藏产品低得多。

(6)干燥能排除 95%~99%及以上的水分,使干燥后产品能长期保存而不变质。

(三)工艺流程

冻干类食品加工工艺流程:原料解冻→选杂→调味腌制→冷冻→切型→真空冷冻干燥→

挑选→计量装袋→金属探测→封口装箱→入库。

1. 原料选择

选择新鲜的鸡肉、鸭肉、牛肉、羊肉、鱼肉等，也可以选择新鲜蔬菜和水果。

2. 前处理

产品在进行冷冻干燥时，需要装入适宜的容器，进行预先冻结，才能进行冷冻干燥。预冻过程不仅是保证物质的主要性能不变，冻结后产品有合理的结构以利于水分的升华；还要有恰当的装量，以便日后应用。

产品的分装通常有散装和瓶装 2 种方式。散装可以采用金属盘、饭盒或玻璃器皿；各种容器在分装之前要求清洗干净并进行灭菌处理。需要冻干的产品需配制成一定浓度的液体，为了能保证干燥后有一定的形状，干物质含量在 10%～15%最佳。产品分装到容器有一定的表面积与厚度比，表面积要大一些，厚度要小些。表面积大有利于升华，产品厚度大不利于升华，一般分装厚度不大于 10 mm。有些产品需用大瓶，并且冻干较大量的产品时，可以采用旋冻的方法冻成壳状或倾斜容器冻成斜面，以增大表面积，减小厚度。

产品的预冻方法有箱内预冻法和箱外预冻法。箱内预冻法是直接把产品放置在冻干机冻干箱内的多层搁板上，由冻干机的冷冻机来进行冷冻。大量的小瓶或安瓿进行冻干时为了进箱和出箱方便，一般把小瓶或安瓿分装在若干金属盘内，再装进箱子。为了改进热传递，有些金属盘制成可分离式，进箱时把底抽走，让小瓶直接与冻干箱的金属板接触；对于不可抽底的盘子要求盘底平整，以获得产品的均一性。采用旋冻法的大瓶要事先冻好后加上导热用的金属架或块后再进行冷冻。箱外预冻法有 2 种方法：一种是只能利用低温冰箱或酒精加干冰来进行预冻；另一种是专用的旋冻器，它可把大瓶的产品边旋转边冷冻成壳状结构，然后再进入冻干箱。冷冻时所形成的晶体大小在很大程度上影响干燥的速率和干燥后产品的融解速度。大的冰晶容易升华，小的冰晶不利于升华；但大的冰晶融解慢，小的冰晶融解快。冰晶越小，干燥后越能反映产品原来的结构。因此，需要有一个最优的冷却速率，以得到最好的产品物理性状和融解速度。为了获得不同的降温速度，就要采取不同的预冻方法。例如，有时需在装箱之后才开始冻干箱的降温；有时需让机器预先降到低温，再将产品装入冻干箱。预冻的目的是固定产品，以便在真空下进行升华。如果没有冻实，则抽真空时产品会冒出瓶外来，没有一定的形状；如果冷冻的温度过低，则不仅浪费了能源和时间，对某些产品还会降低其存活率。因此，预冻之前应确定 3 个数据：一是预冻的速率，应根据产品不同而试验出一个最优冷冻速率。二是预冻的最低温度，应根据该产品的共熔点来决定预冻的最低温度应低于共熔点的温度。三是预冻的时间，根据机器的情况来决定，保证抽真空之前所有产品均已冻实，不致因抽真空而冒出瓶外冻干箱的每一板层之间，每一板层的各部分之间温差越小则预冻的时间可以相应缩短，产品的温度达到预冻最低温度之后 1～2 h，即可开始抽真空升华。

冷冻速度还对食品干制品的复水率、升华时间有影响。冷却速度越快，形成的冰晶变细，干燥时升华时间则越长，复水率提高。反之，冷却速度慢，形成的冰晶大，干燥时升华时间短，复水率较低。

冷冻最终温度影响食品干燥速度。随着温度的下降，水分冻结量逐渐增加。如让食品中水分全部冻结，温度必须降到 −60 ℃ 以下进行升华干燥。冰的饱和蒸汽压为 1.15 Pa，设备的真空必须高于 1.15 Pa，才能进行升华干燥。此时，冰的饱和蒸汽压与真空室内的压差在 1 Pa 之内。由于食品干燥层的阻力存在，水蒸气很难从冰界面扩散到真空室，升华难以进行，但冻结温度又不能过高，要防止冻结不足使升华时食品内部发生部分融化、发泡等现象。所以，对食品，最终温度控制在 −25～10 ℃，此时，冻结率在 90%以上，不会发生冻结不足现象。

3. 冻干产品的干燥

(1)第一阶段干燥。在产品内的冻结冰消失之前称第一阶段干燥，也称冷冻(或升华)干燥阶段。产品在升华时要吸收热量，1 g 冰全部变成水蒸气大约需要吸收 2 805.3 J 的热量，因此升华阶段必须对产品进行加热。但对产品的加热量是有限度的，不能使产品的温度超过其自身共熔点温度。升华的产品如果低于共熔点温度太高，则升华的速率降低，升华阶段的时间会延长；如果高于共熔点温度，则产品会发生融化，干燥后的产品将发生体积缩小、出现气泡、颜色加深、融解困难等现象。因此升华阶段产品的温度要求接近共熔点温度，但又不能超过共熔点温度。

冷冻干燥时冻干箱内的压强，要控制在一定的范围之内。压强低有利于产品内冰的升华，但由于压强太低对传热不利，产品不易获得热量，升华速率反而降低。试验表明：在冻干箱的压强低于 10 Pa 时，气体的对流传热小到可以忽略不计；而压强大于 10 Pa 时，气体的对流传热就明显增加。在同样的板层温度下，压强高于 10 Pa 时，产品容易获得热量，因而升华速率增加。但是，当压强太高时，产品内冰的升华速率减慢，产品吸热量减少，于是产品自身的温度上升，当高于共熔点温度时，产品将发生融化，造成冻干失败。冻干箱的合适压强是在 1～3 Pa，在这个压强范围内，既利于热量的传递又利于升华的进行。冻干箱内的压强超过 3 Pa 时，产品可能融化，此时应发出真空报警信号，切断对产品的加热，甚至启动冷冻机对冻干箱进行降温，以保护产品不致发生融化。冻干箱内的压强是由空气的分压强和水蒸气的分压强组成的，因此要使用能测量全压强的热真空计来测量真空度，而不宜使用压缩式真空计，以水银为介质的压缩式真空计由于水银蒸气有害，应禁止使用。

1 g 冰在 13.33 Pa 时产生约 10 000 L 水汽，为了排除大量的水蒸气，光靠机械真空泵排除是不行的。冷凝器作为冷却装置使大量水蒸气凝结在其内部的制冷表面上，因此冷凝器实际上起着蒸汽泵的作用。大量水蒸气凝结时放出的热量能使冷凝器的温度发生回升，这是正常的现象。但冷凝器冷冻机的制冷能力不够，冷凝器吸附水蒸气的表面太小或对产品提供热量过多等原因而产生过多的水蒸气，会引起冷凝器温度的过度回升。当发生这种情况时，冻干箱和冷凝器之间的水蒸气压力差减小，从而导致升华速率的降低。与此同时冻干机系统内水蒸气的分压强增强，使真空度降低进而又引起升华速率的减慢，产品吸收热量减少，产品温度上升，致使产品发生融化，冻干失败。因此为了冷冻干燥出好的产品，需要保持系统内良好而稳定的真空度。需要冷凝器始终能低于 −40 ℃，因为 −40 ℃ 时冰的蒸汽压为 1 Pa 左右。

在冷冻干燥阶段，冻干箱的板层是产品热量的来源。板层温度高，产品获得的热量就多；板层温度低，产品获得的热量就少；板层温度过高，产品获得过多的热量使产品发生融化；板层温度过低，产品得不到足够的热量会延长冷冻干燥时间。因此，板层的温度应进行合理的控制。板层温的高低应根据产品温度、冻干箱的压强(即冻干箱的真空度)、冷凝器的温度 3 个因素来确定。如果在冷冻干燥的时候，产品的温度低于该产品的共熔点温度较多，冻干箱内的压强小于真空报警设定的压强较多，冷凝器温度也低于 －40 ℃ 较多则板层的加热温度还可以继续提高。如果板层温度提高到某一数值之后产品的温度已接近共熔点温度，或者冻干箱的压强上升到接近真空报警的数值或者冷凝器温度回升到 －40 ℃，则板层温度不可再继续提高，不然会出现危险的情况。

影响升华干燥时间的因素：①产品的类型。有些产品容易干燥，有些产品不容易干燥。一般来说，共熔点温度较高的产品容易干燥，升华的时间较短。②产品的分装厚度。正常的干燥速率大约每小时使产品下降 1 mm 的厚度，因此分装厚度大，升华时间也长。③升华时提供的热量。升华时若提供的热量不足，则会减慢升华速率，延长升华阶段的时间。

冻干机的性能包括冻干机的真空性能、冷凝器的温度和效能、机器构造的几何形状等，性能良好的冻干机使升华阶段的时间更短。

在产品的第一阶段时，除要保持冻结产品的温度不能超过共熔点外，还要保持已干燥的产品温度不能超过崩解温度，所谓崩解温度是对已经干燥的产品而言的。已干燥的产品应该是疏松多孔，保持一个稳定的状态，以便下层冻结产品中升华的水蒸气能顺利通过，使全部的产品都良好地干燥。但某些已干燥的产品，当温度达到某一数值时，会失去刚性，发生类似崩溃的现象，失去了疏松多孔的性质，使干燥产品有些发黏，密度增加，颜色加深，发生这种变化的温度就称为崩解温度。干燥产品发生崩解之后，阻碍或影响下层冻结产品升华的水蒸气的通过，于是升华速度减慢，冻结产品吸收热量减少，由板层继续供给的热量超过其需要量，会造成冻结产品温度上升，产品发生融化、发泡现象。崩解温度与产品的种类和性质有关，因此应该合理地选择产品的保护剂，使崩解温度尽可能高一些，如产品的崩解温度应高于该产品的共熔点温度。崩解温度一般由试验确定，通过显微冷冻干燥试验可以观察到崩解现象从而确定崩解温度。

(2)第二阶段干燥。一旦产品内冰升华完毕，产品的干燥便进入了第二阶段，也称解吸干燥阶段。在该阶段虽然产品内不存在冻结冰，但产品还存在 10%左右的水分，为了使产品达到合格的残余水分含量，必须对产品进一步干燥。在解吸阶段，可以使产品的温度迅速地上升到该产品的最高允许温度，并在该温度一直维持到冻干结束为止。迅速提高产品温度有利于降低产品残余水分含量和缩短解吸干燥的时间。产品允许温度视品种而定，一般为 25～40 ℃。

在解吸干燥阶段产品内溢出水分的减少，冷凝器温度的下降又引起系统内水蒸气压力的下降，这样往往使冻干箱的总压力下降到低于 1 Pa，这就使冻干箱内对流的热传递几乎消失。因此，即使板层已加热到产品的最高允许温度，但由于传热不良，产品温度上升很缓慢。

一旦产品温度达到许可温度之后，为了进一步降低产品内的残余水分含量，高真空的恢复是十分必要的，这时上述控制压强的方法应停止使用。在冻干箱恢复高真空的同时，冷凝器由于负荷减少，温度下降到最低的极限温度，这样使冻干箱和冷凝器之间水蒸气压力差达到了最大值。这样的状况非常有利于产品内残余水分的逸出，但时间应控制在小于 2 h，时间越长产品内残余水分的含量越低。

影响解吸干燥时间的因素：①产品的种类。产品不同，干燥的难易不同，同时产品不同，最高许可温度也不同，最高许可温度较高的产品，时间可相应短些。②残余水分的含量。残余水分的含量要求低的产品，干燥时间较长。产品残余水分的含量应有利于该产品的长期存放，太高或太低均不好，应根据试验来确定。③冻干机的性能。在解吸阶段后期能达到的高真空度、冷凝器的温度低的冻干机，其解吸干燥的时间可短些。④采用压强控制法。如果采用压强控制法，则改进了传热，使产品达到最高许可温度的时间缩短，解吸干燥的时间也缩短。

第二干燥阶段终止点是比较重要的，冻干是否可以结束是这样来确定的：产品温度已达到最高许可温度，并在这个温度保持 2 h 以上的时间；关闭冻干箱和冷凝器之间的阀门，注意观察冻干箱的压力升高情况（这时关闭的时间应长些，30～60 s），如果冻干箱内的压力没有明显的升高，则说明干燥已基本完成，可以结束冻干；如果压力有明显升高，则说明还有水分逸出，要延长时间继续进行干燥，直到关闭冻干箱冷凝器之间的阀门后，压力无明显上升为止。

4.冻干的后处理

干燥结束后，要对食品进行调节，即使食品在破坏真空之前稳定一段时间，使食品中的剩余水分和温度完全均匀，然后消除真空。在破坏真空时，不能用一般空气，因为干燥制品中的微生物并非全部死亡，部分微生物处于休眠状态，一旦外界条件成熟，它们还会继续生长，而空气中的水分、氧气为微生物的生长提供有利条件，最后会使干燥制品失去稳定性，所以应采用充氮气来消除真空，对食品无副作用，同时要求包装也应采用充氮密封。

在干燥完毕时冻干箱内仍处于真空状态，因此产品出箱必须放入空气，才能打开箱门取出产品，放入的空气应是无菌干燥空气。

不同产品的保存要求不同，因此出箱时的处理也不同。有些产品仅需放入无菌干燥空气，然后出箱密封保存即可；有些产品需充氮保存，在出箱时放入氮气，出箱后再充氮密封保存；有些产品需真空保存，在出箱后再重新抽真空密封保存。

干燥的产品一旦暴露在空气中，很快会吸收空气中的水分而潮湿，使本已干燥的产品又增加水分，因此，产品一旦出箱就应该迅速封口。

六、低温烘焙技术

在犬猫食品生产中，主要有 3 种加工形式：一是膨化工艺的干粮，二是蒸煮工艺的湿粮，三是高温烘烤型半湿粮。

由于高温烘烤型半湿粮采用的是高温短时烘焙的加工方式，其缺陷和膨化干粮及高温蒸煮湿粮的缺陷一致，即高温造成的营养成分不同程度地流失，且水分含量低，会影响适口性。犬猫烘焙食品采用低温烘焙方法，不仅可降低营养成分的流失，而且水分含量较高，投食方便，形状可任意改变，宠物主人能很好地根据犬猫大小，体形和食量等条件控制犬猫食品的摄入量。

犬猫烘焙食品的品种繁多，其生产工艺也随品种、配方的不同而有较大差别，这主要取决于原料组成、水分含量及成形方法。

1.调制方法

（1）选择食品原料，包括新鲜肉类、面粉类、新鲜水果、新鲜蔬菜、牛磺酸、复合维生素等。

（2）肉类、鱼类和畜禽内脏要先洗去血污、泥沙，保证食物的清洁卫生。取鲜肉原料，使用搅拌机对鲜肉原料进行搅拌，得到肉泥。通过蒸发或冷冻，得到水分浓缩至60%～65%的肉泥，冷却备用。

(3)蔬菜洗净、切碎。

(4)混合。将备用食材与面粉(如膨化大豆蛋白、马铃薯粉、乳清蛋白粉、糙米粉、玉米粉)、啤酒酵母、酵母抽提物、食盐、微量元素预混合饲料和成团。

(5)成形。使用模具将面团挤压成形并脱模至烤盘中，将烤盘放入烤箱中，在80～100 ℃烘焙4～6 h。

(6)烘焙好的犬猫食品从烘焙设备中取出冷却即可食用。

2.注意事项

(1)在材料选择时，避免使用影响犬猫健康的食材。如巧克力含咖啡因、可可碱和茶碱，会过度刺激神经系统；洋葱与青葱含硫代亚硫酸，破坏犬身体的红细胞循环，并使红细胞急速氧化，导致贫血。

(2)面团中蔬菜比例不能过高，否则影响产品成形。鲜肉比例不能过高，否则会使产品硬化，硬度增加，影响适口性。

(3)挤压成形的面团不能过厚，过厚需要烤得时间长，影响成品色泽。

课后任务

查阅国内外犬猫食品加工工艺的发展历程，并讨论目前在犬猫食品加工上应用的一些新工艺。

课后练习

1.干膨化犬猫食品加工的工艺流程和主要设备有哪些？

2.湿式犬猫食品加工的工艺流程和主要设备有哪些？

3.当前犬猫食品类型越来越多，对生产工艺技术的要求也越来越高，谈谈你对不同类型食品和工艺技术发展趋势的看法。

任务三 犬猫食品的安全与卫生规范

犬猫食品的安全与卫生规范(视频)

课前任务

某一天，负责犬猫食品质量检测的李工接到了一批即将投入生产的原材料样本。他的任务是检测这些样本中是否含有有害物质，并确认它们是否符合国家卫生标准。李工知道，这次检测不仅关乎产品质量，更关系到成千上万宠物的健康和生命。因此，他需要制订一个详细的检测方案，以确保产品的安全性。通过本任务的学习，帮助李工一起制订一份详细的检测方案吧。

一、犬猫食品的要求

1. 原料要求

原料新鲜优质，不含任何人工合成色素和防腐剂，达到人可以安全食用的健康标准。这是保证犬猫食品品质的前提。

2. 制作工艺

工艺流程设计要科学、合理，精心制作，规范生产，确保生产过程中营养不流失，不被破坏，保证食品营养均衡。

3. 卫生要求

从选料、生产、包装和运输等方面都要符合食品生产危害分析与关键控制点（HACCP）标准，卫生指标含量要确保生产出来的食品达到人可以安全食用的标准。

二、犬猫食品的卫生指标

犬猫食品的主要卫生指标包括以下几个方面。

1. 无机污染物和含氮化合物

（1）指标：氟、镉、铬、汞、铅、总砷、三聚氰胺、亚硝酸盐。

（2）来源。饲料中的无机污染物来源有多种途径。

①原料：植物性原料，如玉米、棉粕、豆粕、红薯颗粒等，在农业生产过程中，使用农药、化肥和田地浇灌时使用被污染的水都能够导致土壤中产生重金属污染，并进一步富集到作物中。动物源性原料，如鸡肉粉、肉骨粉、鱼粉等也可能被重金属污染。

②饲料加工过程：饲料加工过程中所用的金属器械、管道、容器等可能含有某些重金属元素，在一定条件下通过各种形式进入饲料。在生产过程中，受到周边环境的污染，如化工废气、废水的排放，从而导致生产的最终产品受到污染。

食品原料中含氮化合物主要为非法添加，如三聚氰胺是一种三嗪类含氮杂环有机物，由于其含氮量高达66.67%，无色无味易被染色，传统的凯氏定氮法又无法将其检测出来，所以不法商人将其添加到蛋白饲料中，如大豆蛋白粉、鱼粉、肉骨粉、玉米蛋白粉及饼粕类等原料或是将其制成饲料添加剂冒充粗蛋白质。

2. 真菌毒素

（1）具体指标：黄曲霉毒素B、伏马毒素（B+B）脱氧雪腐镰刀菌烯醇（呕吐毒素）、玉米赤霉烯酮、赭曲霉毒素A、T-2和HT-2。

（2）来源。真菌毒素是由产毒真菌在适宜环境条件下的有毒代谢产物，犬猫食品中的真菌毒素，主要来源于食品原料的生产、加工、运输、贮藏以及食品产品的加工、运输和贮藏。例如，植物性原料在田地生长时，可能被污染，如赤霉病；在收割的季节中，粮食作物未能及时干燥，导致真菌的大量繁殖而污染，如发霉的玉米、小麦等存在呕吐毒素；在原料运输途中被雨淋湿而发生变质；在贮藏过程中，发生霉变，产生毒素；在饲料加工、运输及贮藏方面，外部环境污染和饲料内部水分控制不当而导致发生变质，都可能导致饲料携带真菌毒素。

3.天然植物毒素

(1)具体指标:氰化物。

(2)来源。氰化物在自然界广泛存在,主要以氰苷的形式存在于植物当中,如木薯、高粱、玉米、豆类、亚麻籽等植物中均含有氰化物成分,而部分植物也是犬猫食品的加工原料。

(3)危害。含有氰化物的食品被犬猫食用后,氰苷会产生氢氰酸,抑制细胞内多种酶的活性,造成中枢神经系统损伤,尤其血管运动中枢和呼吸中枢。当采食很多含氰化物的食物后,会出现急性中毒,出现先兴奋后抑制、肢体麻痹、肌肉痉挛,最后昏迷死亡。

4.有机氯污染物

(1)具体指标:滴滴涕、多氯联苯、六六六、六氯苯。

(2)来源。有机氯污染物主要来源于饲料原料,如植物源性原料在生长过程中,使用有机氯农药,残留在土壤以及水源当中,被农作物吸收,并存留在作物当中,使用被污染的原料生产饲料,可能饲料中会残留有污染物;动物源性原料由动物摄取被有机氯污染的饲料,富集到动物体内。

(3)危害。有机氯农药具有高残留和积累效应,也是一种神经毒素与肝毒素,导致食欲减少或废绝、呕吐、抽搐,严重会导致休克甚至死亡。

5.微生物污染物

(1)具体指标:沙门菌、微生物。

(2)来源。犬猫食品含有丰富的碳水化合物、蛋白质、维生素和脂肪等多种营养物质,这使得其在加工及贮藏过程中极易被微生物污染;植物性原料在收割、贮藏、加工生产以及运输过程中也会受微生物的污染。

三、犬猫食品的安全性评价方法

所谓饲料安全,通常是指饲料产品,包括饲料和饲料添加剂中不得含有对饲养动物的健康造成实际危害,而且不会在畜产品中残留、蓄积和转移的有毒、有害物或因素;饲料产品以及利用饲料产品生产的畜产品,不会危害人体健康或对人类的生存环境产生负面影响。为了确保犬猫食品安全和保障犬猫健康,需要对犬猫食品进行安全性评价,通过安全性评价阐明犬猫食品是否可以食用,或阐明犬猫食品中有关危害成分以及毒性和风险大小,利用毒理学资料和毒理学试验结果确认犬猫食品的安全剂量,进行企业质量风险控制。由于人们习惯或者传统观念,一般对药品的安全性比较重视,而对犬猫食品的安全性有所忽视,总认为可比药品的要求低一些。其实不然,现行的 HACCP 系统的起源和发展就源于宇航食品的制造,实施 GMP(良好的生产操作规范)就是要把犬猫食品和人的食品药品一样的严格管理起来,因为犬猫食品的摄入量比药品大得多,而且食用者不受限量。

(一)食品安全性评价的准备工作

1.熟悉食品安全性毒理学评价的程序和方法

关于食品安全性毒理学评价我国有具体规定。从 1980 年开始,我国提出了食品安全性评价的程序问题。1983 年卫生部颁布《食品安全毒理学评价程序(试行)》,1994 年颁发了

GB 15193.1—1994《食品安全性毒理学评价程序》,并于 2003 年和 2014 年进行修订。虽然该标准于 2015 年 5 月已废止,但仍有借鉴意义。程序包括:准备工作→急性毒理试验→遗传毒理学试验→亚慢性毒理试验(含 90 d 喂养试验、繁殖试验、代谢试验)→慢性毒理试验(包括致癌试验)。

2.受试物的要求

(1)提供受试物(必要时包括杂质)的物理、化学性质(包括化学结构、纯度、稳定性等)。

(2)受试物必须是符合既定的生产工艺和配方的规格化产品。其纯度应与实际应用相同。在需要检测高纯度受试物及其可能存在的杂质的毒性或进行特殊试验时,可选用纯品及杂质分别进行毒性检测。

3.常用的实验动物

大鼠(*Rallus norvegicus*)是最常用的实验动物之一,寿命 2～3 年,性成熟 2～3 月龄;小鼠(*Mas musculus*)用途广泛,也最常用,寿命约 2 年,生育期 1 年多;豚鼠(*Cavia porcellus*)又名天竺鼠、荷兰猪,寿命 6～8 年,生育期雄性 2.5～3 年、雌性 3～4 年;家犬(*Canis familiaris*)是哺乳动物,寿命 10～20 年;家兔(*Oryctolagus cuniculus*)是最常见的兔品种,有中国小白兔、青紫蓝兔和大耳白兔,寿命 4～9 年;纯系动物,主要是通过近亲交配并按人们的需要长期选择的结果。通常经 20 代"兄妹"或"亲子"相互交配而培育出来的动物称为纯系动物,应用最广泛的是纯系小鼠。受试物的给药途径有口服、灌胃、皮下或皮内注射、腹腔注射、肌内注射和静脉注射等,根据需要和规定选用动物。

(二)食品安全性毒理学评价试验的 4 个阶段

(1)第 1 阶段:急性毒性试验。急性毒性试验用 LD_{50},即半衰期表示,它是指受试动物经口 1 次或在 24 h 内多次感染受试物后,能使实验动物半数(50%)死亡的剂量,单位为 mg/kg 体重。本试验有局限性,很多有长期慢性危害的受试物,急性毒性试验反映不出来,尤其是急性毒性很小的致癌物质,但长期少量摄入能诱发癌症的发生,所以应进行第 2 阶段的试验。

(2)第 2 阶段:遗传毒性试验、传统致畸试验、短期喂养试验。

遗传毒性试验的组合必须考虑原核细胞和真核细胞、生殖细胞与体细胞、体内和体外试验相结合的原则。

细胞致突变试验:鼠伤寒沙门菌/哺乳动物为微粒体酶试验(Ames 试验)为首选项目,必要时可另选和加选其他试验。Ames 试验是用鼠伤寒沙门菌的组氨酸缺陷型(突变型)菌株,其在无组氨酸的培养基中有突变物存在时,鼠伤寒沙门菌可回复突变为野生型(表现型),故可根据其菌落形成数量,检查受试物是否为致突变物。突变物需要代谢活化后才能使沙门菌回复突变,代谢活化包括细菌、真菌、昆虫、细胞株、哺乳动物(如肝微粒体活化受试物)。

小鼠骨髓微核率试验或骨髓染色体畸变试验:微核试验是根据间期细胞内残留染色体断片或整个染色体组成的一种圆形或椭圆形的小体,来判断受试物引起染色体异常作用的一种简便的哺乳动物体内试验。微核检出率高,可反映出染色体畸变情况。骨髓细胞染色体畸变分析试验是在体细胞或生殖细胞内,直接观察在受试物作用下,细胞染色体所发生的结构和数目的变化。一般多以骨髓细胞或外周体细胞、睾丸精原细胞代表生殖细胞,本试验在细胞有丝分裂中期时进行。

小鼠精子畸形试验和睾丸染色体畸变试验:精子畸形试验是根据受试物如能影响实验动

物的精子成熟过程，则可观察到精子头部或尾部的形态变化。睾丸染色体畸变分析的基本原料和方法同骨髓细胞染色体畸变分析。试验完毕取出动物睾丸经处理、染色，即可观察精原细胞染色体畸变情况。

其他备选遗传毒性试验：V79/HGPRT 基因突变试验、显性致死试验、果蝇伴性隐性致死试验、程序外 DNA 修复合成（UDS）试验。

传统致畸试验：所有受试物必须进行本试验。

短期喂养试验：30 d 喂养试验。如受试物需进行第 3、4 阶段毒性试验时，可不进行本试验。

（3）第 3 阶段：亚慢性毒性试验——90 d 喂养试验、繁殖试验、代谢试验。

（4）第 4 阶段：慢性毒性试验（包括致癌试验）。

凡属我国创新的物质，一般要求进行 4 个阶段试验。特别是对其中化学结构提示有慢性毒性、遗传毒性或致癌性可能者，或产量大、使用范围广、摄入机会多者，必须进行全部 4 个阶段的毒性试验。凡属与已知物质（指经过安全性评价并允许使用者）的化学结构基本相同的衍生物或类似物，则根据第 1、2、3 阶段毒性试验结果判断是否需进行第 4 阶段的毒性试验。凡属已知的化学物质、世界卫生组织已经公布每日摄入量（ADI，以下简称日需量）者，同时申请单位又有资料证明我国产品的质量规格与国外产品一致，则先进行第 1、2 阶段毒性试验，若试验结果与国外产品的结果一致，一般不要求进行进一步的毒性试验，否则应进行第 3 阶段的试验。

凡属毒理学资料比较完整，世界卫生组织已公布日需量或不需要规定日需量者，要求进行急性毒性试验和一项致突变，首选 Ames 试验或小鼠骨髓微核试验。凡属有一个国际组织或国家批准使用，但世界卫生组织未公布日需量或资料不完整者，在进行第 1、2 阶段毒性试验后做初步评价，以决定是否需要进一步的毒性试验。对于由天然植物制取的单一组分、高纯度的添加剂，凡属国外已批准使用的，则进行第 1、2 阶段毒性试验。进口食品添加剂要求进口单位提供毒理学资料及出口国批准使用的资料，由省、自治区、直辖市一级食品卫生监督检验机构提出意见上报国家卫生健康委员会食品卫生监督检验所审查后决定是否需要进行毒性试验。

原则上应进行第 1、2、3 阶段毒性试验，以及必要的人群流行病学调查。必要时应进行第 4 阶段试验。若根据有关文献资料及成分分析，未发现有或虽有但量甚少，不致构成对健康有害的物质，以及较大数量人群有长期食用历史而未发现有害作用的天然动、植物（包括作为调料的天然动、植物的粗提品）可以先进行第 1、2 阶段性试验，经初步评价后，决定是否需要进一步的毒性试验。

（三）食品安全性毒理学评价试验的目的

1. 急性毒性试验

通过测定的 LD_{50} 了解受试物的毒性强度、性质和可能的靶器官，为进一步了解毒性试验的剂量和毒性判定指标的选择提供依据。

2. 遗传毒性试验

对受试物的遗传毒性以及是否具有潜在致癌作用进行筛选。

3. 传统致畸试验

了解受试物对胎仔是否具有致畸作用。

4. 短期喂养试验

对只需进行第1、2阶段毒性试验的受试物，在急性毒性试验的基础上，通过30 d喂养试验，进一步了解其毒性作用，并可初步估计最大无作用剂量。

5. 亚慢性毒性试验——90 d喂养试验、繁殖试验

观察受试物以不同剂量水平经较长期喂养后的毒性作用性质和靶器官，并初步确定最大无作用剂量，了解受试物对动物繁殖及对子代的致畸作用，为慢性毒性和致癌试验的剂量选择提供依据。

6. 代谢试验

了解受试物在体内的吸收、分布和排泄速度以及蓄积性，寻找可能的靶器官；为选择慢性毒性试验的合适动物种系提供依据，了解有无毒性代谢产物的形成。

7. 慢性毒性试验(包括致癌试验)

了解经长期接触受试物后出现的毒性作用，尤其是进行性和不可逆的毒性作用以及致癌作用；最后确定最大无作用剂量，为受试物能否用于食品的最终评价提供依据。

(四)综合评价

在进行最后评价时，必须在受试物可能对人体健康造成的危害以及其可能的有益作用之间进行权衡。评价的依据不仅是科学试验资料，还与当时的科学水平、技术条件以及社会因素有关。因此，随着时间的推移，很可能结论也不同。随着情况的不断改变，科学技术的进步和研究工作的不断进展，对已通过评价的化学物质需要进行重新评价，得出新的结论。

对于已在食品中应用了相当长时间的物质，对接触人群进行流行病学调查具有重大的意义，但往往难以获得剂量-反应关系方面的可靠资料；对于新的受试物质，则只能依靠动物试验和其他试验研究资料。然而，即使有了完整和详尽的动物试验资料和一部分接触人群的流行病学研究资料，由于动物的种族和个体差异，也很难做出能保证每只动物都安全的评价。所谓绝对的安全实际上是不存在的。根据上述材料，进行最终评价时，应全面权衡和考虑实际可能从确保发挥受试物的最大效益，以及对人体健康和环境造成的最小危害的前提下做出结论。

(五)检验单位

凡食品卫生监督检验机构、营养与食品卫生研究所和教学机构中从事食品毒理学工作的单位和部门，均可根据《食品卫生检验单位管理办法》，按本程序进行毒理学试验，提出申请，经有关单位认可后，才能出具试验报告。申请报告由当地省、自治区、直辖市一级食品卫生监督检验机构初审，当地卫生行政部门审核，卫生健康委员会食品卫生监督所审查后，报国家卫生健康委员会卫生监督司认可和备案。

四、犬猫食品生产质量安全管理体系

(一)HACCP食品安全管理体系

危害分析与关键控制点(hazard analysis and critical control point，HACCP)是一种科学、高效、简便、合理而又专业性很强的食品质量安全管理体系，是一种控制食品安全性危害的预防性体系，但不是一种零风险管理体系。

HACCP是应用食品加工、微生物学、化学和物理学、质量控制和危害评估等原理和方法对整个食品链，即原料、加工、包装、贮藏、销售和消费过程中实际存在或潜在的危害进行分析评估，确立影响产品安全的关键控制点，制订与关键控制点相对应的预防控制措施，以保证产品质量的安全性。它着眼于预防而不是依靠对最终产品的检验来保证食品的安全，是迄今为止最有效的保证食品安全的管理体系。

食品安全卫生问题从来没有像现在这样得到社会的广泛关注和重视。一方面，经过几年的努力，"民以食为天，食以安为先"已经成为整个社会的共识；另一方面，食品安全卫生事故频发，特别是美国宠物食品"三聚氰胺"事件和巴拿马"二甘醇牙膏事件"，已经被国际上炒得沸沸扬扬。毋庸置疑，食品安全卫生问题又一次成为全世界关注的焦点。尤其值得注意的是，最近的食品安全问题已经从传统的食品概念延伸到宠物食品、饲料安全上。应该说，经过近几年的努力，我国的食品安全工作已经取得了长足的进步，特别是在出口食品方面，已经基本建立了一套相对完善的出口食品安全控制体系，出口食品在高门槛下的高增长便是明证。食品安全卫生涉及的内容又得到了扩大和延伸，而在这些问题的背后，非法添加物的监管问题已经成为主要的问题。

为增加宠物食品和动物饲料的风味及营养，必须使用添加剂。从"苏丹红"到"对位红"再到"孔雀石绿"，以及"三聚氰胺"，食品添加剂成为人们关注的热点，如何加强食品添加剂的监管是当前亟须解决的问题之一。添加剂是否在使用中都普遍存在着问题？也不是，大多数正常使用时达到工艺要求是没有问题的。造成超标超范围使用和标识不合要求的原因，既有生产企业的问题，也有应用企业的问题。这已经成为必须解决的问题。HACCP作为一种以预防食品安全为基础的食品安全生产、质量控制的保证体系，在控制食品安全方面已经发挥了重要的作用。近几年的成功经验证明，在宠物食品和动物饲料生产企业中尽快推行HACCP具有非常重要的现实意义。

(二)AIB食品安全统一标准

AIB是美国烘焙学会(American Institute of Baking)的简称。美国烘焙学会是由北美批发与零售烘焙工业协会在1919年发起成立的一个非营利性机构，作为烘焙企业和食品加工企业的技术和信息传递中心。本着"将科技带入食品加工'的核心理念不断地发展，其使命是帮助全球食品行业提升食品安全和粮食生产能力。美国烘焙学会拥有全美最资深的专家，研究涉及领域包括烘焙实验、谷类科学、营养学、食品安全和卫生、职业安全、食品工程设备维护。

1956年，美国烘焙学会出版了《AIB食品安全统一标准》，这套标准包含了对食品供应商的品质与安全卫生保证能力的考核要求。AIB标准得到了消费者及北美食品零售商的广泛认可，进而被许多全球食品零售商和采购集团用来作为对供应商实施准入的一道门槛。AIB为全世界各个国家企业提供认证服务，全球接受AIB检查的工厂除烘焙工厂外，还涉及饮料、果蔬加工、油脂加工、冷冻食品、乳品、谷物加工、制糖等。

在我国，2016年12月国家食品药品监督管理总局发布《关于进一步监督大型食品生产企业落实食品安全主体责任的指导意见》中提到"鼓励大型企业积极推广国际先进质量管理体系"，其中就涉及AIB认证。AIB标准以其专业性、严格性、公平性，可以帮助企业建立科学有效的食品安全管理体系。

课后任务

查阅相关资料，分享关于犬猫食品安全问题的典型案例。

课后延学

如何判断市场上售卖的犬猫食品的优劣？

1. 营养全价、均衡

“全价、均衡”是指一款犬猫食品包含犬猫需要的所有营养素，并且营养素含量满足犬猫的营养需要。宠物主人评估一款食品时，第一个标准就是检查产品的“全价、均衡”声明。最重要的评判标准是声明适用的生命阶段要与犬猫的生命阶段和活动水平相对应。常见的声明示例，如“为猫的整个生命阶段提供全价、均衡的营养”或“为生长期幼犬提供全价、均衡的营养”。要求宠物食品厂家提供证明营养全价、均衡的方法。如果声明包含进行了AAFCO饲喂试验，就表示厂家利用AAFCO犬猫饲喂试验证明了这款食品营养充足。如果声称食品满足AAFCO营养需求，就表示这款食品的配方满足特定生命阶段的营养需要（成年维持期、生长期或繁殖期）。

2. 消化率

犬猫食品的消化率是一项重要的评估指标，可以衡量食物中能被犬猫吸收的营养素含量比例。品质差的原料或含有高纤维的原料会降低食物的消化率。对于犬猫而言，一般情况下，动物性原料要比植物性原料消化率高。消化率通常可以通过它们的粪便进行观察。饲喂消化率和营养素利用率高的食品时，犬猫的粪便成形，粪便量少，排便次数少。长期饲喂这种日粮对生长和健康体况有利，犬猫的皮肤和被毛状态表现良好。

3. 适口性

适口性主要是指犬猫对食品的采食积极性和采食频率。在选择犬猫食品时，适口性和接受度是一个考虑重点，只有犬猫接受了食物，才能由食物获得最佳营养。犬猫会拒绝采食适口性差的食物，不论食物的营养素含量和均衡情况如何。犬猫个体对一种新食物的认知受食物的气味、味道和口感影响。因为它们的嗅觉非常灵敏，所以气味是影响适口性的重要因素。

4. 生产商

在选购犬猫食品时，要考虑到宠物食品生产商的声誉。应该选择全国知名厂家，这些厂家能稳定生产高品质的产品，并且致力教育客户宠物营养知识。如果厂家能在包装上提供免费电话和服务网站，则说明这个公司欢迎客户提供产品反馈。除此以外厂家应该及时、全面和直接地回复客户问题。宠物食品生产商应该乐于提供宠物食品原料、检测类型、消化率、代谢能含量和营养素含量等相关信息。生产高品质产品的生产商很在意自己的声誉，也很关注为自己的客户提供服务和答疑解惑。通过消费者能否联系到厂家和厂家对产品疑问的响应情况，也可以判断生产商优劣。

5. 饲喂成本

犬猫食品的原料品质越高，厂家的成本也就越高。因此，产品质量越高，每单位产品的价格也就越高。在比较日粮价格时，应该考虑实际饲喂成本而非考虑每单位重量的花费。因为高品质日粮的饲喂量通常比较少，所以与次等日粮的每餐花费相比，每餐高端粮或超高端粮的花费可能相差不多或稍高一些。在第一次评估一款日粮时，宠物主人可以记录下购买的日期和日粮的价格，在喂完这包日粮时，将这包日粮的费用除以饲喂的天数，即可得出这款日粮的实际饲喂成本。可以用同样的方法计算第二种相同净含量的日粮的实际饲喂成本。

6. 其他因素

在评估商品粮时，还要考虑其他因素，如猫粮中的牛磺酸含量。日粮中的牛磺酸利用率受多种因素影响，包括其他营养素和加工类型。因此，只能通过实际的饲喂试验来判断一款日粮中的牛磺酸含量是否充足。其他评估因素还包括对牙齿健康的影响。饲喂一些干粮和坚硬的饼干时，能提高咀嚼摩擦作用减少形成牙菌斑和牙结石，可能有助于牙齿健康。

在评估、选择一款日粮后，应至少饲喂 2 个月后再评估动物的整体健康。一款优质的犬猫食品能为犬猫提供最好的营养支持，保证正常的生长发育、体况健康的皮肤、亮泽的被毛、正常的排便量和成形度，以及动物的整体活力。饲喂低品质的日粮，会让犬猫出现体重降低、生长缓慢、被毛差、皮肤患病和缺乏活力。

课后练习

简答题

1. 宠物食品的安全性评价方法有哪些？
2. 简述 HACCP 体系的原理。

任务四　犬猫食品优劣的鉴别(实训)

一、实训目的

掌握初步鉴别犬猫食品优劣的方法，能为犬猫选择合适的食品。

二、实训材料与工具

不同品牌、不同品质的干性犬猫食品若干，自封袋，标签纸，记号笔。

三、实训内容与方法

(1)用自封袋分装犬猫食品，并且贴上标签纸做好标记。

(2)对每种犬猫食品通过看、闻、触、尝进行初步评价。

(3)通过外包装袋上的信息，对犬猫食品的营养配方表进行初步评价。

(4)用不同类型的犬猫食品分别饲喂犬猫，观察犬猫的饲养情况。

四、实训结果

以小组为单位将实训结果写在实训报告纸上。

参考文献

[1]官静.宠物零食的类别及选择要点[J].北方牧业,2023,(4):31.

[2]刘新达,刘耀庆,陈金发,等.宠物零食测试方法的探讨[J].养殖与饲料,2021,20(12):136-137.

[3]方希修,方圆,淡瑞芳.宠物营养与食品[M].2版.北京:中国农业大学出版社,2023.

[4]陈立华,杨慧超.宠物营养与食品[M].北京:中国农业大学出版社,2022.

[5]丁丽敏.宠物食品加工及质量控制[M].北京:中国农业大学出版社,2023.

[6]陈江楠,许佳,夏兆飞.犬猫营养学[M].3版.济南:山东科学技术出版社,2020.

[7]杨久仙,刘建胜.宠物营养与食品[M].北京:中国农业出版社,2007.

项目三
犬猫食品开发

项目导入

本项目主要阐述犬猫食品的配方设计、自制猫粮和犬粮、零食和蛋糕等。通过本项目的学习，掌握常见烘干、烘焙类的犬猫食品制作要点，正确操作犬猫食品常用的烘干、烘焙设备，规范化加工不同类型的犬猫食品。

学习目标

知识目标

1. 掌握犬猫食品的配方设计的原则和方法。
2. 掌握常见的犬猫零食如肉干、奶酪饼干、蔬菜干、磨牙棒、布丁等制作方法。
3. 掌握犬猫蛋糕的制作方法。

技能目标

1. 能独立完成犬粮或猫粮的配方设计。
2. 能规范化完成常见犬猫零食如肉干、奶酪饼干、蔬菜干、磨牙棒、布丁等的制作。
3. 能有创意地完成犬猫蛋糕的制作。

思政目标

1. 养成踏实、细心、不怕脏不怕累的职业精神。
2. 培养热爱宠物、热爱美食、热爱生活、尊重生命的情怀。
3. 培养创新搭配、创作美食的创造力、创意展示美食的审美能力。
4. 养成自觉遵守岗位职责、规范操作的好习惯。
5. 培养善于沟通和团队合作的意识。

任务一　犬猫食品的配方设计

课前任务

小丽养了一只狗狗，马上要过生日了，于是小丽想亲自制作一个独一无二的生日蛋糕给狗狗庆祝生日。但是她感觉很苦恼，因为第一次制作生日蛋糕，不知道该选用什么食材？该如何制作？让我们通过本任务的学习，一起帮小丽解决这个苦恼吧。

犬猫食品配方的设计（视频）

制作犬猫食品的目的是提供满足犬猫营养需要的均衡营养素的集合（如能量、蛋白质、脂肪、钙、磷、氨基酸、维生素、微量元素等），因为没有单一成分（如鲜肉、肉粉、大米、小麦、马铃薯粉等）能满足犬猫所有营养素的需要量，所以需要将几种原料组合在一起满足犬猫营养需要。科学合理地设计犬猫食品配方是科学饲养犬猫的一个重要环节，食品配方的设计也是一项技术性及实践性很强的工作。宠物食品配制的研究发展较晚，并不像动物饲料配方研究那么完善具体。但是，在不断的实践工作中总结大量生产经验以及结合动物饲料配方设计方法的理论成果，宠物食品的配制已经形成了一整套较成熟的理论体系。

一、犬猫食品配方的概念

1. 犬猫食品配方

犬猫食品配方是指根据犬猫的营养需要量、饲料原料的营养价值、犬猫食品的功能特性、原料的供应情况和价格等条件，合理地确定各种原料的配合比例，这种食品原料的配合比例称为犬猫食品配方。制作犬猫食品需要用到原料和添加剂。在我国，宠物食品原料是指在《饲料原料目录》和《饲料原料补充目录》中的原料，列在目录中的所有原料都可以应用于宠物食品中；宠物食品添加剂是指《饲料添加剂品种目录》和《饲料添加剂品种补充目录》中可用于宠物食品的饲料添加剂。

2. 犬猫日粮

犬猫日粮是指一昼夜一只犬或猫所能采食的食物量。例如，一只 5 kg 体重的成年猫，一天吃 70～80 g 的宠物干粮，没有采食其他食物，那它的日粮就是 70～80 g 的宠物干粮。另外，如果它一天吃了 60 g 干粮、10 g 罐头，这也是它一天的日粮。

日粮可以理解为犬猫一昼夜吃的食物总量。犬猫食品是指具体的食物，包括全价犬猫食品、犬猫营养补充剂和犬猫零食等。

二、犬猫食品配方设计的原则

食品配方的设计涉及许多制约因素，为了对各种资源进行最佳分配，配方设计应基本遵循以下原则。

(一)营养性原则

在设计犬猫食品配方时,一般把营养成分作为优先条件考虑,同时还必须考虑适口性和消化性等方面。必须按犬猫相应的营养需要,首先保证能量、蛋白质、限制氨基酸、钙、有效磷、地区性缺乏的微量元素与重要维生素的供给量,然后对选用的饲养标准做10%左右的增减调整,最后确定实用的营养需要。

食品配方的营养性表现在平衡各种营养物质之间错综复杂的关系、调整各种原料之间的配比关系、犬猫食品的实际利用效率等诸方面。配方的营养受制作目的(种类和用途)、成本和销售等条件制约。

(1)设计食品配方的营养水平,必须以饲养标准为基础。

①能量优先满足原则。在营养需要中最重要的指标是能量需要量,只有在优先满足能量需要的基础上,才能考虑蛋白质、氨基酸、矿物质和维生素等养分需要。

②多养分平衡原则。能量与其他养分之间和各种营养成分之间的比例应符合需要,如果食品中营养物质之间的比例失调、营养不平衡,必然导致不良后果。食品中蛋白质与能量的比例关系用蛋白能量比或能量蛋白比表示。蛋白能量比,即每千克食品中蛋白质(g)与能量(MJ)之比。日粮中能量低时,蛋白质的含量需相应降低;日粮中能量高时,蛋白质的含量也要相应提高。此外,还应考虑氨基酸、矿物质和维生素等养分之间的比例平衡。

③控制粗纤维的含量。犬猫具有不同的消化生理特点,一般犬猫对粗纤维的消化力很弱,食品配方中不宜采用含粗纤维较高的原料,而且食品中的粗纤维含量也直接影响其能量浓度。

(2)食品配方分类。一是地区的典型食品配方,以利用当地原料资源为主,发挥其饲养效率,不盲目追求高营养指标;二是优质高效专用食品配方,主要是面对国外同类产品的竞争以及适应不同的市场要求。在实际工作中,经常以特定的重量单位,如100 kg、1 000 kg或1 t为基础来设计食品配方。也可用百分比来表示食品的用量配比和养分含量。

设计食品配方时,对食品原料营养成分含量及营养价值必须做出正确评估和决定。食品配方营养平衡与否,在很大程度上取决于设计时所采用的原料营养成分值。原料成分值尽量选用有代表性的,避免极端数值。原料成分并非恒定,因收获年度、季节、成熟期、加工、产地、品种等不同而异。要注意原料的规格、等级和品质特性。在设计食品配方时,最好对重要原料的重要指标进行实际测定,以便提供准确参考依据。

(3)所配的食品必须保证犬猫愿意采食,才有意义。因此要注意食品的适口性、容积和犬猫的随意采食量。

(二)科学性原则

饲养标准是对犬猫实行科学饲养的依据,因此,经济合理的食品配方必须根据饲养标准所规定的营养物质需要量的指标进行设计。在选用的饲养标准基础上,根据饲养犬猫的生长、繁殖等情况做适当的调整。

设计食品配方应熟悉所在地区的原料资源现状,根据当地原料资源的品种、数量以及各种原料的理化特性和饲用价值,尽量做到全年比较均衡地使用各种食品原料。在这方面应注意的问题有以下几点。

1. 原料品质

应选用新鲜、无毒、无霉变,质地良好的原料。黄曲霉和重金属砷、汞等有毒有害物质不能超过规定含量。含毒素的原料应在脱毒后使用或控制一定的饲喂量。

2. 食品体积

应注意食品的体积尽量和犬猫的消化生理特点相适应。通常情况下，若食品的体积过大，则能量浓度降低，不仅会导致消化道负担过重，影响犬猫对食品的消化，而且会稀释养分，使养分浓度不足。反之，食品的体积过小，虽然能满足养分的需要，但犬猫达不到饱腹感而处于不安状态，影响犬猫的生长性能及食品利用效率。

3. 食品的适口性

食品的适口性直接影响采食量。通常影响食品的适口性的因素有味道（甜味、某些芳香物质、谷氨酸钠等可提高食品的适口性）、粒度（过细不好）、矿物质和粗纤维。应选择适口性好、无异味的原料。若采用营养价值高，但适口性差的原料，需限制其用量。对适口性差的原料也可采用搭配适口性好的原料或加入风味剂的方法，以提高其适口性，促使犬猫采食量增加。

4. 配料多样化原则

使不同原料间养分的有无和多少互相搭配补充，提高食品的营养价值。

（三）经济性和市场性原则

经济性即考虑合理的经济效益。产品的目标是市场，设计配方时必须明确产品的定位，如应明确产品的档次、客户范围、现在与未来市场对本产品可能的认可与接受前景等。另外，应注意同类竞争产品的特点。

（四）可行性原则

此处的可行性是指生产上的可行性。配方在原材料选用的种类、质量稳定程度、价格及数量上都应与市场情况及企业条件相配套。产品的种类与阶段划分应符合犬猫的生产要求，还应考虑加工工艺的可行性。

（五）安全性与合法性原则

按配方设计出的产品应严格符合国家法律法规及条例，如营养指标、卫生指标、包装等。尤其是违禁药物及对犬猫有毒有害物质，应强制性遵照国家规定。企业标准应通过合法途径注册并遵照执行。

三、犬猫食品配方设计的方法

常用犬猫食品配方设计方法很多，可分为手工计算方法和软件计算方法。它是随着人们对原料、营养知识了解的深入，对新技术的掌握而逐渐发展的，最初人们使用较为简单的对角线法、试差法，后来发展为联立方程式法、比价法等。近年来，随着计算机技术的发展，人们开发出了计算机专用配方软件，使配方设计越来越合理、便捷。

（一）手工计算方法

手工计算方法是指不利用饲料配方软件，只考虑包括原料成分和营养两方面的非常有限的因素。在多数情况中，配方者只考虑主要的营养成分，如蛋白质、钙、磷和能量。除此之外，也仅能使用少量的原料种类来进行配制。

1. 对角线法

对角线法又称正方形法、交叉法、四角法或方块法，此法简单，易于掌握。在原料种类不多，所要求营养指标比较简单的情况下，使用该种方法比较方便，但如果原料种类、营养指标较多时，采用这种方法则要进行两两反复组合计算，比较麻烦，而且也不能同时满足多项指标。

例如，用玉米、高粱、麸皮、鱼粉、肉粉、豆饼、骨粉、食盐及复合预混料等为成年犬配制食品配方，其步骤如下。

(1)查成年犬的饲养标准，确定成年犬日粮粗蛋白质为 20%。

(2)把能量原料按一定比例配合起来，作为第 1 组；再把所有蛋白质原料按同样方法配合，作为第 2 组。计算两组的粗蛋白质含量，其他原料作为第 3 组。根据各种原料粗蛋白质含量及初拟比例，分别计算出混合能量原料和混合蛋白质原料的粗蛋白质含量(表 2-1)。其中骨粉、食盐、复合预混料不含蛋白质，在饲粮中分别占 1%、1%、0.5%。因此，在饲粮中，混合能量原料和混合蛋白质原料所占配方比例为 97.5%。

表 2-1　各种原料粗蛋白质的含量及初拟比例　　%

饲料种类	饲料原料	粗蛋白质含量	初拟比例	粗蛋白质含量计算值	合计
	玉米	8.7	70	8.7×70%= 6.09	
混合能量原料	高粱	9.0	15	9.0×15%= 1.35	9.8
	麸皮	15.7	15	15.7×15%= 2.36	
	鱼粉	63.5	20	63.5×20%= 12.7	
混合蛋白质原料	肉粉	54.0	20	54.0×20%= 10.8	47.5
	豆饼	40.0	60	40.0×60%= 24.0	

(3)计算混合能量原料和混合蛋白质原料在饲粮中的配比。

①先计算出混合能量原料和混合蛋白质原料应含有的粗蛋白质的百分数。

$$20\% \div 97.5\% \times 100\% = 20.5\%$$

②画对角线交叉图，把混合原料预达到的粗蛋白质含量 20.5%放在对角线交叉处，能量混合原料和蛋白质混合原料的粗蛋白质含量分别放在左上角和左下角；然后以左上角、左下角为出发点，分别通过中心向对角线交叉，用大数减小数，并将得数分别记在右下角和右上角。

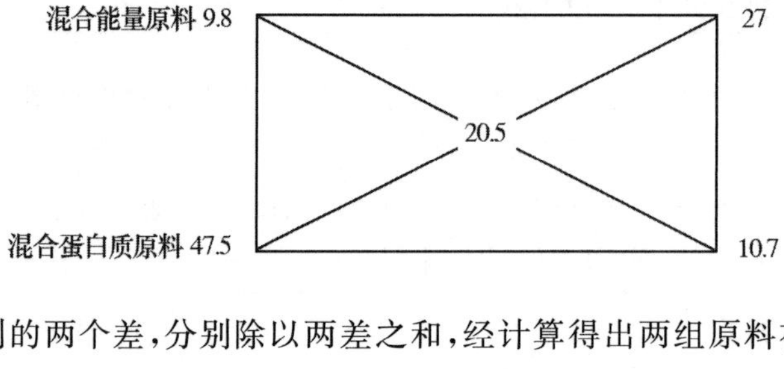

③用以上所得到的两个差，分别除以两差之和，经计算得出两组原料在最后配方中的百分含量。

混合能量原料：27%÷(27+10.7)%×100%=71.62%

混合能量原料占最后配方中的百分含量：71.63%×97.5%×100%= 69.83%

混合蛋白质原料:10.7%÷(27+10.7)%× 100%= 28.38%

混合蛋白质原料占最后配方中的百分含量:28.38%× 97.5%×100%=27.67%

即混合能量原料和混合蛋白质原料的总和是 69.83%+27.67%= 97.5%。

④进一步计算各单项原料的用量百分比。

玉米:69.83%×70%×100%=48.9%

高粱:69.83%×15%×100%=10.5%

麸皮:69.83%×15%×100%=10.5%

鱼粉:27.67%×20%×100%=5.5%

肉粉:27.67%×20%×100%=5.5%

豆饼:27.67%×60%×100%=16.6%

(4)列出最终配方:玉米 48.9%,高粱 10.5%,麸皮 10.5%,鱼粉 5.5%,肉粉 5.5%,豆饼 16.6%,骨粉 1%,食盐 0.5%,复合预混料 1%。复合预混料添加剂按产品说明书添加。

2.试差法

试差法是一种经验法,先初步拟定一个配方,再计算该配方的营养成分含量,并与饲养标准对照比较,若能量和蛋白质成分含量不足,需适当调整配方比例,直到满足为止。注意配方中营养成分的浓度可稍高于饲养标准,一般控制在 2%以内。试差法的步骤如下。

(1)确认犬猫的年龄、体重、生理状态和阶段水平,选用相应的营养标准,主要参考国标或美国 NRC 标准,必要时可进行适当调整选择合适的原料,查阅现有饲料营养成分价值表,并列出各种饲料原料的营养成分含量。

(2)根据设计者经验初拟配合饲料的配方。

(3)计算初拟配方营养成分含量(不含矿物质和预混料)。

(4)根据初拟配方营养成分含量与饲养标准要求之差额,适当调整部分原料配合比例,使配方中各种营养成分含量逐步符合饲养标准。方法是用一定比例的某一原料替代同比例的另一原料。通常首先考虑调整能量和粗蛋白质的含量,其次再考虑钙、磷以及其他指标。

(5)列出调整后的全价配合饲料的配方组成,并附加说明。

(6)通过以上步骤,可设计出犬猫食品的配方,在实际生产中应用。试差法道理简单,容易理解掌握,但是通过试差法配制饲料配方也存在一定的缺点。由于要进行多次的配方调整,反复计算,所以计算量较大;另外,由于配方设计时盲目性较大,所以一般获得的配方营养含量常与饲养标准有一定差异,很难筛选出最佳配方,获得最佳经济效益。

(二)软件计算方法

随着计算机的普及应用,有关配方的线性规划法与目标规划法软件已经广泛运用于生产实践中。这类软件基于运筹学所提供的计算各类配方的数学方法,通过机上操作和运行,能够在满足多项营养需要指标的同时,给出最佳配方。目前,配方软件的种类很多,流行的计算机配方软件有:REFSLI.0 配方与管理软件、三新智能配方系统、AMIX 配方系统、金牧 123、畜禽配方优化系统等。

有关配方软件,各厂家推出的产品各有特点,应根据其使用说明进行操作。但必须注意,最低成本配方未必是最佳配方,故有时应附加限制条件,以弥补计算机所不能顾及的方面。如计算机运行中倾向于选择廉价原料,而不用高价原料,廉价原料往往质量不够理想。为了保证配方原料的组成适应特定的动物，应对某些原料限定最高用量，而对另一些原料设定最低用量，即通过“人机对话”解决某些技术问题。

课后任务

完成幼龄犬猫食品的配方设计。

课后延学

能不能给狗狗吃洋葱？当然不能。洋葱中含有的正丙基二硫化物对人类无害，却可能会引起狗狗溶血性贫血，严重会导致死亡。值得注意的是，洋葱中所含有的硫化物不容易被加热、烘干等因素破坏，所以无论生熟都不能给狗狗吃。含有洋葱成分的食物同样不能给狗狗吃。狗狗每千克体重洋葱中毒剂量为15～20 g。如果狗狗只是食用了少量洋葱，没有出现任何中毒的症状，只要停止喂食洋葱即可。如果误食的量已经接近或者超过中毒剂量，或者狗狗已经出现呕吐、腹泻、血尿等症状，则应该尽快就医。

课后练习

判断题

1. 在配制宠物食品时，蛋白质含量越高越好。（　　）
2. 在制作宠物饲粮的时候，不需要注意营养是否全面，只要犬或猫爱吃就可以。（　　）
3. 狗狗不能吃洋葱。（　　）

参考文献

[1]方希修，方圆，淡瑞芳. 宠物营养与食品[M]. 2版. 北京：中国农业大学出版社，2023.
[2]蓝炯. 狗狗的健康吃出来[M]. 北京：中国轻工业出版社，2021.

任务二　犬猫食品的配方设计（实训）

一、实训目的

掌握简单的犬猫食品配方设计方法，能够做到自制犬猫食品的营养均衡。

二、实训材料与工具

（1）实训食材：小麦粉、玉米淀粉、西兰花、胡萝卜、红薯、鸡胸肉、鸡蛋、鸡肝脏、羊奶酪、牛肉等。

（2）工具：计算器、草稿纸、笔。

三、实训内容与方法

(1)查询以上食材的营养价值,查询成年犬猫的饲养标准。

(2)结合以上查询结果,选择合适的食材。

(3)将选择的食材通过简单的配方计算,设计一个能初步满足犬猫蛋白质需求的食品配方。

(4)根据设计的食品配方选择食材进行犬猫食品的制作。

四、实训结果

记录犬猫食品配方,并进行比较;记录下自制食品饲养犬猫的情况。

任务三　自制猫粮和犬粮(实训)

一、准备材料和设备

1. 准备食材

根据犬猫的营养需求,选择好原料,完成配方设计。

2. 主要设备

主要的设备有粉碎机、混合机、膨化机、烘干机、拌料机、电子秤等(图 2-36 至图 2-41)。

图 2-36　粉碎机

图 2-37　混合机

图 2-38 膨化机

图 2-39 烘干机

图 2-40 拌料机

图 2-41 电子秤

二、操作流程

(1)称量:根据配方,完成各种原料的称量。

(2)粉碎:将需要粉碎的原料用粉碎机进行粉碎。

(3)混合:将所有原料倒入混合机进行混合。

(4)膨化:混合后的原料进行调质,并膨化。

(5)烘干:膨化好的原料倒入烘干机进行烘干。

(6)拌料:将原料倒入拌料机,加入调味剂和亚麻籽油进行搅拌均匀。

(7)包装。

三、成品图

自制犬猫食品成品展示效果如图 2-42 所示。

图 2-42　自制犬猫食品

任务四　肉干类制作(实训)

一、准备材料和设备

1. 准备食材

生鸡胸肉,200 g;黄彩椒,适量;红彩椒,适量;西蓝花,适量。

2. 主要设备

主要设备为食品烘干机(图 2-43)。

图 2-43　食品烘干机

二、操作流程

(1)将鸡胸肉洗干净,控水,切片摆在烘干盘上。

(2)把所有蔬菜(红彩椒、黄彩椒和西蓝花)切成小块,放在肉片上。

(3)放进烘干机,60 ℃烘干 10 h。

三、成品图

制作肉干类犬猫食品展示效果,如图 2-44 所示。

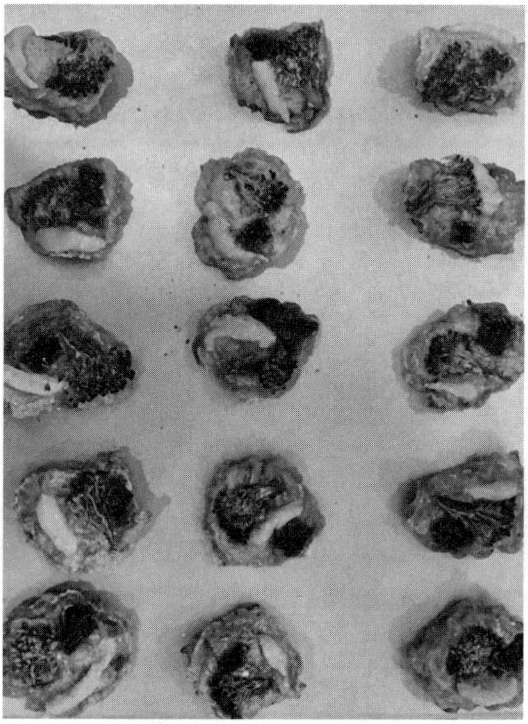

图 2-44 肉干类犬猫食品

任务五 奶酪饼干类制作(实训)

一、准备材料和设备

1. 准备食材

熟鸡胸肉,200 g;奶酪,60~100 g;燕麦粉,10 g;奶粉,适量。

2. 主要设备

主要设备有绞肉机、烘干机等(图 2-45、图 2-46)。

图 2-45　绞肉机

图 2-46　烘干机

二、操作流程

(1)先将鸡胸肉放入绞肉机打碎,再以 20 g 为基准多次添加奶酪入绞肉机,混合均匀。

(2)直至成团状并稍微有点沾手,加入奶粉和燕麦粉搅拌均匀。

(3)揉成不粘手的面团(若粘手可再次添加少量燕麦粉)。

(4)使用擀面杖擀平、擀光滑,用模具定形,放入烤盘,模具脱模。

(5)放进烘干机,60 ℃烘干 8 h 左右。

三、成品图

制作奶酪饼干类犬猫食品展示效果,如图 2-47 所示。

图 2-47　奶酪饼干类犬猫食品

任务六 芝士蛋糕制作(实训)

一、准备材料和设备

1. 准备食材

生鸡胸肉,300 g;马苏里拉芝士碎,110 g;生蛋黄,1 个。

2. 主要设备

主要设备有绞肉机、烤箱、微波炉、蛋糕转台等(图 2-48 至图 2-51)。

图 2-48 绞肉机

图 2-49 烤箱

图 2-50 微波炉

图 2-51 蛋糕转台

二、操作流程

以 10 cm 不加高模具为例。

1. 纯肉胚部分

材料为生鸡胸肉 300 g 左右、一个生蛋黄。

(1)把肉切块挤干,放进绞肉机,加入生蛋黄,绞打成细腻的泥状,倒进模具压紧实。

(2)放进烤箱 150 ℃烤 40 min 左右。

2. 芝士淋面部分

材料为马苏里拉芝士碎 110 g。

(1)隔热水加热融化或微波炉加热均可。

(2)淋在蛋糕坯上面抹平。

三、成品图

制作芝士蛋糕犬猫食品展示效果,如图 2-52 所示。

图 2-52　芝士蛋糕

任务七　蔬菜干制作(实训)

一、准备材料和设备

1. 准备食材

包菜、西蓝花、胡萝卜、紫甘蓝,适量。

2. 主要设备

主要设备有刀具、烘干机等(图 2-53、图 2-54)。

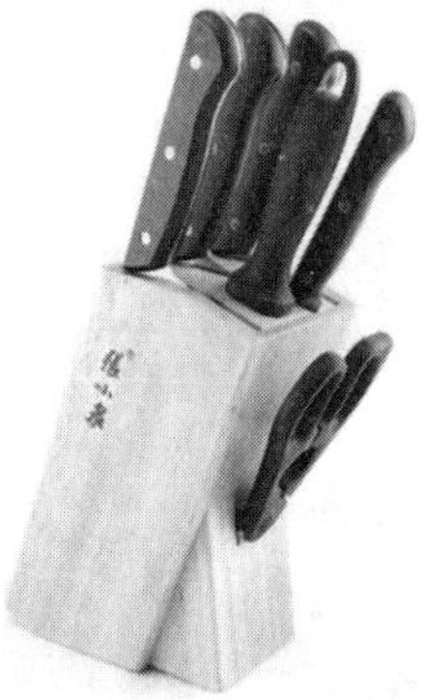

图 2-53 刀具

图 2-54 烘干机

二、操作流程

(1)把所有蔬菜洗干净切块,放进烘干盘。

(2)放进烘干机,60 ℃烘干 10 h。

三、成品图

制作包菜干、西蓝花干、胡萝卜干、紫甘蓝干犬猫食品展示效果。如图 2-55 至图 2-58 所示。

图 2-55 包菜干

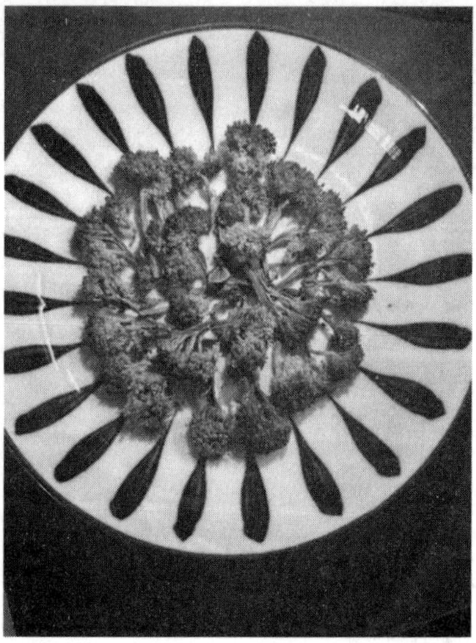

图 2-56 西蓝花干

图 2-57　胡萝卜干

图 2-58　紫甘蓝干

任务八　磨牙棒小零食制作(实训)

一、准备材料和设备

1. 准备食材

生鸡胸肉,200 g;南瓜,50 g。

2. 主要设备

主要设备有绞肉机、烘干机等(图 2-59、图 2-60)。

图 2-59　绞肉机

图 2-60　烘干机

二、操作流程

(1)将鸡胸肉和南瓜一起加入绞肉机，绞成肉泥。
(2)把绞好的肉泥装进裱花袋挤成条状。
(3)放进烘干箱，60 ℃ 烘干 8 h。

三、成品图

制作磨牙棒小零食犬猫食品展示效果，如图 2-61 所示。

图 2-61 磨牙棒小零食

任务九 布丁类食品制作(实训)

一、准备材料和设备

1. 准备食材

白凉粉，20 g；水或羊奶粉，600 g；蔬菜粉，5 g。

2. 主要设备

主要设备有电磁炉和锅等(图 2-62)。

图 2-62　电磁炉和锅

二、操作流程

(1)将白凉粉倒进开水或羊奶粉里搅拌均匀,再次煮开即可。

(2)按照需要调色,可分次调整。(若想适口性好点,可将水换成羊奶,并加入些许肉丝。)

三、成品图

制作布丁类犬猫食品展示效果,如图 2-63 所示。

图 2-63　布丁类食品

模块三

犬猫临床营养管理

module three
module three
module three
module three

模块导入

本模块主要介绍犬猫常见疾病的营养管理，主要从犬猫常见疾病的发病原因、危害、营养管理等几方面进行学习。通过学习，掌握犬猫常见疾病的营养管理方法，为犬猫提供科学合理的营养，辅助治疗相关疾病。

学习目标

知识目标

1. 了解犬猫常见疾病的发病原因。
2. 掌握犬猫常见疾病的危害。
3. 掌握犬猫常见疾病的营养管理方法。

技能目标

1. 能够理解犬猫疾病与饮食之间的联系。
2. 能够为宠物主人普及犬猫患病期间营养调理的重要性。
3. 能够指导宠物主人科学饲养患病期间的犬猫，并提供合理的饮食建议。

思政目标

1. 培养科学健康的生活习惯。
2. 培养关爱宠物健康的态度。
3. 培养关注动物福利，促进人宠和谐。

任务一　犬猫肥胖症营养管理

课前任务

雪碧是一只英国短毛公猫，3 岁，体重 7.2 kg，已绝育，日常饲喂全价猫粮、全价罐头、冻干零食、猫条等，饲喂方式为自由采食，近日发现雪碧不活泼，出现喘、呼吸急促、嗜睡等症状，就医后宠物医生建议减肥。请结合之前所学或查阅资料，为雪碧提供一份减肥饮食计划。

犬猫肥胖症营养管理(视频)

一、犬猫肥胖症常见的原因

(一)年龄与品种

犬猫肥胖症的发生率与年龄存在相关性，7～11 岁是高发阶段。但 12 岁以后进入老年阶段，犬猫食欲下降，慢性疾病出现概率增加，因此体重也可能下降。犬类中拉布拉多犬、金毛寻回犬、柯基犬等是易胖品种；猫类中混血猫比纯种猫、短毛猫比长毛猫更容易罹患肥胖症。

(二)遗传

与人类一样，犬猫肥胖也存在遗传。父母肥胖的犬猫，它们的后代往往也肥胖。

(三)性别与绝育

未绝育时,公猫比母猫更容易肥胖,母犬比公犬更容易肥胖;绝育后,犬猫体内激素发生变化,采食量增加,但活动减少,摄入的能量大于消耗的能量,从而更容易肥胖。

(四)某些疾病的影响

如内分泌失调、代谢异常、甲状腺或肾上腺功能异常等,导致营养物质代谢紊乱也会引发肥胖。

(五)饲养方式

目前,大多数宠物主人像养孩子一样精心养护自己的宠物,在这种溺爱心态的驱使之下,给宠物提供各种营养成分远超它们身体需求的食物,如奶油蛋糕、各种零食、高热量商品粮等,再加上缺乏运动、自由采食,甚至摄入人类高盐和油腻食物,日积月累便容易造成肥胖。

二、犬猫肥胖症的危害

(一)影响生长和繁殖

幼龄犬猫通常没有饱腹感,容易饲喂过度,尽管提高了生长速度,但骨骼发育、脂肪沉积以及其他组织生长速度不协调,对犬猫健康造成不利影响,且幼龄肥胖犬猫大多数在成年后也会出现肥胖症。另外,肥胖会导致繁育能力减退,尤其雌性犬猫休情期延长、受孕困难,即使配种成功,体内蓄积的脂肪也很容易引发难产。

(二)影响生活质量

肥胖导致嗜睡、精神涣散、体态臃肿、行动迟缓、运动不耐受,形体美感和活力丧失,与宠物主人的互动乐趣减少,不仅严重影响其品相,也降低其生活质量。

(三)诱发疾病,减少寿命

肥胖可诱发多种疾病,如心脏病、高脂血症、高血压、糖尿病、脂肪肝、胰腺炎、脂溢性皮炎、尿路疾病及关节疾病等,间接缩短了犬猫的寿命。另外,也会增加麻醉风险,延缓伤口愈合,降低免疫力。

目前,已报道与犬猫肥胖相关的疾病见表 3-1。

表 3-1　与犬猫肥胖相关的疾病

类别	疾病名称
代谢异常	脂肪肝(猫) 胰岛素抵抗 葡萄糖不耐受 代谢症候群 高血脂
内分泌疾病	垂体功能低下 糖尿病 甲状腺功能减退 肾上腺皮质功能亢进

续表 3-1

类别	疾病
骨科疾病	骨关节炎 椎间盘疾病
心血管疾病	心脏病 高血压
泌尿生殖疾病	尿道括约肌机制不全 移行细胞癌 不孕不育 难产
功能改变	运动不耐受 免疫功能低下 怕热/中暑

三、犬猫肥胖症的饮食管理

(一)饮食量和饲喂方式

遵照少食多餐、定时定量的原则。对于易胖或者有肥胖遗传倾向的品种建议将每日所需食物总量分 3～4 次定时饲喂,杜绝自助餐形式,不提供任何零食和人类食物;对于过度肥胖的犬猫,要减少食量,猫饲喂平时正常食量的 65%,犬饲喂平时正常食量的 60%即可;对于绝育的犬猫,建议将饲喂总量减少至原有量的 1/2～2/3,每隔 2 周对它们进行称重,监测体重走向,及时调整限饲比例,保证充足饮水。

(二)增加运动量

通过适当增加运动量,将犬猫体内的脂肪转化成热量释放出来。依据犬猫不同的种类,给犬猫量身定制一套运动健身计划。为了爱犬的身体健康,宠物主人应该克服自身的各种原因,每天固定爱宠运动时间。对小型犬来说,每天早晚,应各有 1 次 20～30 min 的散步;中、大型犬除进行抛物、衔回等游戏外,每天坚持 2 次 30～40 min 的散步运动,不但可以缓解饥饿恐惧症,还可以加深犬跟主人的感情。对于猫来说,可以通过逗猫棒、激光笔、隐藏食物等趣味游戏增加运动量。此外,对于没有时间和精力的宠物主人,可在家用跑步机上进行每日固定时间的运动。

(三)营养物质的搭配

1. 饲喂低碳水化合物、低脂肪、高蛋白食物

饲喂低碳水化合物和低脂肪含量的食品可减少能量的摄入。高蛋白饮食对宠物体重减轻也有促进作用。摄入 1 g 蛋白质能产生 4 cal 的热量,而摄入 1 g 脂肪能产生 9 cal 的热量,很显然如果食入同等质量,蛋白质的体重控制效果明显。此外,高蛋白饮食对于保持犬猫机体的肌肉含量有益处;高蛋白食物的摄入还会对消化道内肠促胰酶肽的分泌产生刺激作用,促使犬猫减少进食。

2. 补充膳食纤维

膳食纤维又称“第七营养素”,是一种相对密度小体重大的物质,在胃中吸水膨胀后能够增

加饱腹感，减缓营养素的吸收，减少食物的摄入，进而影响脂质氧化和贮存。此外，膳食纤维还能将肠道中的脂肪积聚，使之随粪便排出体外，起到减肥降脂的作用。

3. 添加左旋肉碱

左旋肉碱是动物体必需的一种营养物质，与动物体内脂肪代谢有着紧密的关系，能把机体内长链脂肪酸运入线粒体内进行氧化，因而左旋肉碱具有体重控制的功效。

4. 添加中草药和益生菌

利用中药减肥的主要原理是中药可使脂肪代谢加快，从而提高机体代谢率，达到减肥的功效。常用的减肥中药材有茶叶、冬瓜皮、海藻、赤小豆、荷叶、山楂、何首乌、泽泻、白茯苓、玉米须、米仁、白茅根、金银花、当归、大黄等。此外，通过调节肠道菌群、恢复肠道微生物多样性也是预防和管理肥胖的有效策略。

(四)减肥及防止反弹的关键营养素

减肥及控制体重需要长时间的坚持，成功减重后也需要时刻关注体重变化，通过关键营养素的合理搭配防止体重反弹。可首选减肥处方粮，不仅为犬猫提供必要的营养元素、维持犬猫肌肉的含量，也能够有效而平稳地帮助犬猫减肥及控制体重。减肥及防止反弹的关键营养素配比见表 3-2。

表 3-2 减肥及防止反弹的关键营养素配比

营养素	推荐(干物质基础)	犬减肥处方粮Ⅰ	犬减肥处方粮Ⅱ
能量密度/(kcal/g)	应≤3.4	2.529	3.58
脂肪/%	减肥≤9；防止反弹≤14	9.8	10.9
纤维/%	减肥 12～25；防止反弹 10～20	18.8	7.75
蛋白质/%	减肥≥25；防止反弹≥18	32.7	32.7
赖氨酸/%	减肥≥1.7		
碳水化合物/%	减肥≤40；防止反弹≤55	20	29.3
左旋肉碱/(mg/kg)	减肥≥300	327	218
维生素 E/(IU/kg)	≥400	800	600
维生素 C/(mg/kg)	≥100	400	200
硒/(mg/kg)	0.5～1.3	0.25	0.28
钠/%	0.2～0.4	3.27	5.46
磷/%	0.4～0.8	0.76	0.87

课后任务

1. 结合本任务所学，优化课前任务中雪碧病例的减肥饮食建议。

2. 调查分析市面上减肥处方粮的营养成分配比，探讨减肥处方粮与普通全价日粮的区别。

课后延学

犬猫肥胖评判标准

犬猫体况评分(body condition score,BCS),按照国际标准,犬猫超过正常体重 10%～15%及以上即被视为肥胖。其表现为皮下脂肪层增厚,尤其是腹下和躯体两侧,体态丰满浑圆,走路摇摆,反应迟钝,不愿活动。

临床中判断是否肥胖,通常采用 BCS 进行评估。BCS 采用目测和触摸方式,对犬猫个体体躯和关键部位脂肪沉积状况进行评分,以分值表示个体营养健康状况和体脂含量的方法。BCS 评定原则采用 9 分制量表进行评定;1 分为最瘦,体脂含量最低;9 分为最胖,体脂含量最高;部分极度肥胖的动物,BCS 超出 9 分,按 9 分计算。犬体况评分见表 3-3;猫体况评分见表 3-4。

表 3-3　犬体况评分

分值	操作				
	侧视骨骼肌肉组织	侧视腹围线条	俯视腹部两侧线条	触诊骨骼肌肉	触诊皮下脂肪
1 分	在中远距离,肉眼可见动物肋骨、腰椎、骨盆的骨骼结构;可见明细凸起的骨骼轮廓;皮下脂肪不可见	向背侧显著凹陷	向内显著凹陷,身体两侧呈明显沙漏形状	骨骼结构无须按压即可明显触及;肌肉组织明显缺乏	无法触及皮下脂肪
2 分	可见动物肋骨、腰椎、骨盆的骨骼结构;可见明细凸起的骨骼轮廓	向背侧显著凹陷	向内显著凹陷,身体两侧呈明显沙漏形状	骨骼结构无须按压即可明显触及;肌肉组织轻度缺乏	无法触及皮下脂肪
3 分	可见动物腰椎的骨骼结构;可见凸起的骨盆骨骼轮廓	向背侧凹陷	存在向内凹陷,身体两侧呈沙漏形状	骨骼结构可明显触及	存在少量皮下脂肪
4 分	可见动物肋骨、腰椎、骨盆的骨骼结构	向背侧凹陷	存在向内凹陷,身体两侧呈沙漏形状	骨骼结构可触及	存在少量皮下脂肪
5 分	动物行走时,可见肋骨骨骼结构;可见肌肉紧张度良好;可见存在的皮下脂肪	向背侧轻微凹陷	腹部两侧线条向内凹陷不明显,身体两侧呈轻微沙漏形状	骨骼结构适度按压可触及	存在较薄的皮下脂肪
6 分	无法直接见到动物肋骨、腰椎、骨盆的骨骼结构可见皮下脂肪覆盖	向背侧轻微凹陷	腹部两侧线条向内凹陷不明显	骨骼结构适度按压可触及	存在明显的皮下脂肪层;尾部外形轮廓光滑或轻度增厚
7 分	无法直接见到动物肋骨、腰椎、骨盆的骨骼结构可见皮下脂肪覆盖	向背侧轻微凹陷,或不存在向背侧的凹陷	腹部两侧线条不存在向内凹陷,身体两侧的沙漏形状消失,背侧躯干轻微增宽	骨骼结构需要施加一定压力方可触及	存在明显的皮下脂肪层;尾部外形轮廓光滑或轻度增厚;可见脂肪堆积于腰部和尾根部

续表 3-3

分值	操作				
	侧视骨骼肌肉组织	侧视腹围线条	俯视腹部两侧线条	触诊骨骼肌肉	触诊皮下脂肪
8 分	无法直接见到动物肋骨、腰椎、骨盆的骨骼结构，可见大量皮下脂肪覆盖	不存在向背侧的凹陷；腹围膨出或隆起下垂	腹部两侧线条不存在向内凹陷，或存在向外的膨出；背侧躯干增宽	骨骼结构无法触及，或施较大压力才可触及	大量脂肪堆积于腰部和尾根部
9 分	无法直接见到动物肋骨、腰椎、骨盆的骨骼结构，可见大量皮下脂肪覆盖；可见颈部和四肢有皮下脂肪囤积	不存在向背侧的凹陷；腹围膨出或隆起下垂	腹部两侧线条不存在向内凹陷，或存在向外的膨出；背侧躯干显著增宽	骨骼结构无法触及	大量脂肪堆积于胸廓、脊椎、腰部和尾根部

注：个体结果判定。得分为 4 分或 5 分的犬，判定为理想型；1～3 分的犬，判定为偏瘦型；6～9 分判定为偏肥型。

表 3-4　猫体况评分

分值	操作				
	侧视骨骼肌肉组织	侧视腹围线条	俯视腹部两侧线条	触诊骨骼肌肉	触诊皮下脂肪
1 分	在中远距离，肉眼可见猫肋骨的骨骼结构；可见明显凸起的腰荐部骨骼轮廓；皮下脂肪不可见	向背侧显著凹陷	腹部两侧线条向内显著凹陷，身体两侧呈明显沙漏形状	肋骨骨骼结构无须按压即可明显触及	无法触及皮下脂肪
2 分	可见猫肋骨的骨骼结构；可见凸起的腰荐部骨骼轮廓	向背侧显著凹陷	腹部两侧线条向内显著凹陷，身体两侧呈明显沙漏形状	肋骨骨骼结构无须按压即可明显触及；可触及微量肌肉	无法触及皮下脂肪
3 分	可见猫肋骨的骨骼结构；可见凸起的腰荐部骨骼轮廓	向背侧凹陷	腹部两侧线条存在向内凹陷，身体两侧呈沙漏形状	肋骨骨骼结构可明显触及	存在极少量皮下脂肪
4 分	可见猫肋骨、腰椎、骨盆的骨骼结构	向背侧凹陷	腹部两侧线条存在向内凹陷，身体两侧呈沙漏形状	肋骨骨骼结构可触及	存在少量皮下脂肪；腹部不形成皮下脂肪层
5 分	无法直接见到猫肋骨、腰椎、骨盆的骨骼结构	向背侧轻微凹陷	腹部两侧线条向内凹陷不明显，身体两侧呈轻微沙漏形状	肋骨骨骼结构可触及，并伴有少量脂肪覆盖	存在较薄的皮下脂肪层
6 分	无法直接见到猫肋骨、腰椎、骨盆的骨骼结构；可见腰部脂肪层	不存在向背侧的凹陷	腹部两侧线条向内凹陷不明显	肋骨骨骼结构可触及，并伴有少量脂肪覆盖	存在明显的皮下脂肪层
7 分	无法直接见到猫肋骨、腰椎、骨盆的骨骼结构；可见皮下脂肪覆盖	不存在向背侧的凹陷；腹围轻微膨出	腹部两侧线条不存在向内凹陷，身体两侧的沙漏形状消失，背侧躯干轻微增宽	肋骨骨骼结构不易触及，并伴有中量脂肪覆盖	存在明显的皮下脂肪层

续表 3-4

分值	操作				
	侧视骨骼肌肉组织	侧视腹围线条	俯视腹部两侧线条	触诊骨骼肌肉	触诊皮下脂肪
8 分	无法直接见到猫肋骨、腰椎、骨盆的骨骼结构，可见大量皮下脂肪覆盖	不存在向背侧的凹陷；腹围膨出或隆起下垂	腹部两侧线条不存在向内凹陷，或存在向外的膨出；背侧躯干增宽	肋骨骨骼结构不易触及，并伴有大量脂肪覆盖	腹部存在明显的皮下脂肪层；腰部有脂肪囤积
9 分	无法直接见到猫肋骨、腰椎、骨盆的骨骼结构，可见大量皮下脂肪覆盖；可见面部、颈部、腰部和四肢有皮下脂肪囤积	腹围膨出或隆起下垂	腹部两侧线条向外膨出；背侧躯干显著增宽	肋骨骨骼结构无法触及，并伴有大量脂肪覆盖	腹部存在明显的皮下脂肪层；腰部有脂肪囤积

注：个体结果判定。得分为 5 分的猫，判定为理想型；1～4 分的猫，判定为偏瘦型；6～9 分的猫判定为偏肥型。

课后练习

判断题

1. 绝育是犬猫肥胖的根本原因。(　　)
2. 犬猫肥胖可以引发多种疾病，所以需要科学喂养。(　　)
3. 犬猫减肥只需要控制脂肪摄入量。(　　)
4. 犬猫可以通过中药控制体重。(　　)
5. 目前，犬猫控制体重或者减肥的最好方式只有饲喂减肥处方粮。(　　)
6. 高蛋白食物有利于控制能量摄入，从而达到减肥的效果。(　　)

任务二　犬猫糖尿病营养管理

课前任务

亮亮是一只萨摩耶犬，6 岁 2 个月，体重 21.9 kg，未绝育，就诊前 2 d 突发后肢瘫痪、食欲废绝、多饮多尿，日常采用自助餐式喂养，饲喂食物种类繁杂：剩菜剩饭、汤饭、动物内脏、面食、甜食等，运动较少，就医后诊断为糖尿病。结合之前所学或查阅资料，请同学们思考：亮亮的饮食习惯是否与他罹患糖尿病有关系，有什么关系？

犬猫糖尿病营养管理(视频)

一、犬猫饮食与糖尿病的关系

日粮当中的碳水化合物包括低分子量和高分子量的糖类，还有常见的淀粉、非淀粉多糖或膳食纤维，碳水化合物消化的主要产物便是葡萄糖，并且绝大多数碳水化合物是被胰腺分泌的消化酶消化。当犬猫长期大量摄入高碳水食物(如高碳水商品粮、汤饭、剩菜剩饭、馒头、肝脏、奶油蛋糕等)，并且不运动，产生的能量不能消耗，那么过多的糖类、淀粉、脂肪堆积，不仅极易肥胖，也会导致胰岛素绝对或相对分泌不足，引发糖代谢紊乱，造成糖尿病。因此，糖尿病和肥胖症都与可消化碳水化合物摄入过量造成能量过剩有关联。

二、糖尿病的营养管理

(一)糖尿病犬的营养管理

在注射胰岛素的同时调整饮食结构和饲喂方式。

1.食物原料

采用多种碳水化合物饲喂,避免使用单一糖类(如蔗糖)。采用淀粉含量较低的原料,如玉米糠、米糠、麦麸、小麦胚芽粉。另外,低发酵和快速发酵的纤维可控制患病动物的血糖,如瓜尔胶、甜菜、苹果果胶、大豆皮、花生壳。

2.控制体重,增加运动

大多数糖尿病患犬都超重,应该饲喂低脂肪、高质量蛋白、能量适中的食物,同时添加左旋肉碱以减轻体重。运动是糖尿病治疗不可或缺的一部分,能够提高机体对胰岛素的敏感性。每天在固定时间通过牵遛、跑步或玩球等方式增加动物的运动量,有助于减肥。同时增加血流或淋巴液流动,加速胰岛素代谢过程,起到降低血糖的作用。

3.喂养方式

拒绝自助餐、剩菜剩饭、嘴边食物以及零食。食物要定时定质,选择高纤维配方食品、减肥专用食品以及老年犬饲粮。但需注意的是,对于糖尿病患犬,应该优先满足并发性疾病的营养需要,其后再考虑使用高纤维食物控制糖尿病。如犬并发肾脏疾病或蛋白尿,可以选择限制蛋白含量的食物;犬有食物过敏症,可以选用低过敏处方粮、敏感体质犬饲粮等。

另外,参照胰岛素作用时间设定固定饲喂时间;合理分配饲喂量,注射胰岛素前饲喂少量食物以保证动物的食欲(如果动物没有进食则不能按照常规剂量注射胰岛素,以防止出现低血糖);少食多餐,保证能量均量摄入,防止出现血糖分泌高峰。平时,也要密切注意动物的进食规律,监测血糖。

(二)糖尿病猫的营养管理

由于猫没有唾液淀粉酶,胰淀粉酶和肠道内酶类较少,转氨酶数量少,对碳水化合物的消化吸收功能相对较弱,与糖类相比,猫更多使用蛋白质维持血糖水平,所以糖尿病猫的饮食结构应该是:高蛋白,低糖,脂肪含量适中。

喂养方式与犬相似,定时定量定质。此外,不能忽视不同情况下的营养需要,如糖尿病猫进入老年期时,可能需要治疗和控制并发性疾病;肥胖的猫则需要减重。

(三)糖尿病处方粮

糖尿病处方粮是一种低能量的干粮,碳水化合物原料(如大麦和玉米)升糖指数低,还有适量的可溶性纤维(车前子)。车前子能够延缓胃肠道内容物的排空,可使肠道内容物形成凝胶,延长胃排空时间,降低餐后血糖值。低能量密度、中等含量纤维、高蛋白和左旋肉碱帮助动物获得良好的体况评分,其中精氨酸可促进胰脏分泌胰岛素。罐装食品蛋白质含量更高、糖类含量更低、水分含量高,是糖尿病猫优质的食品。

课后任务

收集不同品牌的糖尿病处方粮原料表及营养配比表，对比分析异同，并讨论各营养物质对控制血糖的作用和意义。

课后延学

（一）糖尿病酮症酸中毒（DKA）

DKA是糖尿病最严重阶段，也是糖尿病的急性并发症，其主要原因是体内血糖升高，体内脂肪分解过度，酮体产生过多，既不能有效利用，又难以排出体外，因此在血液中大量蓄积，造成血酮水平升高，主要以高血糖症、高酮血症及代谢性酸中毒为特征。

（二）喂食方式优缺点比较

喂食方式优缺点对比见表3-5。

表3-5　喂食方式优缺点对比

喂食方式	优点	缺点	食物类型
自由采食	便利、满足， 符合自然采食习惯， 减少餐后碱潮（降低尿液pH）	肥胖、糖尿病风险高， 难以监测食欲、进食量， 湿粮易变质，餐后碱潮	干粮、半湿粮、湿粮
分餐进食	增强人与宠物的依赖性， 有利于监测食欲、进食量， 有利于控制饮食	便利性较低， 特殊状态需要多次喂食 （幼龄、妊娠期、哺乳期）	干粮、半湿粮、湿粮
混合型	增强人与宠物的依赖性	对尿液pH影响不固定	干粮、半湿粮、湿粮

课后练习

判断题

1. 患糖尿病的犬猫不应摄入碳水含量较高的食物，因此，添加单一碳水化合物即可。（　　）
2. 淀粉含量低的食物有助于控制血糖。（　　）
3. 患糖尿病的犬猫除控制血糖外，也需要控制体重。（　　）
4. 可溶性纤维素有利于降低血糖。（　　）
5. 添加苹果渣、甜菜粕、米糠等膳食纤维有助于糖尿病恢复。（　　）

任务三　犬猫肾衰疾病营养管理

课前任务

奶茶为8岁布偶公猫，体重2.82 kg，2年前诊断为慢性肾衰，现因逐渐消瘦、食欲不振、精神萎靡，偶发呕吐、长期大便稀软就诊。检查发现：可视黏膜苍白、皮肤弹性降低、被毛粗乱，体况评分（BCS）分值为2/9，肌肉组织含量明显下降，初步判定存在营养不良、代谢紊乱。请结合之前

犬猫肾衰疾病营养管理（视频）

所学或查阅资料，分析造成营养不良的原因，并提出解决方案。

一、犬猫肾衰与营养物质流失

（一）肾脏的功能

肾脏是通过泌尿来排泄体内代谢废物和毒素的器官，维持机体电解质及酸碱平衡，保障内环境的相对稳定性。此外，动物日常摄入的营养物质经过胃肠消化、吸收后进入血液循环，到达肾脏通过肾小球、肾小管完成滤过和重吸收。

（二）肾衰的危害

肾衰是指在各种致病因素的影响下肾组织发生的急性肾功能不全或肾单位绝对数减少所致的临床综合征。肾衰将导致肾小球和肾小球滤过和重吸收功能障碍，从而造成营养物质流失，并引起营养不良、代谢紊乱，不能维持机体内环境的相对平衡。临床上分为急性肾衰和慢性肾衰两种类型，通常慢性肾衰常由急性肾衰发展而来，损伤过程不可逆转，大大影响动物的生存质量。

（三）营养物质的流失

通常，被肾小球滤过的全部葡萄糖和氨基酸、大部分的水和离子（如 Na^+、Cl^-、K^+、HCO_3^- 等），以及部分硫酸盐、磷酸盐、尿素、尿酸均可被肾小管重吸收利用，同时将含氮废物等排出体外，但当发生肾衰时，营养物质重吸收障碍，废物无法排出，长期患病（慢性肾衰）则导致营养物质流失，有害物质蓄积，最终发展为尿毒症威胁动物生命。

二、犬猫肾衰的饮食管理

目前，慢性肾衰没有特效的治疗药物，大多针对临床症状做调解改善，更有效的方法是通过饮食管理来控制和延缓病情，从而提高犬猫的生存质量，延长寿命。

（一）限制蛋白质摄入量，但要保证充足供应量

在患有慢性肾功能衰竭时，通常给予低蛋白饮食，从而减少发生氮质血症的风险或降低其严重程度，但并不能减缓肾脏衰竭的进展。如果蛋白质摄入过低，则无法保证基本的营养需要和正氮平衡，这反而会加重患犬体内氨基酸的紊乱，导致病犬自身的体能下降，造成肌肉萎缩、质量下降、高分解代谢状态、免疫力降低等不良反应，同时，肾衰导致的代谢性酸中毒也可能刺激蛋白质和氨基酸分解。

因此，应该选择利用率高的优质蛋白质作为食物供应，如鸡蛋、鸡肉等，而不是玉米淀粉、豆类、豆制品、奶类及肉骨头等。通过提高日粮蛋白质的质量、调配合理的氨基酸组成比例，降低犬猫对蛋白质的需要量，减少含氮废物的产生，才能减轻肾脏排除含氮废物的负担。

由于限制了蛋白质的摄入，能量的主要来源为碳水化合物和脂肪，这会降低食物的适口性，容易产生厌食，在每千克食物中加入 1 mg 锌予以纠正。只有摄入充足的能量才能保证在长期低蛋白饮食的情况下，既延缓肾脏疾病的进展，又防止营养不良、体蛋白分解和尿毒症的发生。

(二)适当的脂肪和脂肪酸

慢性肾衰常发生脂肪代谢紊乱,导致高脂血症。血清总胆固醇主要受饱和脂肪酸和胆固醇的影响,因此控制脂类物质的摄入量及种类是控制慢性肾衰脂肪代谢异常的关键,应该给予低脂饮食,并且调整饮食中的脂肪结构,摄入的脂肪应小于总热量的30%。日粮中应以植物脂肪为主,尽量少添加动物类油脂和动物内脏,可以适当添加鱼类脂肪。膳食多不饱和脂肪酸(如亚麻籽油和深海鱼油等)能协助降低慢性肾功能衰竭引起的肾小球高压,使肾功能更好地维持。同时,ω-3族脂肪酸也可以减轻肾衰造成的高血压。

(三)添加饮食纤维

在饲粮中添加多种能够被肠内菌有效发酵的饮食纤维,使得部分含氮废物经由肠道途径排除,缓解肾脏压力,这样不仅不需要将日粮蛋白质降至很低,还可维持慢性肾衰病患的整体健康和其他依赖蛋白质才能发挥的生理功能,同时也降低因慢性肾衰引起的肠道疾病发病率。

(四)矿物质及微量元素

对于慢性肾衰,矿物质和微量元素的摄入具有重要意义。

1.低磷

在肾衰的病理作用下,体内会滞留大量的磷,引发高磷血症,抑制肾脏中1-α羟化酶的活性,使维生素D_2和维生素D_3含量下降,引发甲状旁腺功能亢进、钙磷含量失衡,导致骨营养不良、骨质疏松等疾病。因此,在肾功能低下最初症状未出现之前,就应饲喂低磷日粮,并适当增加钙的比例,这是犬慢性肾衰饮食管理最重要的措施之一。

2.低钠

肾衰常伴发高血压,可能会发生腹水或水肿,甚至心脏病、脑出血,所以必须严格限制钠的摄入。

3.补钾

慢性肾衰时,由于厌食或大量尿液排出,会引起低钾血症。低血钾会导致全身肌无力,并引发疼痛,还会损害蛋白质的合成,导致体重下降。可以通过日粮添加适当的柠檬酸钾来补充钾 。但要注意无尿时禁止补钾。

4.添加维生素

慢性肾衰时机体对水溶性维生素的保存能力降低,长期可能造成水溶性维生素缺乏而引发营养代谢紊乱。B族维生素和维生素C的大量流失可能造成厌食;维生素B_2不足可继发缺铁性贫血,维生素B_6不足会加重脂代谢紊乱。因此,在日粮配比中适当提高水溶性维生素的比例或者额外补充复合维生素等保健品,但是需要避免添加含有脂溶性维生素A和维生素D的产品。

5.添加碱化剂

慢性肾衰时肾脏无法正常排出和重吸收氢离子,因此,血液中氢离子含量会增加,碳酸氢根离子浓度会降低,加上钙磷失衡,血液中磷酸盐浓度升高,容易引起代谢性酸中毒,酸中毒会促进骨钙释放、组织蛋白分解。柠檬酸钾经体内代谢后产生碳酸根离子,可有效纠正代谢性酸中毒,延缓慢性肾衰竭的病情。

(五)饮水

如果处于多饮多尿期,在治疗过程中应保证随时提供新鲜清洁的饮水,防止机体脱水。如果处于少尿、无尿、水肿或高血压状态,则适当限制饮水和摄盐量。

(六)肾脏处方粮

肾脏处方粮为低磷、低钠、高钾、高能量、高可溶性纤维,富含碱化剂、不饱和脂肪酸、抗氧化剂、B族维生素等,并适度限制蛋白质。建议慢性肾衰Ⅱ期开始引入肾脏处方粮或肾脏处方湿粮,逐渐过渡。住院期间不建议引入肾脏处方粮,因为住院通常会引起动物应激,突然更换食物会进一步导致动物食欲下降。

蛋白质作为猫的主要营养,如果病情需要限制蛋白质,会导致肌肉的丢失、功能的下降,因此患猫应定期就医复诊,根据复诊结果适当引入肾脏处方粮,并注意监测肌肉、体重等情况。

课后任务

1. 收集宠物医院犬猫肾衰病例,分析判断病患营养情况,并提出饲养管理方案。
2. 根据本任务所学,思考猫下泌尿道综合征的饮食管理方案。

课后延学

某肾脏处方粮

(一)成年猫肾脏处方粮主要组成

(1)原料:小麦粉、碎米、小麦蛋白粉、鸡油、大豆分离蛋白、纤维素、小麦、宠物饲料复合调味料、矿物质、甜菜粕、牛油、鱼油、大豆油、车前子。

(2)添加剂:氨基酸(*DL*-蛋氨酸、*L*-精氨酸、牛磺酸、*L*-赖氨酸盐酸盐)、维生素[*DL*-α-生育酚乙酸酯、烟酸、*D*-生物素、维生素A乙酸酯、维生素B_2、*D*-泛酸钙、维生素B_6、维生素B_1(硝酸硫胺)、维生素B_{12}、叶酸、维生素D_3、氯化胆碱、*L*-抗坏血酸-2-磷酸酯(维生素C来源)、天然维生素E]、矿物元素(氯化钠、氧化镁、硫酸锌、硫酸锰、硫酸亚铁、酵母硒、硫酸铜、碘酸钙、氯化钾)、可食用脂肪酸单/双甘油酯、柠檬酸钾、果寡糖、天然叶黄素(源自万寿菊)、迷迭香提取物、柠檬酸、磷脂。

(3)每100 g所含营养素:蛋白质,23.00 g;脂肪,17.00 g;粗纤维,5.1 g;灰分6.1 g;无氮浸出物(NFE),43 g;膳食纤维,10.7 g;ω-6脂肪酸,3.13 g;ω-3脂肪酸,0.67 g;EPA+DHA,0.4 g;钙,0.61 g;磷,0.3 g;钠,0.4 g;钾,0.89 g;镁,0.09 g;钾,0.89 g;维生素D,80 IU;代谢能,389.2 kcal。

(二)成年犬肾脏处方粮主要组成

(1)原料:大米、小麦粉、鸡油、谷肠粉、小麦、宠物饲料复合调味料、甜菜粕、纤维素、鱼油、矿物质、大豆油、车前子。

(2)添加剂:氨基酸(*L*-赖氨酸、牛磺酸、*DL*-蛋氨酸、*L*-色氨酸)、维生素(*DL*-α-生育酚、*D*-生物素、维生素A、*D*-泛酸钙、烟酸、维生素B_1、维生素B_6、维生素B_{12}、维生素B_2、维生

素 D_3、叶酸、氯化胆碱、维生素 C)、矿物元素(氯化钠、磷酸二氢钾、氧化镁、硫酸锌、硫酸锰、硫酸亚铁、亚硒酸钠、硫酸铜、碘酸钙、氯化钾、山梨酸钾)、果寡糖、可食用脂肪酸单/双甘油酯、柠檬酸钾、天然叶黄素(源自万寿菊)、抗氧化剂。

(3)营养成分分析:粗蛋白质≥12.0%,粗脂肪≥16.0%,水分≤11.0%,粗纤维≤6.0%,粗灰分≤6.1%,钙≥0.32%,总磷为0.16%~0.22%,水溶性氯化物(以 Cl^- 计)≥0.71%;赖氨酸≥0.49%,维生素 E≥340 mg/kg,维生素 C≥160 mg/kg。

课后练习

一、判断题

1. 日粮蛋白质缺乏是犬猫发生和发展慢性肾病的促进因素。(　　)
2. 玉米蛋白含量低,因此可以作为肾脏处方粮的蛋白质原料。(　　)
3. 一旦确诊慢性肾衰,应立即使用肾脏处方粮。(　　)
4. ω-3 脂肪酸可以减轻肾衰造成的高血压。(　　)
5. 为了防止肾衰引起的低血钾,饮食中应随时补充钾离子。(　　)

二、多项选择题

1. 慢性肾脏疾病饮食管理饲喂建议(　　)。
   A. 调整日粮中 ω-6 脂肪酸和 ω-3 脂肪酸的比例为 1:5。
   B. 提供高消化率、高生物利用率的蛋白质。
   C. 提供充足的非蛋白质能量。
   D. 限制日粮中的磷含量,定期监测血磷浓度。
2. 为了促进慢性肾衰的犬猫饮水,以下做法合适的是(　　)。
   A. 采取干湿搭配饲喂　　B. 干粮泡水
   C. 多吃鲜肉　　D. 多吃盐

任务四　犬猫尿石症营养管理

课前任务

小八是一只5岁的缅因猫,生活在多猫家庭,日常饮食以普通商品粮为主。由于担心缺乏营养,每日额外提供钙膏、维生素 D、牛奶、虾壳、微量元素、饮用矿泉水等,但小八从小不爱喝水,就诊时出现尿频、尿血等症状,经过检查发现膀胱内存在结石,尿液中有大量晶体。结合之前所学或查阅资料,分析小八的生活饮食与尿结石形成是否有关联,有什么关联?并提供日常饮食建议。

犬猫尿石症营养管理(视频)

尿石症是指动物尿液中溶解的盐类物质因某些因素析出无机盐或有机盐结晶,以尿路中脱落的上皮细胞等异物为核心形成矿物质的凝聚物,刺激尿路黏膜,并导致炎症、出血,甚至阻塞的一种泌尿器官疾病。根据结石形成的部位不同,可分为肾结石、输尿管结石、膀胱结石和尿道结石;根据结石成分的不同,可分为磷酸铵镁结石、草酸钙结石、胱氨酸结石、尿酸盐结石和复合型结石。

一、营养物质与犬猫尿石症的关系

（一）蛋白质与尿结石

在犬猫日常饮食中，长期摄入高蛋白或低蛋白食品都可能引发结石形成。长期高蛋白摄入会导致尿液 pH 下降，这不仅会使钙、尿酸含量升高，也利于草酸钙结晶形成和尿酸的沉淀。另外，动物蛋白中含有较多的嘌呤，日常饲喂过多动物蛋白也会增加尿酸的排泄，从而加速尿酸结石的形成。长期低蛋白饮食会使动物营养不良，还使动物机体组织损伤更快，引起尿酸升高以及尿液中大量的草酸盐。尿液贮存于动物的膀胱中，为结晶积累并形成结石提供了条件。因此饲喂适量蛋白质是至关重要的。

（二）钙、磷、镁与尿结石

日粮中钙、磷的含量与尿结石有着密切关系，高钙、高磷饮食使犬发生草酸钙结石的概率增加，因此在生理状态下，动物无需额外补充钙制剂营养品（如钙片、钙膏和液体钙）。此外，高镁饮食可能会诱发磷酸铵镁结石的形成。

（三）维生素与尿结石

犬猫食品中缺乏维生素 B_6、维生素 A 是尿结石形成的一个诱因。维生素 D 含量过高则会引起钙在肾脏内的聚集，并形成肾结石。

（四）水与尿结石

某些区域的水中矿物质含量过高，这会促进结石的发展。日常摄水量不足（特别是猫科动物不喜饮水）也不利于冲洗泌尿系统、稀释尿液、加速结晶溶解。

（五）尿液 pH

尿液偏酸性容易形成酸性结石，如草酸钙结石、尿酸钙结石、胱氨酸结石；在碱性环境下易形成碱性结石，如磷酸铵镁结石和碳酸盐结石。

二、犬猫尿石症的饮食管理

（一）磷酸铵镁结石

磷酸铵镁结石又称鸟粪石，可以通过增加饮水量、喂食限制镁、磷和蛋白质的饮食，并诱导尿液 pH 低于 6.8 来溶解。

（二）草酸钙结石

草酸钙结石是由于草酸代谢紊乱，尿液中钙和草酸过饱和，尿酸盐浓度升高，草酸钙晶体附着而形成。尿液酸化和高钙血症是促使草酸钙结石形成的风险因素，因此需要添加碱化剂、限制钙的摄入量、增加维生素 B_6 的摄入量。

（三）胱氨酸结石

胱氨酸结石主要是由于近端肾小管损伤，肾小管对胱氨酸和其他氨基酸的重吸收发生缺陷，形成胱氨酸尿，胱氨酸尿本身并不会导致结石形成，但酸性尿液有可能诱发结石产生。所以碱化尿液可以防止胱氨酸结石复发。

(四)尿酸钙结石

猫作为肉食动物，调节氨基酸代谢的分解代谢酶能力有限，因此对于无肝脏疾病的猫可以通过饲喂低嘌呤食物、碱化尿液来尝试溶解尿酸钙结石饲粮中较高浓度的蛋白质。

(五)饮水

增加饮水量是预防结石形成的最优方案。可以尝试在食物中加水或者在水中加入喜欢的肉汤提味，也可以饲用湿粮(罐头)。饮食中添加钠可以增加水的摄入量，并且降低尿石症动物的草酸钙结石和磷酸铵镁结石的相对过饱和度，但要注意添加的量。

(六)犬猫泌尿道处方粮

与普通日粮相比泌尿道处方粮相应地降低了粗蛋白质、钙、磷、赖氨酸的含量，增加了粗脂肪、粗纤维的含量。针对犬猫泌尿道结石的各种诱因，某些处方粮中会添加中药成分来改善，如车前子、金钱草、泽泻等。车前子性寒味甘，入肾经、膀胱经，主要通过使水分、氯化钠、尿素、尿酸的排出而产生利尿的作用，用于热淋、血淋、石淋、小便不通、淋沥涩痛；金钱草可以促进犬输尿管的蠕动增加尿量，有显著利尿功能，通过加快肾组织中草酸的排泄，减少草酸钙结晶的聚集，使结晶松散，容易从尿液排出；泽泻的提取物可以抑制草酸钙结石的形成。

此外，处方粮中添加的柠檬酸钠、*DL*-蛋氨酸等可酸化尿液，溶解碱性结石。添加益生菌、必需微量元素、有机硒也有利于尿石症的恢复，抑制结石形成。临床应用表明，结合药物治疗，泌尿道处方粮对尿路感染、泌尿系结石等泌尿系疾病的康复及防止复发是有效的。

课后任务

1. 结合本任务所学，总结营养物质对犬猫尿石症形成的影响，以表格形式描述。
2. 思考预防犬猫尿石症的营养方案。

课后延学

普通日粮与泌尿道处方粮的营养物质对比，见表 3-6。

表 3-6　普通日粮与泌尿道处方粮的营养物质对比　%

营养物质	普通日粮	皇家犬泌尿道处方粮	比瑞吉泌尿道处方粮
粗蛋白质	≥25.0	≥16.0	≥19.0
粗脂肪	≥13.0	≥15.0	≥13.0
粗纤维	≤5.0	≤5.5	≤5.0
粗灰分	≤10.0	≤8.6	≤10.0
钙	≥1	≥0.4	≥0.8
总磷	≥0.8	≥0.4	≥0.6
赖氨酸	≥0.8	≥0.63	≥0.63
茯苓	—	—	0.24
泽泻	—	—	0.1
车前子	—	—	0.1

课后练习

多项选择题

1. 预防猫草酸钙结石的营养管理方法是(　　)。

A. 饲喂罐头食品或在喂食时向干粮加入水,提高摄水量

B. 选择钙磷含量适中的日粮

C. 选择钠含量适中,添加了适当柠檬酸钾的日粮

D. 选择能产生中性或者轻度酸化尿液的日粮

2. 犬猫食品中缺乏(　　)会诱发尿结石。

A. 维生素 B_6　　B. 维生素 A

C. 维生素 D　　D. 维生素 C

3.(　　)是造成草酸钙结石的饮食原因。

A. 饮水量少　　B. 高钙

C. 高蛋白　　D. 高盐

4. 泌尿道处方粮的特点有(　　)。

A. 降低了粗蛋白质的含量

B. 增加了粗脂肪、粗纤维的含量

C. 降低了钙、磷的比例

D. 提高赖氨酸含量

5. 能提高动物摄水量的措施有(　　)。

A. 饮食中添加食盐　　B. 饲喂半湿粮

C. 干粮中加水　　D. 提供新鲜水源

参考文献

[1]裴素俭.宠物犬肥胖的危害及防治措施[J].兽医导刊,2020(21):116-117.

[2]范秀敏,王玉梅.宠物犬肥胖的原因及控制[J].现代畜牧科技,2020(2):16-18.

[3]刘凤华.宠物商业减肥处方粮的应用研究进展[J].中国动物保健,2020,22(11):62-63.

[4]刘凤华.肥胖症犬猫的科学饲养管理技术探究[J].中国动物保健,2020,22(10):66-68.

[5]刘静等.浅谈宠物肥胖的危害及防控[J].中国畜牧兽医文摘,2017,33(9):167-175.

[6]美国动物营养国家研究委员会犬猫营养特别委员会.犬猫营养需要[M].丁丽敏,夏兆飞,主译.北京:中国农业大学出版社,2010.

[7]夏兆飞.处方食品在猫病防治中的应用[C].中国畜牧兽医学会 2003 年学术年会论文集,2003:520-523.

[8]朱淑婷.宠物减肥[J].中国工作犬业,2019(6):61-62.

[9]叶妍琳,杨子江,付偲,等.老龄猫糖尿病性酮体酸中毒的诊断和治疗[J].中兽医学杂志,2016(4):75-77.

[10]杨艳涛.犬猫糖尿病的营养解决方案[J].上海畜牧兽医通讯,2010(3):32-33.

[11]孙璐.犬猫糖尿病的诊断治疗研究[J].今日畜牧兽医. 2018,34(1):64-65.

[12]李凯年,孟丹,孟昱.预防宠物犬猫肥胖症和糖尿病的新方法[J].中国动物保健. 2012,14(7):68-72.

[13]李艳艳.猫慢性肾病治疗管理[J].中国兽医杂志. 2022,58(3):120-123.

[14]戴庶.犬猫的慢性功能衰竭[J].环球宠物科技. 2008(1):68-73.

[15]王姜维,李燕,董悦农,等.犬猫慢性肾功能衰竭[J].中国兽医杂志. 2007(8):65-66.

[16]谢子茂.犬猫慢性肾衰的诊治措施[J].今日畜牧兽医. 2023,39(9):110-112.

[17]成杰,王树平,仲亚娜.犬猫肾功能衰竭的诊疗[J].山东畜牧兽医. 2018,39(2):35-36.

[18]盖芷莹.一种调控慢性肾衰合并高脂血症犬粮的制备及其效果研究[D].南京:南京农业大学,2020.

[19]盖伟.北京部分地区猫尿石症发病规律调查及防治效果分析[D].哈尔滨:东北农业大学,2023.

[20]贾晓鑫.处方粮对比格犬尿石症的营养干预作用[D].广州:华南农业大学,2020.

[21]刘永旺.不同硒源对乙二醇诱导的犬草酸钙尿结石形成的影响与机理研究[D].南京:南京农业大学,2014.

[22]王均均.猫下泌尿道综合征的回顾性分析[D].塔里木:塔里木大学,2023.

[23]上官聪聪.犬肾结石疾病的诊断治疗及术后营养调控[D].新乡:河南科技学院,2021.

[24]汪冰倩.饮水量也是宠物犬的重要健康指标之一[J].中国工作犬业,2020(11):69.

[25]孙虹云.猫尿石症病因分析及防治措施[J].畜牧兽医科技信息,2021(9):228.

[26]郑宏祥.犬猫尿石症流行病学调查及卡里布拉处方粮辅助治疗效果的研究[D].郑州:河南农业大学.2019.

[27]叶正钦,盘艳莹,周鹏飞,等.猫下泌尿道综合征研究现状[J].动物医学进展,2023,44(2):107-110.

[28]娄红军,李冰.中草药添加剂预防犬尿石症术后结石复发的临床研究[J].中国工作犬业,2021,313(5):48-50.

[29]王华.乳酸菌对大鼠肾草酸钙结石模型的影响作用研究[D].兰州:兰州大学,2007.

模块四

其他宠物的营养与食品开发技术

module four

module four
module four
module four

模块导入

随着时代进步，宠物的种类变得多种多样。本模块主要介绍观赏鱼、观赏鸟、龟、蜥蜴和豚鼠的主要品种、营养需求及其食品，拓宽学习者的视野。

学习目标

知识目标

1. 了解观赏鱼、观赏鸟、龟、蜥蜴和豚鼠的主要品种。
2. 了解观赏鱼、观赏鸟、龟、蜥蜴和豚鼠的营养需求。
3. 了解观赏鱼、观赏鸟、龟、蜥蜴和豚鼠的食品种类。

技能目标

1. 能够分辨观赏鱼、观赏鸟、龟、蜥蜴和豚鼠的主要品种。
2. 能够掌握观赏鱼、观赏鸟、龟、蜥蜴和豚鼠的食品主要种类。

思政目标

1. 培养关爱宠物，热爱生活的态度。
2. 培养积极探索，勇于创新的意识。
3. 培养吃苦耐劳，热爱劳动的品质。
4. 培养实事求是，认真负责的精神。

任务一　观赏鱼的营养与食品

课前任务

一次小红在逛街时，路边花鸟市场引起了她的强烈兴趣，她逛了以后发现，观赏鱼居然有许许多多的种类，简直看花了眼，她迫切地想了解关于观赏鱼的知识。观赏鱼有哪些种类呢？观赏鱼需要哪些营养？又有哪些食物可以作为观赏鱼的饲料呢？下面我们与小红一起，了解观赏鱼这种新奇的宠物吧。

观赏鱼的营养与食品（视频）

与常见宠物犬和宠物猫一样，观赏鱼在生长和繁殖的过程中，需要种类繁多的营养物质，包括蛋白质、脂肪、糖类、矿物质及维生素等。不同种类的观赏鱼对食物的选择有所不同，但对营养物质的需求是大致相同的。

一、观赏鱼的类型

观赏鱼是指色彩鲜艳或形状奇特且具有观赏价值的鱼类。在观赏鱼市场中，常见的观赏鱼通常有三大类：即温带淡水观赏鱼、热带淡水观赏鱼和热带海水观赏鱼。

(一)温带淡水观赏鱼

在温带淡水观赏鱼中，最主要的品种是金鱼和锦鲤。

1.金鱼

金鱼是由野生鲫鱼演变成金鲫，再经过不断地杂交选育而来的，是最早的观赏鱼品种。按照外形特征，金鱼可以分为草种金鱼、文种金鱼、龙种金鱼和蛋种金鱼。

草种金鱼是金鱼的原始品种，具有独有的特征：鱼身侧扁，形状与纺锤类似，该品种的体形和鳍形与鲫鱼类似。文种金鱼是中国金鱼最古老的品种之一，体形相比鲫鱼大为缩短，鳍部发达，头有宽、窄两类，从上俯视，鱼体犹如"文"字，故名为文种。龙种金鱼的外形与文种金鱼相似，通常体形粗短，头平且宽，鳞圆而大，眼球凸出于眼眶外，形似龙眼，故得名"龙睛"。蛋种金鱼的主要特征是体短而肥，形如鸭蛋，无背鳍，但有成双的尾鳍和臀鳍，尾鳍有长尾和短尾两种类型，短尾的称为"蛋"，长尾的称为"丹凤"。

2.锦鲤

锦鲤被誉为"水中之龙"，是一种源自日本的观赏鱼。其名字中的"锦"代表着其身上丰富多彩的斑纹和图案，而"鲤"则代表着其属于鲤科鱼类的身份。锦鲤的历史可以追溯到几个世纪前，最初是由中国的鲤鱼经过长时间的选育和杂交而来的。经过日本鱼商的精心改良和培育，锦鲤逐渐形成了今天我们所熟知的品种，如红白、大正三色、昭和三色等。

红白锦鲤底色为白色，不夹带任何黄色或淡黄色，在白底上面有红色的斑纹，红斑呈现以紫色为基盘的红色。大正三色锦鲤在鱼体雪白的底色上，分布有绯红和乌黑两色斑纹。昭和三色锦鲤是一种体表有红、黑、白三种颜色的锦鲤品种，其体色以大块黑色为底色，分布有匀称的红、白色斑。

(二)热带淡水观赏鱼

热带淡水观赏鱼通常具有鲜艳的色彩或奇特的形状，主要来自热带和亚热带地区。热带淡水观赏鱼的品种繁多，大小不等，体形特性各异，颜色五彩斑斓，具有极高的观赏价值。较著名的热带淡水观赏鱼品种包括三大系列。

(1)灯类品种：如红绿灯、头尾灯、红莲灯、黑莲灯等，这些鱼类小巧玲珑，美妙俏丽。

(2)神仙鱼系列：如红七彩、蓝七彩、条纹蓝绿七彩、芝麻神仙、鸳鸯神仙、红眼钻石神仙等，它们潇洒飘逸，温文尔雅，颇具仙人风范。

(3)龙鱼系列：如银龙、红龙、金龙、黑龙鱼等，这些鱼类素有"活化石"美称，名贵美丽。

(三)热带海水观赏鱼

热带海水观赏鱼通常生活在热带海洋的珊瑚礁中，它们色彩鲜艳，体表花纹丰富，种类繁多，是一类极受欢迎的观赏鱼。较常见的热带海水观赏鱼有雀鲷科、蝶鱼科、棘蝶鱼科、粗皮鲷科等鱼类。

二、观赏鱼的营养需要

观赏鱼和食用鱼类一样，都需要蛋白质、能量、维生素和矿物质等营养物质。但与食用鱼类不同的是，观赏鱼的营养一般着重用于维持机体健康和体色的美观。

(一)能量需要

鱼类属于变温动物,不能维持体温,因此其能量需求会随着水温的变化而发生变化。鱼类的运动方式较高效,且生存环境特殊,运动时无须克服重力,因此能量损失较少。对鱼类来说,蛋白质代谢的主要产物是氨,因此排泄氮的能量消耗少于以尿素和尿酸为产物的哺乳动物和鸟类。基于以上原因,鱼类的能量需要量要低于家畜和家禽。

1.观赏鱼的能量来源

饲料中的碳水化合物、脂肪和蛋白质被鱼类采食后,可以转化为能量,因此碳水化合物、脂肪和蛋白质是观赏鱼的三个主要能量来源。

(1)碳水化合物。碳水化合物是观赏鱼生命活动的主要能量物质,同时也是观赏鱼体内的贮备营养物质。在设计观赏鱼的饲料配方时,应当充分考虑碳水化合物的比例,如日粮中碳水化合物含量不足时,机体就会动用体内贮备的脂肪和蛋白质供给能量;日粮中碳水化合物含量过多,则会将多余的碳水化合物转化成脂肪进行贮存,不仅危害观赏鱼的健康,而且影响观赏鱼的美观。一般来说,观赏鱼饲粮中的碳水化合物应占饲粮的30%左右。

(2)脂肪。脂肪是观赏鱼生理活动的主要能量来源,同时也是鱼体必需脂肪酸的来源。每克脂肪含能量39.29 kJ,其中可提供给鱼类代谢的能量为33.44 kJ。饲料当中缺乏脂肪,不仅会影响观赏鱼正常生存对能量和必需脂肪酸的需要,而且由于脂肪沉积减少,会降低观赏鱼的抗寒能力。一般来说,观赏鱼饲料当中每千克体重应当添加1~2 g脂肪。对鱼类来说,脂肪的品质取决于饲料添加脂肪中含有的必需脂肪酸的多少,鱼类所必需的脂肪酸主要有亚油酸、亚麻酸和花生油酸。

(3)蛋白质。对于观赏鱼来说,蛋白质是组成机体的主要成分,是保证机体生长发育,维持正常生理功能所必需的一种营养物质。如果观赏鱼饲料中蛋白质含量不足,会严重影响鱼的生长发育,使繁殖能力衰退,免疫力降低,易发生疾病。因此观赏鱼饲料当中应当含有比例适当的蛋白质。除上述功能外,蛋白质同样也是观赏鱼重要的能量来源。对于鱼类来说,其对蛋白质的利用效率要高于家禽和家畜,能够有效地将蛋白质转化为能量。考虑到蛋白质价格较高,虽然鱼类对蛋白质的利用效率较高,但是在实际饲养过程中,在保证鱼类良好的生长发育条件下,应当更多地采用价格较为低廉的碳水化合物和脂肪来提供能量。

2.影响鱼类能量需要的因素

与其他动物一样,观赏鱼只有在满足维持正常机体生理活动的需要之后,多余的能量才能用于生长发育。观赏鱼对能量的需要,受到水温、品种和个体大小等因素的影响。

(1)水温。水温是影响观赏鱼能量需要的最主要因素。各种鱼类均有其有效活动的最适温度。如果将金鱼的饲养水温从20 ℃提高到26 ℃,金鱼的每日能量需要量从0.268 kJ提高到0.803 kJ。

(2)品种和个体大小。由于不同品种观赏鱼的生理和个体大小各有特点,其对能量的需要也是不同的。如体重(120.7±3.5) g的巨骨舌鱼能量需要量为23.63 kJ/g(总能)、体重812 g的金箔鱼能量需要量为20.38 kJ/g(总能)、体重80 g的金鱼能量需要量为20.3 kJ/g(总能)、体重4.45 g的七彩神仙鱼能量需要量为21.65 kJ/g(总能)。

(二)蛋白质需要

蛋白质是鱼类营养的重要组成部分,具有很多重要的生理功能,是机体组织合成的必需养分,也可以作为机体生命活动的能量来源。在鱼类的机体中,蛋白质可以占到总干重的65%~80%,这意味着对于鱼类来说,其蛋白质的需要量高于其他动物。

1.鱼类最佳生长的蛋白质需要量及饲粮中的适宜水平

最佳生长的蛋白质需要量是指能够满足鱼类的氨基酸需要并带来最佳的生长效果的最少蛋白质含量,通常以饲料干物质基础百分比表示。目前,确定鱼类饲料最佳生长的蛋白质需求量通常采用蛋白质的浓度梯度法进行,即给予被测鱼类不同蛋白质浓度的饲料,根据出现的剂量效应曲线来评定其最佳生长所需的蛋白质含量。对于观赏鱼来说,除正常的生长外,还需要保持鱼体的鲜艳色彩与美观,因此观赏鱼类对蛋白质的需要量要高于一般鱼类。

观赏鱼的品种、生理阶段、饲养密度、投喂量及蛋白质的来源等因素都能影响观赏鱼对蛋白质的需要量。如肉食性七彩神仙鱼的蛋白质需要量较高,为44.9%~50.1%,而杂食性金鱼的蛋白质需要量要低一些,为29%。不同的生理阶段也会导致蛋白质需要量不同,如金鱼仔鱼的蛋白质需要量为53%,远远高于稚鱼的29%。

2.鱼类对必需氨基酸的需要

鱼类对蛋白质的需求其实就是对氨基酸的需要。按照观赏鱼对氨基酸的需求,可将氨基酸分为必需氨基酸和非必需氨基酸两大类,其中,必需氨基酸是指观赏鱼自身不能合成或合成量无法满足自身正常生长发育的需要,必须从饲粮中获取的氨基酸;非必需氨基酸是指自身能够合成,不必由饲粮供给也能满足自身需要的氨基酸。鱼类的必需氨基酸有十种:赖氨酸、色氨酸、蛋氨酸、精氨酸、组氨酸、亮氨酸、异亮氨酸、苏氨酸、苯丙氨酸和缬氨酸。不同品种的观赏鱼对必需氨基酸的需要量各有特点:金鱼和锦鲤对精氨酸、亮氨酸和蛋氨酸的需求量相对更高;而海水观赏鱼对赖氨酸、缬氨酸和苯丙氨酸的需求量更高。

(三)糖类需要

鱼类和陆生动物一样,也可以利用糖类作为能量来源,但是其利用糖类的能力较其他动物弱,且对糖类的利用能力受到品种和食性的影响。

1.鱼类对糖类的利用

虽然鱼类利用糖类的能力较其他动物弱,但是有些草食性观赏鱼对糖类的利用率可达40%左右,而一些肉食性观赏鱼对糖类的利用率几乎为0。

除品种和食性外,还有一些因素会影响鱼类对糖类的利用,如纤维素、糖的种类和投喂频率等。

2.观赏鱼饲料中糖类的添加量和作用

与家畜家禽饲料相比,鱼类饲料的特点是蛋白质含量高,糖类含量低,但若是饲粮中没有糖类,观赏鱼就需要消耗部分脂肪和蛋白质来提供能量,造成脂肪和蛋白质的浪费。一般来说,糖类在观赏鱼饲料中的含量应保持在15%~25%。

(四)脂类需要

脂类在鱼类的生长过程中具有重要的作用。脂类是鱼类组织细胞的重要组成成分,一般组织细胞中含有1%~2%的脂类成分;脂类还能为鱼类提供能量,是饲料中的高热量物质,产热量高于糖类和蛋白质;提供鱼类所必需的脂肪酸;有助于脂溶性维生素的运输和吸收。对于观赏鱼来说,脂类物质中的一些高级不饱和脂肪酸、磷脂和胆固醇类物质与观赏鱼鱼体色彩的形成有关，且对观赏鱼的活力和精神状态十分重要，因此观赏鱼对脂类物质的需求量高于非观赏鱼类。

一般来说，鱼类对脂类物质的需要量受到必需脂肪酸含量和组成的影响。鱼类需要高不饱和长链脂肪酸，淡水鱼的必需脂肪酸为亚油酸（18∶2n-6）和亚麻酸（18∶3n-3）；海水鱼的必需脂肪酸为 EPA（20∶5n-3）和 DHA（22∶6n-3）。

对于金鱼来说，一般配合饲料中脂类物质的含量应达到 8%～12%，锦鲤应达到 5%～6%，淡水热带鱼应达到 6%～8%，海水观赏鱼应达到 12%～15%。

（五）维生素需要

维生素是维持动物机体正常生长、发育和繁殖所必需的高分子生物活性物质。虽然维生素的需求量较小，但在鱼类机体的代谢过程中是不可缺少的。若饲料中长期缺乏某种维生素，可能会引起机体代谢的紊乱，甚至引发疾病。淡水观赏鱼和海水观赏鱼每千克饲料中各种维生素的推荐添加量见表 4-1。

表 4-1　淡水观赏鱼和海水观赏鱼每千克饲料中各种维生素的推荐添加量

维生素名称	淡水观赏鱼每千克饲料中推荐添加量	海水观赏鱼每千克饲料中推荐添加量
维生素 A	6 500 IU	18 000 IU
维生素 D_3	1 200 IU	—
维生素 D	—	3 500 IU
维生素 E	75 IU	150 IU
维生素 K	12 mg	60 IU
胆碱	600 mg	1 000 mg
烟酸	120 mg	200 mg
泛酸	50 mg	50 mg
肌醇	130 mg	400 mg
生物素	0.2 mg	1.5 mg
维生素 B_1	30 mg	40 mg
维生素 B_2	30 mg	40 mg
维生素 B_6	30 mg	40 mg
维生素 B_{12}	30 μg	30 μg
维生素 C	100 mg	120 mg
叶酸	10 mg	102 mg

三、观赏鱼的饲料

观赏鱼的饲料种类繁多，根据来源可分为天然饲料和配合饲料两类。天然饲料包括从自然环境中收集的来自天然动物性饲料和天然植物性饲料。

（一）天然动物性饲料

1. 浮游动物类

浮游动物是观赏鱼爱吃的活性饲料。广泛分布于江河、湖泊、水库或池塘中。常见的有以下几种。

(1)鱼虫类。鱼虫类是一个俗称,通常指的是生活在坑塘、河沟中的各种甲壳类水蚤,包括灰水类,如沙壳虫、辐射变形虫、钟形虫、表壳虫、棘壳虫、尾毛虫、草履虫等,是观赏鱼幼鱼适口性较好的开口饲料。在我国的大部分地区 4—11 月份可捕捞到鱼虫类。鱼虫类营养丰富,容易消化,据报道,配合饲料通常仅能增加观赏鱼代谢强度 30%~40%,而鱼虫类可增加观赏鱼代谢强度可达 90%~100%,究其原因,可能是由于鱼虫类含有鱼类机体所需的几乎全部氨基酸,且高级不饱和脂肪酸含量也很高。

(2)轮虫类。轮虫类是一种袋形动物门,轮虫纲的多细胞生物,常见的栖息地有沼泽、稻田、池塘、河流和湖泊等。轮虫类是观赏鱼稚鱼的最佳开口饲料,使用轮虫作为食物的观赏鱼不易生病,在培养期间可以减少药物的使用。常见的轮虫类有臂尾轮虫、龟纹轮虫、水轮虫、三肢轮虫、多肢轮虫、柱状轮虫等。常见于春夏季节,但捕捞后极容易死亡,过滤后饲养于清水中,可存活 1~2 d。

(3)溞类。溞类又称枝角类,俗称红虫,属于甲壳纲鳃足亚纲枝角目。常见的溞类有大型溞、长刺溞、蚤状溞、近邻剑溞、草绿剑溞等。溞类营养丰富,是理想的天然饲料。

2. 虫类

此处所说的虫类,并非指生物学分类上的虫类,而是一种笼统的称呼,包括蚯蚓、水蚯蚓、蝇蛆、丰年虫、蚕蛹等。它们营养丰富,是观赏鱼的上佳饲料。

(1)蚯蚓。蚯蚓属于寡毛纲正蚓科正蚓属,是一种无脊椎环节动物。蚯蚓的种类很多,依据生活环境的不同可以分为陆栖蚯蚓和水栖蚯蚓 2 种。蚯蚓营养丰富,蛋白质占干重的 56%~65%,含有多种必需氨基酸。由于野生捕获的蚯蚓可能携带某些寄生虫和污泥,故投喂时应当先对蚯蚓体内的寄生虫与污泥进行清理,再剪成小段投喂,但是不宜投喂过多,如有剩余留在水中应及时清理,以免污染水质。

(2)水蚯蚓。水蚯蚓属于近孔寡毛目颤蚓科水蚯蚓属,又称为丝蚯蚓、红线虫,喜栖息于腐殖质较为丰富的底泥中,在生活污水流经的浅水肥水沟或坑塘中多见。水蚯蚓营养丰富,蚓体蛋白质含量高,不易污染水质,在自然界中存量非常丰富,细小柔软,为观赏鱼喜食,是一种理想的观赏鱼饲料。

(3)蝇蛆。蝇蛆是双翅目蝇科,家蝇属昆虫家蝇的幼虫。广泛分布于世界各地,通常生活在人畜粪堆或粪池中,或生活在腐败的动物尸体及发酵物、垃圾堆中。蝇蛆是一种优良的蛋白质饲料,营养成分较全面,可作为观赏鱼的育肥饲料。由于蝇蛆来源于较为污秽的环境,故在饲喂前应漂洗干净,投喂量不宜过多,剩余蝇蛆应及时清理,以免污染水质。

(4)丰年虫。丰年虫又称为丰年虾,属于节肢动物门甲壳亚门甲壳纲鳃足亚纲无甲目盐水丰年虫科,是一种在世界范围内广泛分布的小型甲壳类动物。丰年虫有丰富的蛋白质(成体蛋白质含量可达 50%~60%)以及多种必需氨基酸和多不饱和脂肪酸,是观赏鱼的优质饲料。

(5)蚕蛹。蚕蛹是鳞翅目蚕蛾科家蚕的蛹。蚕蛹营养丰富,含有 50%左右的蛋白质,还含有大量的优质脂肪酸,其中不饱和脂肪酸有油酸、亚油酸和亚麻酸,是观赏鱼的优质饲料。

3. 其他动物性饲料

可作为观赏鱼饲料的其他动物性饲料还有野生鱼苗、猪肝、鱼虾肉、蛋黄、猪血等。这些饲料容易获取，价格低廉，含有丰富的蛋白质、维生素和微量元素等，但是这些饲料若在水中剩余，易导致水质受到污染，因此使用这些饲料饲喂观赏鱼时要注意及时清理。

(二)天然植物性饲料

与天然动物性饲料相比，天然植物性饲料的营养价值和适口性要稍差，但是其价格低廉，来源广泛，获取容易，且含有丰富的纤维素，因此给观赏鱼适量饲喂天然植物性饲料，对其生长发育和繁殖能起到很好的效果。

1. 藻类

藻类主要为水生，种类繁多，俗称浮游植物。对于藻类的分门，学界有很大的分歧，我国藻类学家多主张将藻类分为 11 个门，即蓝藻、红藻、隐藻、甲藻、金藻、黄藻、硅藻、褐藻、裸藻、绿藻、轮藻。藻类营养丰富，蛋白质含量较高，含有多种维生素，适口性较好，易于消化，是观赏鱼良好的饲料。常作为观赏鱼饲料的藻类有小球藻和一些浮游藻类。

2. 芜萍

芜萍俗称无根萍，属于天南星科芜萍属植物，是世界上最小的种子植物，常生长在小水塘、稻田、河流等处。芜萍富含淀粉、蛋白质、维生素和微量元素等营养物质，适口性较好，是观赏鱼的优良饵料，还可作为动物性饲料短缺时替代的辅助饲料。

3. 蔬菜

蔬菜中含有大量的维生素，适当的投喂蔬菜作为补充饲料，可使观赏鱼获得大量维生素，有利于鱼体的生长发育。常用的蔬菜有小白菜、菠菜、莴苣等，投喂前应先将菜叶清洗干净，以免有农药或化肥残留，若能用开水将菜叶先烫熟后再切小条进行投喂最佳。

(三)配合饲料

由于天然饲料的季节性和数量的不稳定性，制约了鱼类的正常生长发育，所以配合饲料应运而生。配合饲料是根据动物营养需要选用多种原料和添加剂，经混合和机械加工而成的人工饲料。配合饲料有许多优点：①可按观赏鱼不同生长阶段所需营养成分来配制合适的饲料；②配合饲料的成本低，配制简便，且可按观赏鱼的饲养规模进行生产；③若观赏鱼生病时，可按实际所需在配合饲料中加入药物治疗；④配合饲料便于贮藏，也不像天然饲料受气候或季节等影响。

与普通养殖鱼类相同，配制观赏鱼配合饲料要满足鱼体正常生长的需要；不同之处在于，观赏鱼还需要保持鱼体色彩和形态的美观。鉴于观赏鱼的特殊要求，观赏鱼配合饲料往往需要添加许多的活性物质。但在饲料加工过程中，对活性物质的破坏较为严重，因此观赏鱼配合饲料的加工有着更严格的要求。制作观赏鱼配合饲料的要点如下。

(1)观赏鱼饲料的粉碎度。相比于养殖鱼类，观赏鱼通常生活在空间较小的鱼缸、水族箱中，观赏鱼的粪便会对水体的美观造成严重影响，因此必须让观赏鱼能够充分地消化吸收饲料。在加工过程中应当将饲料原料尽可能粉碎，一般建议提高到 100 目以上。

(2)在水中的稳定性。虽然配合饲料营养丰富，更加适合观赏鱼对于营养物质的需求，但是这种饲料一旦在水中发生溃散、溶解，更容易污染水体。一般要求饲料在水中 30 min 不变形、不溃散，渗出物小于 5%。

(3)重视饲料对鱼体观赏性和抗应激性的作用。对观赏鱼来说，艳丽斑斓的体色是其最主要的观赏价值和经济价值所在。观赏鱼类的体色是类胡萝卜素、黑色素和鸟嘌呤等多种物质共同作用的结果，其中类胡萝卜素的作用尤为重要，但是鱼类自身并不能合成类胡萝卜素，只能从饲料中获得。因此在观赏鱼饲料中，应适量添加着色剂，能够使鱼体色泽更加艳丽，提高观赏价值。应激是指动物机体对外界刺激或挑战所产生的非特异性生理反应。当鱼类受到应激因子刺激后，短时间内会引起生理变化，如毛细血管通透性增加，体色变化，当应激强度超过动物耐受限度时，会造成机体损伤，严重时甚至死亡。观赏鱼饲养过程中面临应激较多，其中之一是营养性应激，即营养过剩或匮乏所引发的应激反应。因此在饲料配制时也应注意强化抗应激营养措施。具有抗应激作用的添加剂主要可分为如下四类：一是维生素类添加剂，包括维生素 C、维生素 E、肌醇和烟酸等；二是益生元和益生菌类添加剂；三是植物提取物类添加剂；四是微量元素类添加剂。

(4)诱食性。配合饲料一旦在水中发生溃散、溶解，极易污染水体，因此必须尽量减少观赏鱼的摄食时间。在配置观赏鱼配合饲料时，应当适量添加诱食剂，如深海鱼油、鱼肝油和某些氨基酸等。

课后任务

1. 进一步了解观赏鱼还有哪些种类。
2. 了解科学饲喂观赏鱼的方法有哪些。

课后练习

1. 影响观赏鱼能量需要的因素有哪些？
2. 使用配合饲料饲喂观赏鱼有哪些优点？

任务二　观赏鸟的营养与食品

观赏鸟的营养与食品(视频)

课前任务

小明的爸爸酷爱养鸟，每天都要去广场遛鸟，还经常与朋友们聚在一起交流养鸟心得。在这样的熏陶下，小明对这些美丽又活泼的“精灵”产生了浓厚的兴趣，于是向他爸爸请教了饲养这些小鸟的各种知识。下面让我们与小明一起来学习吧。

观赏鸟的分布极为广泛，无论是山间还是低谷，内陆还是极地，森林还是沙漠，到处都有观赏鸟在天空翱翔。在生长、发育、繁殖的过程中，观赏鸟与其他动物一样，也需要多种营养物质。观赏鸟对食物种类的需要因种类的不同而有所差别，但是需要的营养物质的种类是基本一致的。

一、观赏鸟的类型

观赏鸟的种类有很多，根据不同的分类标准，观赏鸟可以分为不同的种类。

观赏鸟按照功能分类，如表 4-2 所示。

表 4-2　观赏鸟按照功能分类

功能类型	特点	代表品种
鸣叫型	善于鸣叫，鸣声悦耳婉转	画眉、百灵、云雀、黄雀、金翅雀、嘴蓝鹊、相思鸟、乌鸫等
外观型	羽毛鲜艳美丽	黄鹂、寿带鸟、翡翠、交嘴雀、燕雀、太平鸟等
善斗型	擅长争斗	棕头鸦雀、画眉、鹌鹑、鹊鸲等
技艺型	能接受训练而学会技艺	黄雀、蜡嘴雀、金翅雀、交嘴雀、燕雀、朱顶雀、白腰文鸟等
模仿型	可模仿人类的语言及其他鸟兽的叫声	鹦鹉、八哥、鹩哥等

观赏鸟按照食性分类，如表 4-3 所示。

表 4-3　观赏鸟按照食性分类

食性类型	特点	代表品种
软食型	以细软饲料为主要饲料	红点颏、蓝点颏、红胁蓝尾鸲、白腹鸫、灰鸫、树莺等
硬食型	以植物种子为主要饲料	金山珍珠鸟、芙蓉鸟、娇凤、灰文鸟等
生食型	以鱼、肉等为主要饲料	鹰隼、猫头鹰等

二、观赏鸟的营养需要

观赏鸟在大自然广泛存在，被人类捕捉驯养之后，通常生活在鸟笼之中。对于笼养的观赏鸟来说，由于其只能在鸟笼这样一个狭小的地方进行有限的运动，无法自由地飞往各处进行采食，食物只能由饲养者供给，这就导致笼养观赏鸟无法按照自己的意愿选择食物，所以饲养者要特别注意观赏鸟饲料营养的全面性，以及饲料量和各种营养素的平衡。

(一)能量需要

鸟类的天性特点决定了其需要从饲料中获取大量的能量来满足自身的需要。鸟类天性好动，体温比哺乳动物高，新陈代谢旺盛，因此每日需要消耗大量的能量。鸟类获取能量主要依靠饲料中的碳水化合物，即淀粉类物质，其次是脂肪。

通常鸟类获取含碳水化合物的饲料，如籽实类物质含有粗纤维，而鸟类对粗纤维的消化吸收能力很弱，因此，配制观赏鸟饲料时应注意粗纤维的含量不应高于 5%。对于进入繁殖期的鸟类来说，能量的平均需要量比非繁殖期翻倍，因为在这一时期，除维持自身的需要外，成鸟还需要运送食物和哺育幼鸟。尚处于发育阶段的观赏鸟，对能量的需要量也会很高，因为在这一时期机体生长发育的速度很快，如幼鸟在破壳后的第 4～10 d，每日可增重 20%以上。

(二)蛋白质需要

对于动物来说,蛋白质是组成机体组织的重要成分。观赏鸟也不例外,无论是皮肤、羽毛,还是肌肉、内脏,其最重要的组成成分都是蛋白质,此外,鸟类的生长、发育、繁殖等生理过程,均需要大量的蛋白质作为营养物质。我们知道,蛋白质由氨基酸构成,而有些氨基酸在鸟类体内不能合成,必须要依靠摄入的饲料来提供,这些氨基酸称为必需氨基酸,如蛋氨酸、精氨酸、赖氨酸和酪氨酸等。而不同来源的蛋白质所含有的氨基酸的种类天差地别,因此观赏鸟饲料中的蛋白质种类越多,往往意味着蛋白质的品质就越好。为了提高鸟类对饲料中蛋白质的利用效率,我们通常将不同来源的蛋白质按照一定的比例混合之后使用。可作为饲料蛋白质来源的蛋白质通常有两种:植物性蛋白和动物性蛋白。以植物籽实为主要食物的硬食型鸟类的饲料应当使用两种或者两种以上的植物籽实进行搭配;而对于以豆粉和蛋为主要食物的软食型鸟类来说,可以适当在饲料中添加一些动物性蛋白如昆虫以满足对蛋白质的需要。

对于处于生长阶段的幼鸟来说,往往需要大量的蛋白质,因为在这个时期,不仅需要蛋白质来满足机体生长发育,而且还需要满足羽毛生长的需要,一般来说饲料中蛋白质含量在20%以上。而对于成鸟来说,蛋白质主要用于自身维持需要,以及羽毛、爪和喙的修复的需要,这一时期对蛋白质的需要量通常会低一些。由于鸟类的生理特性,羽毛会进行定期的更换,如在秋季会将全身的羽毛脱落更换成保温效果更好的冬羽;而在春季则会将羽毛更换为夏羽。羽毛的主要成分是蛋白质,因此在换羽时,鸟类对蛋白质的需要量会大大增加,特别是对于以毛色艳丽为主要特征的观赏鸟来说,更应该注重换羽期饲料中蛋白质含量和比例的适当。

(三)脂肪需要

脂肪对于鸟类来说非常重要,首先,由于脂肪热值很高,当其氧化分解时可以产生大量的能量,所以是鸟类重要的能量来源,同时也是最高效的能量贮存形式;其次,脂肪不易传热,能够有效地防止热量散失,有利于鸟类保持体温;然后,脂肪填充在内脏周围,在鸟运动时可以很好地保护内脏;最后,脂肪还可以作为脂溶性维生素的溶剂,帮助维生素 A、维生素 D、维生素 E 和维生素 K 的吸收利用。因此脂肪是观赏鸟饲料中不可或缺的营养物质。但脂肪在饲料中的含量也不宜过高,过高会使鸟儿肥胖,性情呆滞,不爱运动,且容易引起各种疾病。

(四)维生素需要

维生素也是观赏鸟生长发育、机体维持等过程中不可缺少的一种物质。维生素可以分为脂溶性维生素和水溶性维生素两大类。脂溶性维生素是指维生素 A、维生素 D、维生素 E 和维生素 K;水溶性维生素包括 B 族维生素和维生素 C。虽然维生素在机体内含量很少,但却是维持机体代谢正常进行所必需的营养。当饲粮提供的维生素不足时,观赏鸟的抗病能力通常会下降,羽毛不齐、无光泽,影响发情及繁殖。维生素主要存在于新鲜青绿植物、糠等植物性饲料中,冬季青绿植物缺乏时,可在观赏鸟饲料中添加多维等物质,满足观赏鸟对于维生素的需要。

(五)矿物质元素需要

矿物质元素也是观赏鸟生命活动中绝对不可缺少的营养物质,参与组成观赏鸟的机体细胞、骨骼,同时观赏鸟的很多生理活动如生长发育、消化吸收、繁殖等都离不开矿物质元素的参与。对于观赏鸟乃至绝大多数动物来说,含有矿物质元素最多的部位就是骨骼,特别是钙、磷和镁。机体中几乎绝大部分的钙和镁都存在于骨骼之中,因此若饲料中这些元素不足,就会严重影响观赏鸟的骨骼发育,使骨骼失去坚韧的性能。除此之外,蛋壳的形成也需要大量的钙参与,缺钙会导致蛋壳易破损，甚至产生软壳蛋，影响观赏鸟的繁殖。一般可使用骨粉、蛋壳粉等作为补充矿物质元素的饲料原料。

三、观赏鸟的饲料

（一）植物类饲料

植物类饲料主要是指谷物的籽实，包括淀粉类饲料，如粟、黍、稗、稻谷、绿豆、玉米、高粱及各种谷类的加工副产品；油料作物类饲料，如白苏子、麻籽、菜籽、花生米、葵花籽、松子、粕籽、芝麻等。其中淀粉类饲料可为观赏鸟提供能量，是观赏鸟饲料中最主要的成分。油料作物类也称为辅助饲料，当鸟处于一些特殊时期如繁殖期，淀粉类饲料往往不能满足鸟的能量需要，这时候就需要适当添加辅助饲料。但是这类饲料脂肪含量高，过多饲喂可能会影响鸟的繁殖，甚至影响健康。植物类饲料若不经加工，往往呈粒状，但有些软食观赏鸟类野生状态下以昆虫为主要食物，喙短而小，如树莺、红点颏、蓝点颏等，这种生理结构上的特点意味着在饲喂这些鸟类时应将这种粒状的籽实去壳后焙炒，然后研成粉状，方便这些鸟类的采食。

（二）动物类饲料

1. 昆虫类饲料

昆虫是世界上种类最多，数量最多的一类动物，是观赏鸟极为重要的一类饲料来源。昆虫营养丰富，含有非常丰富的动物性蛋白质、各种酶类、维生素及矿物质，可促进鸟的消化，增强鸟的体质，且易于消化吸收。人工饲养的食虫和食肉观赏鸟类应经常饲喂鲜活的昆虫，常用的有：蝗虫、黄粉虫、蝇蛆、蟋蟀等。几种昆虫类饲料的营养成分及含量，见表 4-4。

表 4-4　几种昆虫类饲料的营养成分及含量　　%

种类	粗蛋白质	粗脂肪
蝇蛆粉	59.40～63.00	10.60～20.00
黄粉虫成虫	63.19～64.29	17.14～19.27
蚕蛹	68.30	28.80
中华稻蝗	64.08	3.70
松毛虫	68.30	6.56

2. 水产类饲料

水产类饲料是观赏鸟获取蛋白质的优质来源，且矿物质元素含量丰富。常用的水产类饲料有鱼虾类、鱼粉类以及贝壳类，其中海产品类原料由于盐分含量高，所以在使用时要注意添加量，防止引起食盐中毒。

鱼虾类是指新鲜的河、海小鱼小虾，其蛋白质含量丰富，是饲喂观赏鸟的优质饲料。体形较小的鱼虾，可直接饲喂；体形较大的鱼虾要先烘干磨粉后拌在饲料中使用。对于生食型观赏鸟类来说，可直接饲喂新鲜鱼虾，其余鸟类以煮熟后饲喂为佳。鱼粉在市面上很容易买到，种类很多，但通常含盐量太高，使用时应特别注意，最好使用含盐量较低的淡水鱼粉。常用的贝壳类饲料有蜗牛、田螺、蚌等，此类饲料蛋白质和矿物元素含量很高，但容易变质，因此使用新鲜贝壳类饲料最好是剁碎饲喂。

(三)青绿饲料

青绿饲料是指鲜嫩的叶菜、根茎、瓜果、野草等,可以帮助观赏鸟更好地生长发育。青绿饲料水分含量高,可达60%～90%;青绿饲料维生素含量较高,可以为观赏鸟提供充足的维生素。但鲜嫩的青绿饲料粗纤维含量较低,更易消化。

叶菜类主要是各种蔬菜的鲜嫩叶子,以青菜为主,还包括大白菜叶、卷心菜叶、油菜叶、萝卜叶、蒲公英叶和苜蓿等。使用叶菜类青绿饲料时,应选用鲜嫩的叶子,并且在饲喂前进行充分的清洁,使用清水浸泡漂洗,将叶菜上可能残留的农药漂洗干净;漂洗之后可使用0.1%高锰酸钾溶液进行消毒,以杀死叶菜上可能附着的细菌、虫卵等。

根茎类主要包括胡萝卜、水萝卜、马铃薯、红薯等。此类青绿饲料主要用于体型较大、羽色鲜艳的观赏鸟类,如黄鹂、太平鸟等。其中胡萝卜可以直接鲜喂;马铃薯、红薯等可蒸熟后使用。

瓜果类风味清甜、适口性较好,很多鸟类喜食。主要包括西瓜、南瓜、甜瓜、番茄、苹果、香蕉、芭蕉、葡萄等。瓜果类由于体积一般较大,直接饲喂鸟类不易采食,故可以切块后,插在笼内供鸟类啄食。

野草类主要指一些野菜,此类青绿饲料容易获取,成本低廉,富含多种维生素,主要包括苦菜、马齿苋等。

(四)矿物质元素饲料

矿物质元素具有调节机体内渗透压和酸碱平衡的作用,同时也是构成骨骼、蛋壳、血红蛋白等的重要成分,而天然饲料中的矿物质元素含量通常无法满足观赏鸟的需要,因此需要在观赏鸟饲料中添加一些矿物质元素饲料。矿物质元素饲料主要包括钙源性饲料、磷源性饲料以及其他矿物质元素饲料等,矿物质元素饲料对于改善观赏鸟的健康状况也大有作用。

1.钙源性饲料

钙是骨骼、蛋壳等的主要成分,观赏鸟缺钙容易导致骨骼细小,强度不足,蛋壳变薄,甚至产软壳蛋。钙在观赏鸟的主要食物如谷物类饲料中含量很少,因此必须注意补充。常用的钙源性饲料包括贝壳粉、石粉、蛋壳粉、墨鱼骨粉、碳酸钙类以及新型有机酸钙类等。

贝壳粉是使用各种贝类的壳经过加工煅烧磨粉后制得的粉状饲料原料,主要成分为碳酸钙,通常含钙量不低于33%。石粉是一种天然的碳酸钙来源,是畜牧业使用最多、最广泛、最廉价的矿物质饲料,石粉一般含钙量35%～38%。蛋壳粉是使用禽蛋加工厂或孵化场废弃的蛋壳,经过干燥磨粉后制得的粉状饲料原料,含钙量较高,还含有少量蛋白质。墨鱼骨粉是使用新鲜的墨鱼骨洗净、挂置、除味后制得的饲料原料。新型有机酸钙是一种优良的钙源,目前在蛋鸡、肉鸡等养殖领域已经得到了较为广泛的研究,既可作为钙源,也有酸化剂的作用,容易吸收,也能为机体带来更多的有益作用。

在使用钙源性饲料时,由于钙磷两种矿物质元素之间存在相互作用,通常要求钙磷含量应达到平衡,否则会严重影响钙磷的吸收,所以使用时应充分考虑到钙和磷的适当添加比例。

2.磷源饲料

磷是骨骼、机体组织等的主要成分,缺磷易引起食欲减退、生长缓慢、骨骼强度降低等。谷物类饲料中含磷较多,主要以植酸磷的形式存在,但动物对植酸磷的利用能力较差,因此应当在饲料中补充磷。主要的磷源饲料有骨粉、磷酸氢钙、磷矿石粉等。

骨粉由动物的骨骼加工而成，按照加工方法可分为蒸制骨粉和脱胶骨粉。骨粉因含有较多的蛋白质和脂肪，因此容易腐败变质，且不经消毒有传播疾病的风险。磷酸氢钙为白色或灰白色的粉状或粒状产品，可同时补充钙磷两种矿物质元素，有无水和两分子结合水两种形式，拥有两分子结合水的磷酸氢钙的钙磷利用率极佳。磷矿石粉是磷矿石粉碎磨粉后制得的产品，但这种产品常常含有杂质，如铅、汞、砷等，使用前必须保证杂质含量在安全范围内。

3. 其他矿物质元素饲料

除钙磷外，观赏鸟还需要其他的矿物质元素，如镁、碘、锰等。常见的其他矿物质元素饲料有食盐、沙粒等。此类饲料可为观赏鸟补充一些微量元素，并有其他功能。食盐主要是指商品食盐，含有钠和氯，还含有少量的镁、碘等元素。氯可以参与胃酸的形成，帮助观赏鸟进行消化；钠可以维持消化道内的酸碱平衡，对消化酶活性的维持有重要作用；碘与甲状腺的功能有关，缺碘会引起甲状腺肿大，甲状腺激素的缺乏可能会影响鸟类换羽。沙粒不能被机体吸收，但由于鸟类无牙齿，在饲料中添加一些沙粒能够帮助观赏鸟更好地消化食物。

（五）特殊饲料

特殊饲料是针对不同的观赏鸟或观赏鸟的不同生理阶段需要所添加的饲料，包括催情饲料、色素饲料等。

在鸟的繁殖期，可在饲料中添加一些具有催情作用的物质来诱导和刺激观赏鸟的发情。如直接将小米或大米与蛋液混匀、晾干之后搓散，即是一种催情饲料；也可将蛋液与小米或大米拌匀之后上锅翻炒，也是一种很好的催情饲料。

色素饲料是一种用来改善观赏鸟羽毛色泽的饲料，如蛋黄、红辣椒、胡萝卜等含有天然色素。

（六）全价配合颗粒饲料

全价配合颗粒饲料是一种根据观赏鸟的营养需要，使用多种优质饲料原料按照科学的比例配合而成的混合饲料。这种饲料全面地考虑了观赏鸟对各种营养物质的需要，经过熟化、制粒而制成。除提供营养物质的饲料原料外，往往还会添加一些帮助消化吸收的添加剂，是观赏鸟非常理想的一种饲料。全价配合颗粒饲料可从市场直接购得，使用方便，大大减少了观赏鸟饲养者的负担。

课后任务

1. 进一步了解观赏鸟还有哪些种类。
2. 进一步了解观赏鸟的营养需要与家禽有什么不同。

课后练习

1. 鸟类在哪个成长时期对蛋白质的需要会大大增加？
2. 为什么钙能够影响鸟的繁殖？

任务三 龟的营养与食品

龟的营养与食品(视频)

课前任务

一次小刚与爸爸妈妈一起回老家看望爷爷奶奶，发现在水池中几只老龟正慢悠悠地晒着太阳，十分悠闲。小刚好奇地问爷爷："爷爷，家里面什么时候养了几只乌龟呀?"爷爷听到后说："这几只老伙计，可有年头喽。"于是在爷爷的讲述下，小刚了解关于这些"老伙计"的知识，让我们随着小刚一起，静静地聆听吧。

龟是一种非常古老的爬行动物，寿命很长，身上覆盖有厚重坚固的甲壳，遇到危险时可将头、尾、四肢迅速缩入壳中。在我国传统文化中，龟是长寿、富足、和谐的象征，与麟、龙、凤合称为"四灵"。从古至今，人们常饲养龟类作为宠物，寄托自己对美好生活的向往，如古人认为只有家中有龟，才是家族昌盛，门第高贵的象征。

一、龟的类型

(一)红耳龟

红耳龟又称巴西龟，是一种水栖龟类，是最受欢迎的观赏龟之一，有着鲜艳的颜色和友好的性格。红耳龟头部较大，吻端稍突出，眼睛后方各有两个红色的小斑点，红耳龟的背甲很美观，通常拥有数条黄黑相间的条纹。红耳龟通常产自美国南部和墨西哥东北部，因为其背甲上的条纹与巴西地图很相似，故称为巴西龟。

(二)金钱龟

金钱龟又名红边龟，为半水栖龟类。头尖而狭窄，背甲呈椭圆形，色泽暗红，颜色鲜艳，腹甲黑色，边缘为黄色，看起来就像是古代的铜钱，为了寓意吉祥，被命名为金钱龟。

(三)乌龟

乌龟别称草龟、泥龟，是一种水栖龟类，性情温和，相互间无咬斗。乌龟头部呈橄榄绿色，背面为褐色或黑色，腹面略带黄色；颈侧有黄绿色的线状斑纹；上喙不呈钩状，尾较短。乌龟的寿命最长可达 300 岁。

(四)鳄龟

鳄龟别名蛇龟、肉龟等，是一种水栖龟类，是龟类中最凶猛的一种。鳄龟体形较大，头部不能完全缩入壳内，长相奇特，很像鳄鱼，龟壳上有像鳄鱼背甲一样的尖刺状突起，呈黑色或黄褐色，四肢短粗，爪十分有力，上腭像鹰嘴，呈钩状。鳄龟在水里时不好斗，但在陆地上时会变得十分凶猛。

二、龟的营养需要

和其他动物一样，龟需要多种营养物质来维持正常的生命活动，包括蛋白质、脂肪、碳水化合物、维生素和矿物质。

（一）蛋白质需要

蛋白质是动物机体的重要组成部分，机体内许多的生理活动都需要蛋白质的参与，龟也不例外。龟的生长发育和组织修复都需要蛋白质。在龟的生命活动过程中，当脂肪和碳水化合物的供应不足时，蛋白质还可以作为能量的来源，但是这会造成蛋白质的浪费，因此龟饲料中的蛋白质应当以满足龟体的生长需要和组织修复为最大限度，能量应当由相对廉价的碳水化合物和脂肪来供应。龟饲料中的蛋白质含量一般要高于畜禽饲料，为38%左右，而畜禽饲料中的蛋白质含量一般在20%～23%。龟对蛋白质的需要通常受到龟的类型、成长阶段、生长环境、饲料中蛋白质的质量等因素的影响。

（二）脂肪需要

脂肪是组成龟组织细胞的重要成分，除供给能量的需要外，脂肪还可以给龟提供必需脂肪酸。研究认为，龟最需要的必需脂肪酸是亚油酸，龟配合饲料中的脂肪含量以3%～5%为宜，过高或者过低都会影响饲料利用率。

（三）碳水化合物需要

对于龟类来说，碳水化合物最大的生理作用就是提供能量以及参与机体的组成。不是所有的碳水化合物都能被龟吸收，淀粉、糊精、纤维素和蔗糖这四种碳水化合物中，以淀粉为最佳，其适宜的添加范围是22.37%～25.28%。

（四）维生素需要

虽然维生素不能提供能量，但是在机体生命活动中有着非常重要的作用。龟饲料中缺乏维生素 B_5、维生素 B_6、维生素 B_{12} 时，龟的生长明显放缓。据报道，龟对维生素 A、维生素 D、维生素 E、维生素 K_3、维生素 B_1、维生素 B_2、维生素 B_3、维生素 B_4、维生素 B_5、维生素 B_6、维生素 B_{11}、维生素 B_{12} 和维生素 C 的需要量分别为 2 500 mg/kg、1 500 mg/kg、500 mg/kg、15 mg/kg、50 mg/kg、100 mg/kg、37.5 mg/kg、500 mg/kg、65 mg/kg、40 mg/kg、2 mg/kg、0.25 mg/kg 和 300 mg/kg。

（五）矿物质需要

矿物质是龟类重要的营养物质，参与机体许多生理过程的正常活动。其中钙和磷对龟的骨骼生长非常重要，特别是构成龟壳，缺钙会导致龟壳变形、动作笨拙等现象，龟饲料中钙的含量应在3%以上，磷的含量应在1.5%以上。

三、龟的饲料

（一）天然饲料

1. 动物性饲料

龟的动物性饲料包括贝类（如蚌、螺）、甲壳类（如虾、昆虫）、各种淡水鱼、动物内脏、蚯蚓、蝇蛆、蚕蛹、新鲜的奶和蛋以及动物的各种加工副产品(如血粉、肉骨粉)等。这类饲料的优点是营养丰富,容易消化吸收,蛋白质含量高,富含各种必需氨基酸,维生素丰富,适口性好。动物性饲料是龟类的优质饲料,但是不易保存,因此在使用时应尽量保证新鲜。

2. 植物性饲料

植物性饲料包括粮食类、蔬菜类和瓜果类。粮食类主要有黄豆、小麦、大米等;蔬菜类有菠菜、卷心菜、空心菜、萝卜等;瓜果类有苹果、梨、菠萝、葡萄等。这类饲料富含维生素、微量元素、纤维素等多种营养物质,其中瓜果类还含有多种有机酸和生物活性成分,不仅能补充营养,还能起到预防疾病,改善龟健康的作用。

(二)配合饲料

配合饲料是指根据龟的生理特点和营养需要,使用多种饲料原料按照一定比例配制而成的。配合饲料营养构成合理,能使各种营养成分发挥出最大的功效。按照加工工艺,配合饲料可分为粉状配合饲料、膨化颗粒配合饲料和硬颗粒配合饲料。粉状配合饲料制作较为简便,易贮藏保管,但是需要加工成易采食的团状或软颗粒状方能使用。膨化颗粒配合饲料通过高温膨化,可杀灭饲料原料中的病原菌,使饲料更易被消化吸收,大幅提高饲料效率,但是制作成本相对较高,另外高温还容易破坏一些营养物质,越来越多的饲养者选用膨化颗粒配合饲料饲喂龟。硬颗粒配合饲料大幅节约了饲料成本,且便于贮藏,是龟优质的饲料。

课后任务

1. 进一步了解龟还有哪些品种。
2. 进一步了解不同品种龟对营养的需求有什么区别。

课后练习

为什么矿物质元素是龟很重要的营养元素?

任务四　蜥蜴的营养与食品

蜥蜴的营养与食品(视频)

课前任务

小健是一名十分有个性的同学,喜欢各种新鲜事物。他想饲养一种十分独特的宠物,于是他来到了宠物店进行挑选。老板在了解了他的需求后,建议他饲养蜥蜴,他立马就对这种与众不同的小家伙充满了兴趣,但是他不知道如何去照顾这个小家伙,于是老板开始给小健科普,让我们一起随着小健了解一下蜥蜴的饲养方法。

蜥蜴属于有鳞目蜥蜴亚目,是爬行动物中种类最多的一个亚目。大多数蜥蜴具有发达的四肢,长长的尾巴,眼睑可以活动。有些蜥蜴在遇到危险时可以主动断掉尾巴,用于迷惑敌人。不同的蜥蜴体形千奇百怪,色彩丰富多彩,深深受到爬行动物爱好者的喜欢。

一、蜥蜴的类型

1. 豹纹守宫

豹纹守宫颜值很高，全身布满特殊的条纹，且体色绚丽多彩。豹纹守宫又称斑睑虎，是因为豹纹守宫脸形似猫脸，在眼睛前面还有一层眼睑。豹纹守宫体形小巧，饲养较为容易，且价格适中，是爬行动物爱好者入门的一个很好的选择。豹纹守宫在遇到危险时会主动断尾，因此饲养者应当注意不要压到或者抓握方法不当导致豹纹守宫断尾。目前，在人工饲养条件下培育出了很多豹纹守宫的新品种，如高黄、萝卜尾、青白化、橘白化等。

2. 蛙眼守宫

蛙眼守宫是较为常见的宠物蜥蜴。蛙眼守宫的主要特征是在四肢、躯体和尾部覆盖有大鳞片，体色多以淡褐色为主，眼睛较大，十分可爱。虽然蛙眼守宫有着可爱的外表，但是它的脾气却不太好，生气时会大声喊叫，十分滑稽。

3. 丽纹龙蜥

丽纹龙蜥的产地在我国的云南、贵州等地，是我国爬行宠物市场上最常见的蜥蜴种类。丽纹龙蜥的吻短而钝，头部黄绿色，夹杂着黑褐色斑纹，背面有 5 个黑褐色斑块，腹面呈灰白色。丽纹龙蜥也是爬行动物爱好者饲养的入门品种。

4. 中国石龙子

中国石龙子又名山龙子、四脚蛇、中国石龙蜥、猪婆蛇等。中国石龙子身体上被有覆瓦状排列的细鳞，鳞片薄而光滑，背面呈黏土色而腹面呈灰白色，也拥有自主断尾的本领。中国石龙子广泛分布于华南地区、华东地区和西南地区。

二、蜥蜴的营养与食品

绝大多数蜥蜴都是肉食性动物，而且喜欢活食，对于死食或人工饲料不太感兴趣。大多数的蜥蜴(一般指 20 cm 以下)是以昆虫为食，也有一些是植食性的；体形较大的蜥蜴以小鼠、小鸟或其他蜥蜴等为食；体形再大如巨蜥则以鱼、蛙和小体形哺乳动物为食。常见可作为蜥蜴食物的昆虫有面包虫、大麦虫、蟋蟀、蚂蚱等。蜥蜴的饲喂方式比较简单，一般直接投喂即可。

目前，市面上的人工饲料有果泥粉和颗粒饲料。果泥粉是采用天然水果粉，辅以乳清蛋白等成分制成的，此种饲料具有水果的芳香，富含维生素，可以为蜥蜴的机体健康提供很好的帮助。市面上的蜥蜴颗粒饲料种类很多，较为繁杂，大多数是以冻干虫粉辅以乳清蛋白、维生素补充剂、矿物质元素以及益生菌等经过加工制得的，这种颗粒饲料适口性佳，保留了原始昆虫的气味，蜥蜴愿意采食，营养丰富，且配方经过实际饲喂实践，营养物质种类全面，能为蜥蜴带来更加充分的营养补充。

课后任务

1. 进一步了解蜥蜴还有哪些品种？
2. 进一步了解不同品种的蜥蜴对食物有什么不同的喜好？

任务五 豚鼠的营养与食品

脉鼠的营养与食品(视频)

课前任务

小智在学校的实验室做实验时,发现很多实验都要用到豚鼠作为实验动物,他对这种可爱的小家伙产生了浓厚的兴趣,查阅资料后发现,豚鼠不仅能作为实验动物,由于其肉质鲜嫩,还可以作为可食用动物去养殖,除此之外还有些品种可以作为宠物。下面与小智一起,了解这种可爱的小家伙吧。

一、豚鼠的类型

豚鼠是啮齿目豚鼠科的哺乳动物,因其足似豚而得名,又名天竺鼠、荷兰猪。豚鼠头较大,颈部较短,耳朵圆,四肢较短,有尖锐短爪,毛色丰富多彩,富有光泽。豚鼠是著名的实验动物,具有一些特殊的生物学特性,被广泛地应用于传染病学、免疫学、营养学、耳科学等学科的各项研究。

宠物豚鼠按照体毛特点可分为短顺、短逆、长顺、长逆和卷毛这几种类型。

二、豚鼠的营养与食品

豚鼠消化粗纤维的能力比较强,消化率可达83.2%,因此野生的豚鼠是草食性动物,但自从被人类饲养之后,豚鼠也开始食用一些动物性饲料,变成了杂食性动物。豚鼠喜欢吃各种青绿饲料,如各种青草、树叶等,冬季缺乏青绿饲料时,可饲喂干草和多汁的菜叶,如胡萝卜、青菜等。另外也可以给豚鼠饲喂一些蔬菜、水果等,补充所需的各种养分。由于豚鼠无法自己合成维生素C,维生素C不足时会引起牙龈流血,四肢抽搐,甚至危害生命,所以饲养者应特别注意维生素类营养物质的补充。

在饲喂豚鼠时,可以用芒草、蒲公英等野草或者牧草作为主食或者辅食(使用配合饲料时),除此之外,每天喂食少量富含维生素C的蔬菜(如胡萝卜、小白菜、西红柿、小黄瓜等)和水果(如苹果、橘子、香蕉、草莓等)。

豚鼠在自然状态下是草食性动物,但是在一些特殊的时期,如生长期或繁殖期,可以饲喂一些动物性的蛋白,如乳酪、白煮蛋、小鱼干、煮熟的鸡肉等。

一般情况下,作为宠物饲养的豚鼠的主食是专用的配合饲料,这种饲料中含有豚鼠需要的各种养分,配比较为科学,且使用较为方便。目前,市面上的豚鼠配合饲料通常是使用干草、苜蓿等牧草颗粒,辅以蓝莓、玉米片、红枣、益生菌、多种维生素等成分制作而成的。即使使用配合饲料作为主食,也时常需要给豚鼠喂一些青草类、蔬菜类等食物,因为如果长期得不到粗纤维,会出现排便困难以致严重脱毛。

课后任务

1.进一步了解豚鼠还有哪些类型？

2.进一步了解为什么有些豚鼠可以作为实验动物，而有些可以作为宠物？

参考文献

[1]冷向军.观赏鱼营养需求与饲料配制技术[M].北京：化学工业出版社，2017.

[2]王培潮.观赏鱼饲养指南[M].上海：上海科学技术文献出版社，1997.

[3]王占海，王金山.观赏鱼欣赏与饲养[M].上海：上海书店出版社，2001.

[4]何文辉，张美琼.家庭观赏鱼饲养[M].上海：上海科学技术出版社，2003.

[5]张蓉，王晓雯，朱华.观赏鱼营养需要研究与饲料配制[J].中国饲料，2017(17)：5-17.

[6]张春红.美丽观赏鱼鉴赏与饲养[M].哈尔滨：黑龙江科学技术出版社，2018.

[7]王景芳，史东辉.宠物营养与食品[M].北京：中国农业科学技术出版社，2008.

[8]尹祚华，莫玉忠，栗宝华.家庭观赏鸟饲养技术[M].北京：金盾出版社，1996.

[9]邵洪侠，马君，罗守冬.观赏鸟常用的昆虫和水产饲料[J].养殖技术顾问，2012(8)：59.

[10]李必.观赏鸟的青饲料[J].农村新技术，2005(9)：27.

[11]刘利林.昆虫饲料在动物营养中的应用[J].饲料研究，2011(1)：74-77.

[12]杨兴武.宠物鸟驯养技术[M].北京：金盾出版社，2015.

[13]章剑.龟类营养需要的初步研究[J].饲料世界，2000(8)：24-27.

[14]赵春光.图说高效养龟关键技术[M].北京：金盾出版社，2012.

[15]尹钢.彩色图说青少年必知的动物系列[M].北京：北京工业大学出版社，2013.

[16]饴屋则水.另类宠物[M].杜冰，译.北京：中国轻工业出版社，2002.

[17]史笑默，张斌.图说蜥蜴的饲养[M].上海：上海科学技术出版社，2011.

[18]张林吉，刘着.蜥蜴养殖关键技术[J].中国畜牧兽医文摘，2016，32(6)：97.

[19]杨晓光.家有宠物巧饲养之蟋蟀·蝈蝈·蜥蜴[M].北京：中国社会出版社，2010.

[20]西班牙 Sol90 出版公司.国家地理动物百科全书 爬行动物 蜥蜴鳄鱼[M].董青青，译.太原：山西人民出版社，2023.

[21]尹钢.彩色图说青少年必知的动物系列[M].北京：北京工业大学出版社，2013.

[22]龚泽修，肖定福.黑豚鼠养殖新技术[M].北京：金盾出版社，2013.

[23]熊津.可爱宠物饲养指南：最适合家中饲养的5种迷你动物[M].姜孔诚，译.北京：中国轻工业出版社，2003.

[24]董晓宁，张晓佩，刘远，等.豚鼠的生态养殖技术[J].中国畜牧兽医文摘，2015，31(10)：102.

[25]熊家军.豚鼠养殖技术[J].农村实用技术与信息，1997(7)：26-27.

附 录

附录一　食品安全国家标准　膨化食品生产卫生规范 (GB 17404—2016)

1　范围

本标准规定了膨化食品生产中原料采购、加工、包装、贮存、运输等环节的场所、设施、人员的基本要求和管理准则。

本标准适用于膨化食品的生产。

2　术语和定义

GB 14881—2013 中的术语和定义适用于本标准。

2.1　膨化

原料受热或压差变化后使体积膨胀或组织疏松的过程。

3　选址及厂区环境

应符合 GB 14881—2013 中第 3 章的相关规定。

4　厂房和车间

4.1　设计和布局

4.1.1　应符合 GB 14881—2013 中 4.1 的相关规定。

4.1.2　应根据生产工艺需要，设置不同的功能区域，如配料区域、挤压区域、成型区域、焙烤区域、油炸区域，以及清洁度要求相对更高的赋味区域、冷却和包装区域等。

4.2　建筑内部结构与材料

应符合 GB 14881—2013 中 4.2 的相关规定。

5　设施与设备

5.1　设施

5.1.1　应符合 GB 14881—2013 中 5.1 的相关规定。

5.1.2　在有异味、蒸汽、烟雾或大量粉尘产生之处，应设置适当的排除或收集、控制装置。

5.1.3　油炸设备上应安装有效排除油烟、蒸汽和防油滴回滴的装置，并采用易于清洗、耐腐蚀的材料。

5.1.4　在产生大量热量及蒸汽的设备或区域，如蒸煮、焙烤、油炸等处，应设置有防停机倒灌装置的排气设施。

5.1.5　在产品易吸潮的内包装车间，应根据工艺需要设置除湿机、空调等湿度控制设施。

5.1.6　包装工序应在包装区域内进行，包装区域入口处应配有非手动开关的洗手设施，以及干手和消毒设施。

5.2　设备

5.2.1　应符合 GB 14881—2013 中 5.2 的相关规定。

5.2.2　生产设备、工具及容器的接触面应避免铝制、含高铅或高锡的金属材料，若因工艺需要，应采取措施以避免迁移带来污染。

6　卫生管理

6.1　卫生管理制度

6.1.1　应符合 GB 14881—2013 中 6.1 的相关规定。

6.1.2　对易产生油污的设备，如油炸设备、淋油设备等应制订卫生监控措施，并保存记录。

6.2　厂房及设施卫生管理

6.2.1　应符合 GB 14881—2013 中 6.2 的相关规定。

6.2.2　对易产生油污的设备，如油炸设备、淋油设备等应定期清洁消毒。

6.2.3　相关设备和工具消毒后根据需要进行清洗，避免残留的消毒剂污染食品。

6.3　食品加工人员健康管理与卫生要求

应符合国家相关法律法规要求。

6.4　虫害控制

应符合 GB 14881—2013 中 6.4 的相关规定。

6.5　废弃物处理

应符合 GB 14881—2013 中 6.5 的相关规定。

6.6　工作服管理

6.6.1　应符合 GB 14881—2013 中 6.6 的相关规定。

6.6.2　各区域工作服的清洗消毒应符合对应区域的卫生要求。

7　食品原料、食品添加剂和食品相关产品

7.1　一般要求

应符合 GB 14881—2013 中 7.1 的相关规定。

7.2　食品原料

7.2.1　应符合 GB 14881—2013 中 7.2 的相关规定。

7.2.2　原料应在规定的贮存条件下保存。

7.2.3　原料食用油脂应符合相应的食品安全标准。

7.2.4　需要贮存的马铃薯、果蔬等生鲜原料入库后应贮存在适宜的环境中，保持通风和换气，防止腐烂或发芽。

7.2.5　粮谷类原料应贮存于清洁干燥、能防虫鼠害及鸟类、且无异味的通风仓库内，防止霉变

或生虫,不得与有异味物质混存,若为防止虫害污染进行预防性熏蒸时,其熏蒸场所、人员、药剂、后续处理等应符合有关规定。

7.2.6 冷冻原料解冻时应控制解冻温度和时间,防止原料出现腐败变质。

7.2.7 使用未清洗的生鲜原料时,如马铃薯、果蔬等,应予以清洗,其生产用水应符合 GB 5749 的要求。加工用水若循环使用,应采取必要的处理措施,以免造成原料被交叉污染。

7.3 食品添加剂

应符合 GB 14881—2013 中 7.3 的相关规定。

7.4 食品相关产品

应符合 GB 14881—2013 中 7.4 的相关规定。

7.5 其他

应符合 GB 14881—2013 中 7.5 的相关规定。

8 生产过程的食品安全控制

8.1 产品污染风险控制

8.1.1 应符合 GB 14881—2013 中 8.1 的相关规定。

8.1.2 生产过程中需要控制的关键工序,如蒸煮、揉练、油炸、焙烤、赋味等工序,应制订相应的操作规程。

8.1.2.1 马铃薯、果蔬等生鲜原料在清洗后应有适当的分拣或分切,保证符合食品安全要求。

8.1.2.2 蒸煮、揉练过程应控制温度、时间、压力(高压蒸练时)等,并保存记录。

8.1.2.3 油炸过程中的油脂应符合相应的食品安全标准,油炸过程应控制油炸温度、时间、真空度(真空油炸时)以及油脂品质变化等,油炸后的产品应及时预冷并防止其在包装内形成冷凝水。

8.1.2.4 焙烤过程应控制设备的温度和时间,需要贮存的半成品,应控制其水分含量。

8.1.2.5 赋味过程应控制调味料或调味液的卫生状况。应按工艺及卫生要求配制或添加调味料、调味液,赋味操作过程中使用的容器、工具等应彻底清洗、消毒,防止污染;赋味后若需干燥处理,应保持适宜的环境湿度。

8.1.2.6 如需喷糖霜处理,应及时清洗喷糖霜设备,妥善存放剩余糖霜。

8.1.2.7 油炸工序应采用不锈钢材料的设备、器具,以降低铁、铜等金属元素对油脂劣化速度的影响。

8.1.3 生产过程中产生的不适于进入下一工序的物料,成型后形状不完整、内包装不合格等存在偏差的产品需要重新进入生产线时,其使用条件、使用方式和使用量等内容,应在危害评估的基础上确定,并应有相应的使用制度和控制程序。有内包装的产品返回生产线时,内包装应去除;无法去除时,按废弃物处理。

8.2 微生物污染的控制

8.2.1 应符合 GB 14881—2013 中 8.2 的相关规定。

8.2.2 在生产加工过程中,应控制半成品暴露时间,以防吸潮、微生物污染等因素对食品品质造成损害。膨化食品加工过程的微生物监控程序可参照附件 A 的要求,未做详细规定的监控指标限值可结合生产工艺及产品特点制订。

8.3　化学污染的控制

8.3.1　应符合 GB 14881—2013 中 8.3 的相关规定。

8.3.2　油炸工序中,应监控油脂的品质状况,防止因油脂品质劣化可能带入的污染。

8.4　物理污染的控制

8.4.1　应符合 GB 14881—2013 中 8.4 的相关规定。

8.4.2　采用挤压工艺的产品,挤压机的螺杆和套筒的材质应符合食品安全的要求,应监控挤压设备的磨损情况,必要时及时更换。

8.5　包装

8.5.1　应符合 GB 14881—2013 中 8.5 的相关规定。

8.5.2　产品包装前应有适当的措施,确保产品在包装袋内不产生结露而导致产品变质。

8.5.3　应使用防透水性材料包装,且其封口严密良好,防止吸潮。

8.5.4　若使用干燥剂,干燥剂包装应完整,投包时应采取措施避免其污染产品。

8.5.5　包装内赠送的附属物(如玩具、小卡片等)应单独包装完好,并采取措施避免与产品交叉污染。包装材料应符合相关标准的规定。

9　检验

应符合 GB 14881—2013 中第 9 章的相关规定。

10　食品的贮存和运输

应符合 GB 14881—2013 中第 10 章的相关规定。

11　产品召回管理

应符合 GB 14881—2013 中第 11 章的相关规定。

12　培训

应符合 GB 14881—2013 中第 12 章的相关规定。

13　管理制度和人员

应符合 GB 14881—2013 中第 13 章的相关规定。

14　记录和文件管理

应符合 GB 14881—2013 中第 14 章的相关规定。

附件 A　膨化食品加工过程的微生物监控程序指南

A.1　膨化食品加工过程微生物监控要求见表 A.1,实际生产中可根据产品特性和生产工艺技术水平等因素适当调整。

表 A.1 膨化食品加工过程微生物监控要求

监控项目		建议取样点	建议监控微生物指标	建议监控频率	建议监控指标限值
环境的微生物监控	清洁作业区和准清洁作业区内食品接触表面	食品加工人员的手部、工作服、手套传送皮带、工器具及其他直接接触食品的设备表面	菌落总数、大肠菌群	验证清洁效果应在清洁消毒之后，其他每月一次	结合生产实际情况确定监控指标限值
	清洁作业区、准清洁作业区和一般作业区内与食品或食品接触表面邻近的接触表面	设备外表面、支架表面、控制面板、零件车等接触表面	菌落总数、大肠菌群等卫生状况指示微生物，必要时监控致病菌	每月至少一次	结合生产实际情况确定监控指标限值
	清洁作业区内的环境空气	靠近裸露产品的位置	菌落总数	每月至少一次	结合生产实际情况确定监控指标限值
过程产品的微生物监控		生产线末端待包装产品	菌落总数、大肠菌群	每月至少一次	结合生产实际情况确定监控指标限值

A.2 微生物监控指标不符合情况的处理要求：各监控点的监控结果应当符合监控指标的限值并保持稳定，当出现轻微不符合时，可通过增加取样频次等措施加强监控；当出现严重不符合时，应当立即纠正，同时查找问题原因，以确定是否需要对微生物监控程序采取相应的纠正措施。

《食品安全国家标准 食品生产通用卫生规范》

(GB 14881—2013)(文档)

附录二　动物源性饲料产品安全卫生管理办法

第一章　总　　则

第一条　为加强动物源性饲料产品安全卫生管理，根据《饲料和饲料添加剂管理条例》，制定本办法。

第二条　农业部负责全国动物源性饲料产品的管理工作。

县级以上地方人民政府饲料管理部门负责本行政区域内动物源性饲料产品的管理工作。

第三条　本办法所称动物源性饲料产品是指以动物或动物副产物为原料，经工业化加工、制作的单一饲料。

动物源性饲料产品目录由农业部发布。

第二章　企业设立审查

第四条　设立动物源性饲料产品生产企业，应当向所在地省级人民政府饲料管理部门提出申请，经审查合格，取得《动物源性饲料产品生产企业安全卫生合格证》后，方可办理企业登记手续。

第五条　设立动物源性饲料产品生产企业，应当具备下列条件：

（一）厂房设施

1.厂房无破损，厂房及其附属设施便于清洗和消毒；

2.相应的防蝇、防鼠、防鸟、防尘设备和仓储设施；

3.相应的更衣室、卫生间、洗手池。

（二）生产工艺及设备

1.生产工艺和设备能满足产品的安全卫生和质量标准要求；

2.相应的清洗、消毒、烘干、粉碎等设施。

（三）人员

1.技术负责人具有大专以上文化程度或中级以上技术职称，熟悉生产工艺，从事相应专业工作2年以上；

2.质量管理及质检机构负责人具有大专以上文化程度或中级以上技术职称，从事相应专业工作3年以上；

3.特有工种从业人员应取得相应的职业资格证书。

（四）质检机构及设备

1.设立质检机构；

2.设立仪器室（区）、检验操作室（区）和留样观察室（区）；

3.质量检验所需的基本设备。

（五）生产环境

1.企业所在地远离动物饲养场地，最小距离1 000米。如靠近屠宰场所，需有必要的隔离措施；

2.厂区内禁止饲养动物；

3. 生产厂区布局合理，原料整理、生产加工、成品储存等区域分开，保证成品和原料单独存放，防止交叉污染。

（六）污染防治措施

完备的废弃物收集、处理系统和污染防治设施，其排放符合环保要求。

第六条 申请设立动物源性饲料产品生产企业的，应当填报《动物源性饲料产品生产申请书》，并提供符合第五条规定条件的相关材料。

《动物源性饲料产品生产申请书》可以从所在地省级人民政府饲料管理部门免费领取或从中国饲料工业信息网（网址：http://www.chinafeed.org.cn）下载。

第七条 省级人民政府饲料管理部门收到《动物源性饲料产品生产申请书》及其相关材料后，应当在15个工作日内完成对企业的材料审核，交评审组评审；并在收到评审意见后5个工作日内作出审查决定。决定不予颁发的，书面通知申请人，并说明理由。

申请材料不齐全或者不符合规定条件的，应当在5个工作日内一次告知申请人需补正的全部内容。

《动物源性饲料产品生产企业安全卫生合格证》样式由农业部制定。

第八条 评审组由评审员、技术专家3～5人组成，评审员须经农业部培训合格。

评审组应当对申请人的生产条件进行实地考察。

第三章　生产管理

第九条 企业应当建立下列制度：

（一）岗位责任制度；

（二）生产管理制度；

（三）检验化验制度；

（四）标准及质量保证制度；

（五）安全卫生制度；

（六）产品留样观察制度；

（七）计量管理制度。

第十条 企业原料管理应当符合下列要求：

（一）原料采购和出库有完整记录，并至少保存二年。禁止采购腐败、污染或来自动物疫区的动物原料；

（二）原料分类堆放并明确标识，保证合格原料与不合格原料、哺乳类动物原料与其他原料分开。禁止露天放置原料；

（三）原料使用遵循先进先出原则。使用前进行筛选，去除不合格原料并做无害化处理。

第十一条 企业生产过程管理应当符合下列要求：

（一）禁止在厂区内堆积不必要的器材、物品，以免有害生物滋生；

（二）对用于制造、包装、储运的设备及器具定期清洗、消毒；

（三）使用同一设备生产不同动物源性饲料产品前，应当对设备进行彻底清洗，防止交叉污染；

（四）操作人员应当有健康证明，特殊作业人员须每半年体检一次；

（五）严格按照生产工艺流程生产；

（六）制作生产记录，包括原料种类、原料数量、生产日期、产品数量、生产工艺条件等内容，并至少保存二年。

第十二条 企业成品管理应当符合下列要求：

（一）成品检验合格，并制作检验记录和检验报告。检验项目包括：总菌数、大肠埃希菌、沙门氏菌、重金属、特定病原菌等安全卫生指标；

（二）成品被有害、有毒物质污染或因其他原因导致品质破坏时，立即予以销毁，并追查原因，制作记录；

（三）成品分类存放，防止误装混装。

第十三条 产品包装物不得破损，并附具明确、醒目的标识和标签。

包装物需重复使用的，应当进行清洁、冲洗、消毒。

第十四条 产品标签应当符合国家饲料标签标准，并标明动物源名称和《动物源性饲料产品生产企业安全卫生合格证》编号。

乳及乳制品之外的动物源性饲料产品还应当在标签上标注“本产品不得饲喂反刍动物”字样。

第四章 经营、进口和使用管理

第十五条 产品经营者购进动物源性饲料产品时，应当核对产品标签、产品质量合格证。

禁止经营标签标注不符合本办法第十四条规定的动物源性饲料产品。

第十六条 进口动物源性饲料产品，应当按照《进口饲料和饲料添加剂登记管理办法》的规定办理进口产品登记证。

禁止进口动物疫情流行国家（地区）的动物源性饲料产品。

禁止进口经第三国（地区）转口的动物疫情流行国家和地区的动物源性饲料产品。

第十七条 对已获得产品登记证的进口动物源性饲料产品，在农业部宣布禁用后，其产品登记证自禁用之日起失效。获证企业应当将产品登记证退回农业部，由农业部注销并予公告。

农业部宣布暂停进口的动物源性饲料产品，其产品登记证在暂停期间停止使用。

第十八条 禁止在反刍动物饲料中使用动物源性饲料产品，但乳及乳制品除外。

第十九条 禁止经营、使用无产品登记证的进口动物源性饲料产品；禁止经营、使用未取得《动物源性饲料产品生产企业安全卫生合格证》的动物源性饲料产品。

第五章 监督检查

第二十条 生产企业应当填写生产经营状况备案表，于每年3月底前报省级人民政府饲料管理部门备案。

备案表由省级人民政府饲料管理部门免费提供，企业也可从中国饲料工业信息网（网址：http://www.chinafeed.org.cn）下载。

农业部不定期对备案工作进行督查。

第二十一条 县级以上地方人民政府饲料管理部门应当不定期对动物源性饲料产品生产企业进行现场检查，但不得妨碍企业正常的生产经营活动，不得索取或收受财物，不得牟取其他利益。

第二十二条 在备案和现场检查中，发现动物源性饲料产品生产企业生产条件发生重大变化、存在严重安全卫生隐患或产品质量安全问题，或者有其他违反本办法情形的，县级以上地方人民政府饲料管理部门应当依法调查，并及时作出处理决定。

第二十三条 生产企业有下列情形之一的，省级人民政府饲料管理部门应当收回、注销其《动物源性饲料产品生产企业安全卫生合格证》，并予公告：

(一)基本情况发生较大变化,已不具备基本生产条件或安全卫生条件的;
(二)停产两年以上的;
(三)破产或被兼并的;
(四)迁址未通知主管部门的;
(五)买卖、转让、租借《动物源性饲料生产企业安全卫生合格证》的;
(六)连续两年没有上报备案材料,经督促拒不改正的。

第六章　罚　　则

第二十四条　通过欺骗、贿赂等不正当手段取得《动物源性饲料生产企业安全卫生合格证》的,由省级人民政府饲料管理部门撤销其《动物源性饲料生产企业安全卫生合格证》,并予公告,三年内不再受理该申请人提出的申请。

第二十五条　买卖、转让、租借《动物源性饲料生产企业安全卫生合格证》,有违法所得的,处违法所得三倍以下罚款,但最高不超过三万元;无违法所得的,处一万元以下罚款。

第二十六条　未取得或假冒、伪造《动物源性饲料生产企业安全卫生合格证》生产动物源性饲料产品,有违法所得的,处违法所得三倍以下罚款,但最高不超过三万元;无违法所得的,处一万元以下罚款。

第二十七条　违反本办法第十、十一、十二条规定的,给予警告,限期改正;逾期不改或者再次出现同类违法行为的,处一千元以上一万元以下罚款。

第二十八条　经营、使用未取得《动物源性饲料生产企业安全卫生合格证》的动物源性饲料产品的,责令改正。有违法所得的,处违法所得二倍以下罚款,但最高不超过三万元;无违法所得的,处一万元以下罚款。

第二十九条　其他违反本办法规定的行为,依照《饲料和饲料添加剂管理条例》的有关规定处罚。

第七章　附　　则

第三十条　本办法施行前已设立的动物源性饲料产品生产企业,应当自本办法施行之日起六个月内办理《动物源性饲料产品生产企业安全卫生合格证》。

第三十一条　本办法自2004年10月1日起施行。

附件:动物源性饲料产品目录

一、肉粉(畜和禽)、肉骨粉(畜和禽)
二、鱼粉、鱼油、鱼膏、虾粉、鱿鱼肝粉、鱿鱼粉、乌贼膏、乌贼粉、鱼精粉、干贝精粉
三、血粉、血浆粉、血球粉、血细胞粉、血清粉、发酵血粉
四、动物下脚料粉、羽毛粉、水解羽毛粉、水解毛发蛋白粉、皮革蛋白粉、蹄粉、角粉、鸡杂粉、肠黏膜蛋白粉、明胶
五、乳清粉、乳粉、巧克力乳粉、蛋粉
六、蚕蛹、蛆、卤虫卵
七、骨粉、骨灰、骨炭、骨制磷酸氢钙、虾壳粉、蛋壳粉、骨胶
八、动物油渣、动物脂肪、饲料级混合油

附录三　全价宠物食品　猫粮(GB/T 31217—2014)

1　范围

本标准规定了全价宠物食品猫粮的术语和定义、要求、试验方法、检验规则、标签以及包装、运输、贮存和保质期。

本标准适用于经工业化加工、制作的全价宠物食品猫粮,但处方猫粮除外。

2　规范性引用文件

下列文件对于本文件的应用是必不可少的。凡是注日期的引用文件,仅注日期的版本适用于本文件。凡是不注日期的引用文件,其最新版本(包括所有修改单)适用于本文件。

GB 4789.26　食品安全国家标准　食品微生物学检验　商业无菌检验

GB/T 6432　饲料中粗蛋白测定方法

GB/T 6433　饲料中粗脂肪的测定

GB/T 6434　饲料中粗纤维的含量测定　过滤法

GB/T 6435　饲料中水分和其他挥发性物质含量的测定

GB/T 6436　饲料中钙的测定

GB/T 6437　饲料中总磷的测定　分光光度法

GB/T 6438　饲料中粗灰分的测定

GB/T 6439　饲料中水溶性氯化物的测定

GB/T 13079—2006　饲料中总砷的测定

GB/T 13080　饲料中铅的测定　原子吸收光谱法

GB/T 13081　饲料中汞的测定

GB/T 13082　饲料中镉的测定方法

GB/T 13083　饲料中氟的测定　离子选择性电极法

GB/T 13091　饲料中沙门氏菌的检测方法

GB/T 13093　饲料中细菌总数的测定

GB/T 18246　饲料中氨基酸的测定

GB/T 23372　食品中无机砷的测定　液相色谱-电感耦合等离子体质谱法

NY/T 2071　饲料中黄曲霉毒素、玉米赤霉烯酮和 T-2 毒素的测定　液相色谱－串联质谱法

SN/T 3561　国境口岸卫生监督食品采样、送样规程

饲料添加剂品种目录(2013)(农业部公告第 2045 号)

饲料原料目录(农业部公告第 1773 号)

3 术语和定义

下列术语和定义适用于本文件。

3.1 宠物 pet

家庭饲养的作为伴侣动物的犬和猫,或工作用途的犬。

3.2 宠物食品 pet food

经工业化加工、制作的用于饲喂宠物的食品,包括全价宠物食品和补充性宠物食品;根据水分含量又分为干(性)宠物食品、半湿(性)宠物食品和湿(性)宠物食品。

3.3 全价宠物食品 complete pet food

除水分以外,所含营养素和能量能够满足宠物每日营养需要的宠物食品。

3.4 补充性宠物食品 complementary pet food

由两种或两种以上宠物食品原料混合而成的宠物食品,但由于其营养不全面,需和其他宠物食品配合使用才能满足宠物每日营养需要。

3.5 干(性)宠物食品 dry pet food

水分含量低于14%的宠物食品。

3.6 半湿(性)宠物食品 semi-moist pet food

水分含量不低于14%且低于60%的宠物食品。

3.7 湿(性)宠物食品 wet pet food

水分含量不低于60%的宠物食品。

3.8 处方宠物食品 prescription diet, or therapeutic diet, or veterinary diet

针对宠物健康问题而进行特殊营养设计的宠物食品,需要在执业兽医师指导下使用,包括全价处方宠物食品和补充性处方宠物食品。

3.9 幼(年)猫 kitten

12月龄以下的猫。

3.10 成(年)猫 adult cat

12月龄以上的猫,但妊娠期和哺乳期除外。

4 要求

4.1 原料要求

生产宠物食品所用原料和添加剂应符合《饲料原料目录》和《饲料添加剂品种目录(2013)》以及相应的卫生标准的要求。

4.2 感官指标

无霉变和结块。

4.3 理化指标

应符合表1和表2的规定。

表 1　主要理化指标

项目	指标(以干物质计)/%		试验方法
	幼(年)猫粮、妊娠期猫粮、哺乳期猫粮	成(年)猫粮	
粗蛋白质	≥28.0	≥25.0	GB/T 6432
粗脂肪	≥9.0	≥9.0	GB/T 6433
粗灰分	≤10.0	≤10.0	GB/T 6438
粗纤维	≤9.0	≤9.0	GB/T 6434
钙	≥1.0	≥0.6	GB/T 6436
总磷	≥0.8	≥0.5	GB/T 6437
水溶性氯化物(以 Cl^- 计)	≥0.3	≥0.3	GB/T 6439
牛磺酸	≥0.1	≥0.1	GB/T 18246
	≥0.2(湿粮)	≥0.2(湿粮)	

表 2　水分

产品种类	指标(x)/%	试验方法
干(性)猫粮	$x<14.0$	GB/T 6435
半湿(性)猫粮	$14.0\leqslant x<60.0$	
湿(性)猫粮	$x\geqslant 60.0$	

4.4　卫生指标

应符合表 3 的规定。

表 3　卫生指标[a]

项目	指标	试验方法
氟/(mg/kg)	≤150	GB/T 13083
镉/(mg/kg)	≤2	GB/T 13082
汞/(mg/kg)	≤0.3	GB/T 13081—2006 (原子荧光光谱分析法)
铅/(mg/kg)	≤5	GB/T 13080
总砷(以 As 计)/(mg/kg)	≤10[b](其中无机砷含量不超过 2 mg/kg)	总砷:GB/T 13079—2006(银盐法) 无机砷:GB/T 23372
	≤2[c]	
黄曲霉毒素 B1/(μg/kg)	≤10	NY/T 2071
细菌总数/(CFU/g)	$<1\times10^{4}$ [d]	GB/T 13093
沙门氏菌(25 g 中)	不得检出	GB/T 13091
微生物	符合商业无菌要求[e]	GB 4789.26

[a]表中所列允许量,除特别注明外均以干物质含量 88%计(微生物污染物指标除外)。

[b]含有水生动物及其制品或藻类及其制品的全价宠物食品猫粮。

[c]其他全价宠物食品猫粮。

[d]水分达到或超过 60%的全价宠物食品猫粮除外。

[e]水分达到或超过60%的全价宠物食品猫粮。

5 检验规则

5.1 组批

以相同材料、相同工艺、同一班次生产的产品为一批。

5.2 采样

按SN/T 3561规定执行。

5.3 出厂检验

每一批产品出厂前均应进行出厂检验,合格产品方能出厂。出厂检验项目为感官指标、粗蛋白质、粗脂肪、粗灰分、粗纤维、钙、总磷、水分。

5.4 型式检验

有下列情况之一时,进行型式检验:

a) 产品投产时;

b) 工艺、配方或原料来源有较大改变,可能影响产品质量时;

c) 正常生产时,每年至少一次;

d) 长期停产后恢复生产时;

e) 出厂检验结果与上次型式检验有较大差异时;

f) 国家饲料管理部门提出进行型式检验的要求时。

5.5 判定规则

检验中如出现不合格项目,允许重新从同批产品中两倍量的包装中抽样进行复验;如果复验结果中仍有不合格项,则判该批次产品为不合格品。

微生物指标检验结果中有一项不合格,即判定为不合格,不得复检。

6 标签

包装物上应附有标签,标明产品名称、原料组成、产品成分分析保证值、净重或者净含量、贮存条件、使用说明、注意事项、生产日期、保质期、生产企业名称以及地址、许可证明文件编号和产品质量标准编号等。

7 包装、运输、贮存和保质期

7.1 包装

包装应密封、防潮、防水、不易破损。包装材料应无毒、无害。

7.2 运输

运输工具应清洁、干燥,并有防雨、防污染措施。不得与有毒、有害物品混装、混运。

7.3 贮存

产品应贮存于阴凉、通风、干燥处,注意防水、防霉、防鼠、防虫害,不得与有毒、有害物品混贮。

7.4 保质期

产品保质期应根据产品特性确定,保质期内的产品应符合产品质量标准的要求。

附录四　全价宠物食品　犬粮(GB/T 31216—2014)

1　范围

本标准规定了全价宠物食品犬粮的术语和定义、要求、试验方法、检验规则、标签以及包装、运输、贮存和保质期。

本标准适用于经工业化加工、制作的全价宠物食品犬粮，但处方犬粮除外。

2　规范性引用文件

下列文件对于本文件的应用是必不可少的。凡是注日期的引用文件，仅注日期的版本适用于本文件。凡是不注日期的引用文件，其最新版本(包括所有修改单)适用于本文件。

GB 4789.26　食品安全国家标准　食品微生物学检验　商业无菌检验

GB/T 6432　饲料中粗蛋白测定方法

GB/T 6433　饲料中粗脂肪的测定

GB/T 6434　饲料中粗纤维的含量测定　过滤法

GB/T 6435　饲料中水分和其他挥发性物质含量的测定

GB/T 6436　饲料中钙的测定

GB/T 6437　饲料中总磷的测定　分光光度法

GB/T 6438　饲料中粗灰分的测定

GB/T 6439　饲料中水溶性氯化物的测定

GB/T 13079—2006　饲料中总砷的测定

GB/T 13080　饲料中铅的测定　原子吸收光谱法

GB/T 13081　饲料中汞的测定

GB/T 13082　饲料中镉的测定方法

GB/T 13083　饲料中氟的测定　离子选择性电极法

GB/T 13091　饲料中沙门氏菌的检测方法

GB/T 13093　饲料中细菌总数的测定

GB/T 18246　饲料中氨基酸的测定

GB/T 23372　食品中无机砷的测定　液相色谱-电感耦合等离子体质谱法

NY/T 2071　饲料中黄曲霉毒素、玉米赤霉烯酮和 T-2 毒素的测定　液相色谱一串联质谱法

SN/T 3561　国境口岸卫生监督食品采样、送样规程

饲料添加剂品种目录(2013)(农业部公告第 2045 号)

饲料原料目录(农业部公告第 1773 号)

3　术语和定义

下列术语和定义适用于本文件。

3.1 宠物 pet

家庭饲养的作为伴侣动物的犬和猫，或工作用途的犬。

3.2 宠物食品 pet food

经工业化加工、制作的用以饲喂宠物的食品，包括全价宠物食品和补充性宠物食品；根据水分含量又分为干(性)宠物食品、半湿(性)宠物食品和湿(性)宠物食品。

3.3 全价宠物食品 complete pet food

除水分以外，所含营养素和能量能够满足宠物每日营养需要的宠物食品。

3.4 补充性宠物食品 complementary pet food

由两种或两种以上宠物食品原料混合而成的宠物食品，但由于其营养不全面，需和其他宠物食品配合使用才能满足宠物每日营养需要。

3.5 干(性)宠物食品 dry pet food

水分含量低于14%的宠物食品。

3.6 半湿(性)宠物食品 semi-moist pet food

水分含量不低于14%且低于60%的宠物食品。

3.7 湿(性)宠物食品 wet pet food

水分含量不低于60%的宠物食品。

3.8 处方宠物食品 prescription diet, therapeutic diet, veterinary diet

针对宠物健康问题而进行特殊营养设计的宠物食品，需要在执业兽医师指导下使用，包括全价处方宠物食品和补充性处方宠物食品。

4 幼年期和成年期划分

犬的幼年期和成年期按表1划分。

表1 犬幼年期和成年期划分

成年时体重/kg	幼年期/月龄	成年期/月龄
≤5	<9	≥9
5～20	<12	≥12
20～40	<18	≥18
≥40	<21	≥21

5 要求

5.1 原料要求

生产宠物食品所用的原料和添加剂应符合《饲料原料目录》和《饲料添加剂品种目录(2013)》以及相应的卫生标准的要求。

5.2 感官指标

无霉变和结块。

5.3 理化指标

应符合表2和表3的规定。

表 2　主要理化指标

项目	指标(以干物质计)/%		试验方法
	幼(年)犬粮、妊娠期犬粮、哺乳期犬粮	成(年)犬粮	
粗蛋白质	≥22.0	≥18.0	GB/T 6432
粗脂肪	≥8.0	≥5.0	GB/T 6433
粗灰分	≤10.0	≤10.0	GB/T 6438
粗纤维	≤9.0	≤9.0	GB/T 6434
钙	≥1.0	≥0.6	GB/T 6436
总磷	≥0.8	≥0.5	GB/T 6437
水溶性氯化物(以 Cl^- 计)	≥0.45	≥0.09	GB/T 6439
赖氨酸	≥0.77	≥0.63	GB/T 18246

表 3　水分

产品种类	指标(x)/%	试验方法
干(性)犬粮	$x<14.0$	GB/T 6435
半湿(性)犬粮	$14.0\leq x<60.0$	
湿(性)犬粮	$x\geq 60.0$	

5.4　卫生指标

应符合附表 4-4 的规定。

表 4　卫生指标[a]

项目	指标	试验方法
氟/(mg/kg)	≤150	GB/T 13083
镉/(mg/kg)	≤2	GB/T 13082
汞/(mg/kg)	≤0.3	GB/T 13081—2006(原子荧光光谱分析法)
铅/(mg/kg)	≤5	GB/T 13080
总砷(以 As 计)/(mg/kg)	≤10[b](其中无机砷含量不超过 2 mg/kg)	总砷:GB/T 13079—2006(银盐法) 无机砷:GB/T 23372
	≤2[c]	
黄曲霉毒素 B1/(μg/kg)	≤10	NY/T 2071
细菌总数/(CFU/g)	$<1\times10^4$[d]	GB/T 13093
沙门氏菌(25 g 中)	不得检出	GB/T 13091
微生物	符合商业无菌要求[e]	GB 4789.26

[a] 表中所列允许量,除特别注明外均以干物质含量 88%计(微生物污染物指标除外)。

[b] 含有水生动物及其制品或藻类及其制品的全价宠物食品犬粮。

[c] 其他全价宠物食品犬粮。

[d] 水分达到或超过 60%的全价宠物食品犬粮除外。

[e] 水分达到或超过 60%的全价宠物食品犬粮。

6 检验规则

6.1 组批

以相同材料、相同工艺、同一班次生产的产品为一批。

6.2 采样

按 SN/T 3561 规定执行。

6.3 出厂检验

每一批产品出厂前均应进行出厂检验,合格产品方能出厂。出厂检验项目为感官指标、粗蛋白质、粗脂肪、粗灰分、钙、总磷、水分。

6.4 型式检验

有下列情况之一时,进行型式检验:

a) 产品投产时;

b) 工艺、配方或原料来源有较大改变,可能影响产品质量时;

c) 正常生产时,每年至少一次;

d) 长期停产后恢复生产时;

e) 出厂检验结果与上次型式检验有较大差异时;

f) 国家饲料管理部门提出进行型式检验的要求时。

6.5 判定规则

检验中如出现不合格项目,允许重新从同批产品中两倍量的包装中抽样进行复验;如果复验结果中仍有不合格项,则判该批次产品为不合格品。

微生物指标检验结果中有一项不合格,即判定为不合格,不得复检。

7 标签

包装物上应附有标签,标明产品名称、原料组成、产品成分分析保证值、净重或者净含量、贮存条件、使用说明、注意事项、生产日期、保质期、生产企业名称以及地址、许可证明文件编号和产品质量标准编号等。

8 包装、运输、贮存和保质期

8.1 包装

包装应密封、防潮、防水、不易破损。包装材料应无毒、无害。

8.2 运输

运输工具应清洁、干燥,并有防雨、防污染措施。不得与有毒、有害物品混装、混运。

8.3 贮存

产品应贮存于阴凉、通风、干燥处,注意防水、防霉、防鼠、防虫害,不得与有毒、有害物品混贮。

8.4 保质期

产品保质期应根据产品特性确定,保质期内的产品应符合产品质量标准的要求。